计算机辅助设计
新形态精品系列

AutoCAD

机械制图
实例教程

第2版 | **微课版**

杨阳 胡钰雯 孙立明◎主编

人民邮电出版社

北 京

图书在版编目（CIP）数据

AutoCAD 机械制图实例教程 : 微课版 / 杨阳，胡钰雯，孙立明主编. -- 2 版. -- 北京 : 人民邮电出版社，2025. -- （计算机辅助设计新形态精品系列）. -- ISBN 978-7-115-65639-1

Ⅰ. TH126

中国国家版本馆 CIP 数据核字第 2024MB2418 号

内 容 提 要

本书是基于 AutoCAD 2024 编写的案例教程，重点介绍 AutoCAD 2024 的各种基本操作方法和技巧。本书在通过大量图解讲解知识点的同时，巧妙地融入工程设计应用案例，使读者能够在工程实践中掌握 AutoCAD 2024 的操作方法和技巧。本书共 11 章，分别是 AutoCAD 2024 入门、简单二维绘制命令、精确绘图工具、简单二维编辑命令、复杂二维编辑命令、高级绘图和编辑命令、文字与表格、尺寸标注、快速绘图工具、零件图的绘制和装配图的绘制。

本书内容翔实、图文并茂、语言简洁、思路清晰、实例丰富，既可以作为高校相关课程的配套教材，也可作为机械制图领域从业者的参考书。

◆ 主　　编　杨　阳　胡钰雯　孙立明
　　责任编辑　徐柏杨
　　责任印制　胡　南

◆ 人民邮电出版社出版发行　　北京市丰台区成寿寺路 11 号
　　邮编　100164　　电子邮件　315@ptpress.com.cn
　　网址　https://www.ptpress.com.cn
　　固安县铭成印刷有限公司印刷

◆ 开本：787×1092　1/16
　　印张：17　　　　　　　　　　2025 年 3 月第 2 版
　　字数：488 千字　　　　　　　2025 年 8 月河北第 2 次印刷

定价：65.00 元

读者服务热线：(010)81055256　印装质量热线：(010)81055316
反盗版热线：(010)81055315

AutoCAD 是美国 Autodesk 公司推出的一款集二维绘图、三维设计、参数化设计、协同设计、通用数据库管理和互联网通信功能于一体的计算机辅助绘图软件包。自推出以来，AutoCAD 从初期的 1.0 版本经过多次版本更新和性能完善，在机械、电子、建筑、室内装潢、家具、园林和市政工程等工程设计领域得到了广泛应用。此外，它在地理、气象、航海等领域特殊图形的绘制，以及乐谱、灯光和广告效果制作等方面也得到了广泛应用，目前已成为计算机 CAD 系统中应用最为广泛的图形软件之一。同时，AutoCAD 还是一个具有开放性的工程设计开发平台，其开放的源代码为各企业进行二次开发提供了可能。目前，国内一些著名的二次开发软件，如 CAXA 系列、天正系列等，都是基于 AutoCAD 进行本土化开发的产品。本书以 AutoCAD 2024 版本为基础，讲解 AutoCAD 的应用方法和技巧。

一、编写思路

本书基于 AutoCAD 强大的功能和深厚的工程应用基础，针对一般情况下的应用实际，讲解 AutoCAD 的基础知识点。同时，以 AutoCAD 的主要知识脉络为线索，以"实例"为抓手，由浅入深，从易到难，帮助读者掌握利用 AutoCAD 进行行业工程设计的基本技能和技巧，并希望能够为读者的后续学习提供良好的引导作用。

二、本书特点

1. 内容全面，剪裁得当

本书是一本展示 AutoCAD 2024 在机械设计应用领域功能全貌的教材。所谓功能全貌，并不是将 AutoCAD 的所有知识点面面俱到，而是根据教学要求和读者的学习需求，将工程设计中必须掌握的知识讲述清楚。为了在有限的篇幅内提高知识的集中程度，编者对所讲述的知识点进行了精心剪裁，确保各知识点都是实际设计中用得到、读者学得会的内容。

2. 实例丰富，步步为营

作为 AutoCAD 软件在工程设计领域应用的教材，本书力求避免空洞地介绍和描述。本书重要知识点都配备了工程设计实例，通过实例操作帮助读者加深对知识点的理解，并强化对软件功能的掌握。本书的实例种类非常丰富：几乎每个知识点的讲解都有"操作实例"，同时还配有供读者动手操作、巩固提高的"动手练"实例；第 2 章至第 9 章的最后安排一个结合全章知识点的"综合演练"实例；每章还有供读者练习和提高的"上机实验"。本书通过各种实例的交错讲解，确保读者能够掌握软件操作技能。

3. 工程案例潜移默化

AutoCAD 是一个注重应用的工程软件，因此最终的重点还是在于工程应用。为了体现这一点，本书采用了两种处理方法：一是将"手压阀"工程案例中涉及的各个零件图分解开来，巧妙地融入 AutoCAD 机械制图的过程中；二是在读者基本掌握各个知识点后，通过"减速器"这个工程案例，综合讲述零件图和装配图在工程设计实践中的具体绘制方法，对读者的工程设计能力进行最终的"淬火"处理，提升读者的工程设计水平，同时使全书的内容紧凑而严谨。

4. 技巧总结，点石成金

除了散落在书中各处的技巧说明性内容外，本书在每章的后面特别设计了"技巧点拨"这一环节，针对本章内容所涉及的知识，提供编者多年的操作应用经验总结和关键操作技巧提示，帮助读者进行最后的提升。

5. 配套资源丰富

本书针对 AutoCAD 的实例录制了讲解微课，并提供 AutoCAD 速查手册、设计常用图块、AutoCAD 工程师认证考试大纲和 AutoCAD 认证考试练习题等电子配套资源。此外，还提供教学 PPT、课程标准、电子教案、教学大纲和模拟试题等授课配套资源。

书中的主要内容均来自编者多年来使用 AutoCAD 的经验总结，但由于水平有限，书中难免存在不足之处，恳请广大读者批评指正。

编　者

2024 年 9 月

第 3 章

第 4 章

第 5 章

第 **7** 章

第 **6** 章

第 1 章

AutoCAD 2024 入门

本章讲解 AutoCAD 2024 绘图的基本知识，使读者了解如何设置图形的系统参数，熟悉创建新图形文件和打开已有文件的方法等，为读者的系统学习做好准备。

本章教学要求

基本能力： 熟悉 AutoCAD 操作环境，掌握基本输入操作和文件管理操作方法，熟练使用图形显示工具，灵活运用图层工具。

重 难 点： 熟练应用基本输入操作方法。

案例效果

1.1　操作环境简介

扫码看视频

操作界面

操作环境包括与本书相关的软件操作界面、绘图系统设置等。本节将对一些涉及 AutoCAD 2024 软件基本的界面和参数进行简要介绍。

1.1.1　操作界面

AutoCAD 操作界面是用于显示和编辑图形的区域。一个完整的草图与注释操作界面如图 1-1 所示，包括标题栏、菜单栏、功能区、工具栏、绘图区、十字光标、导航栏、坐标系图标、命令行窗口、状态栏、布局标签、快速访问工具栏和交互信息工具栏等。

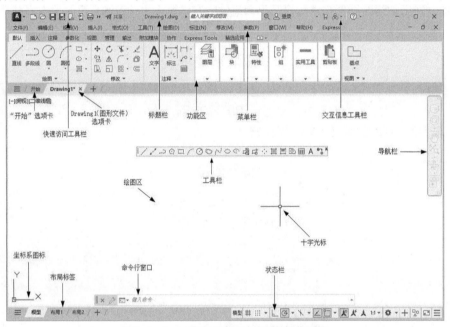

图 1-1　AutoCAD 2024 中文版的操作界面

> **注　意**
>
> 用户可以根据自己的习惯选择不同的颜色配置方案。安装 AutoCAD 2024 后，在绘图区中右键单击，打开快捷菜单，如图 1-2 所示，选择"选项"命令，❶ 打开"选项"对话框，选择"显示"选项卡，在"窗口元素"选项组的"配色方案"中 ❷ 设置为"明"，如图 1-3 所示，❸ 单击"确定"按钮，退出对话框。

1. 标题栏

AutoCAD 2024 中文版操作界面的最上方是标题栏。标题栏显示了系统当前正在运行的应用程序和用户正在使用的图形文件。首次启动系统时，将新建一个名称为"Drawing1.dwg"的图形文件，如图 1-1 所示。

2. 快速访问工具栏和交互信息工具栏

（1）快速访问工具栏。该工具栏包括"新建🗋""打开🗁""保存💾""另存为💾""从 Web 和 Mobile 中打开🗁""保存到 Web 和 Mobile📄""打印🖨""放弃⟲▾""重做⟳▾"等常用的工具按钮。

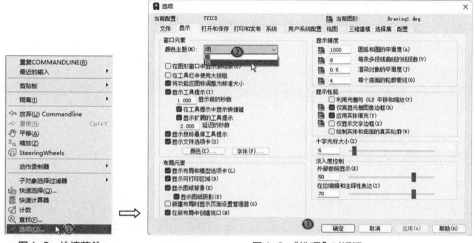

图1-2 快捷菜单 　　　　　　　　　　 图1-3 "选项"对话框

（2）交互信息工具栏。该工具栏包括"搜索""Autodesk A360""Autodesk App Store""保持连接"和"单击此处访问帮助"等常用的数据交互访问工具按钮。

3. 菜单栏

在 AutoCAD 的快速访问工具栏中单击▼，在打开的下拉菜单中选择"显示菜单栏"命令，如图1-4 所示，可以调出菜单栏。与其他 Windows 程序一样，AutoCAD 的菜单也是下拉形式的，并在菜单中包含子菜单。

4. 功能区

在默认情况下，功能区包括"默认""插入"和"精选应用"等十余种选项卡。我们可以单击功能区选项卡后面的 ▭▾ 按钮以控制功能的展开与收缩。

在面板中任意位置处右击，会打开如图1-5 所示的快捷菜单。单击某个未在功能区显示的选项卡名，系统会自动在功能区打开该选项卡；反之，关闭选项卡。打开/或关闭面板的方法与打开/或关闭选项卡的方法类似，这里不再赘述。

图1-4 快速访问工具栏下拉菜单

图1-5 快捷菜单

5. 工具栏

工具栏是一组按钮工具的集合，AutoCAD 2024 提供了数十种工具栏。选择菜单栏中的①"工具"→②"工具栏"→③"AutoCAD"命令，即可调出所需要的工具栏④，如图1-6所示。单击某一个未在界面中显示的工具栏的名称，系统会自动在界面中打开该工具栏；反之，则关闭工具栏。

6. 命令行窗口

命令行窗口是用于输入命令名称和显示命令提示的区域，默认情况下位于绘图区的下方，由若干文本行构成。

可以通过按 F2 键，以文本编辑的方式编辑对当前命令行窗口中输入的内容，如图 1-7 所示。AutoCAD 文本窗口与命令行窗口相似，可以显示当前 AutoCAD 进程中命令的输入和执行过程。

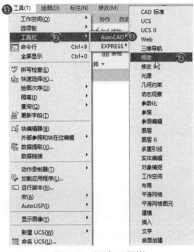

图1-6 调出工具栏

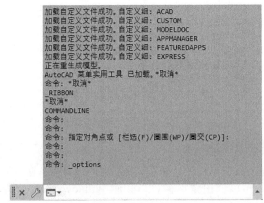

图1-7 文本窗口

7. 状态栏

状态栏显示在屏幕的底部，如图 1-8 所示。

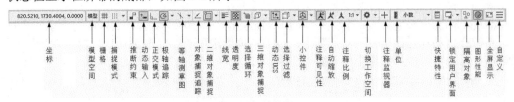

图1-8 状态栏

（1）坐标：显示工作区中鼠标所在点的坐标。

（2）模型空间：在模型空间与布局空间之间进行切换。

（3）栅格：栅格是由覆盖整个用户坐标系（user coordinate system，UCS）XY 平面的直线或点组成的矩形图案。使用栅格类似于在图形下放置一张坐标纸。利用栅格可以对齐对象，并直观显示对象之间的距离。

（4）捕捉模式：对象捕捉对于在对象上指定精确位置非常重要。无论何时提示输入点，都可以使用对象捕捉。默认情况下，当光标移到对象捕捉位置时，将显示标记和工具提示。

（5）推断约束：自动在正在创建或编辑的对象与对象捕捉的关联对象或点之间应用约束。

（6）动态输入：在光标附近显示一个提示框（称为"工具提示"），工具提示中显示对应的命令提示和光标的当前坐标值。

（7）正交模式：将光标限制在水平或垂直方向上移动，以便于精确创建和修改对象。在创建或移动对象时，可以使用正交模式将光标限制在相对于用户坐标系（UCS）的水平或垂直方向上。

（8）极轴追踪：使用极轴追踪，光标将按指定角度移动。在创建或修改对象时，可以使用极轴追踪来显示由指定的极轴角度定义的临时对齐路径。

（9）等轴测草图：通过设置"等轴测捕捉/栅格"，可以轻松地沿三个等轴测平面之一对齐对象。虽然等轴测图形看似三维图形，但实际上是由二维图形表示的，因此不能期望提取三维距离和面积，也无法从不同视点显示对象或自动消除隐藏线。

（10）对象捕捉追踪：使用对象捕捉追踪功能，可以沿着基于对象捕捉点的对齐路径进行追踪。已获取的点将显示一个小加号（+），一次最多可以获取 7 个追踪点。获取点之后，在绘图路径上移动光标，将显示相对于获取点的水平、垂直或极轴对齐路径。例如，可以基于对象的端点、中点或者交点，沿着某个路径选择一点。

（11）二维对象捕捉：使用对象捕捉设置（也称为对象捕捉），可以在对象上的精确位置指定捕捉点。选择多个选项后，将应用选定的捕捉模式，以返回距离靶框中心最近的点。按 Tab 键可在这些选项之间循环。

（12）线宽：分别显示对象所在图层中设置的不同宽度，而不是统一的线宽。

（13）透明度：使用该命令，可以调整绘图对象显示的明暗程度。

（14）选择循环：当一个对象与其他对象彼此接近或重叠时，准确选择某一个对象是很困难的。此时可以使用选择循环命令，单击鼠标左键，将弹出"选择集"列表框，其中列出了鼠标单击点周围的图形，用户可以在列表中选择所需的对象。

（15）三维对象捕捉：三维中的对象捕捉方式与二维中的类似，不同之处在于在三维中可对投影对象进行捕捉。

（16）动态 UCS：在创建对象时，使 UCS 的 XY 平面自动与实体模型上的平面临时对齐。

（17）选择过滤：根据对象特性或对象类型对选择集进行过滤。按下该图标后，只选择满足指定条件的对象，其他对象将被排除在选择集之外。

（18）小控件：帮助用户沿三维轴或平面移动、旋转或缩放一组对象。

（19）注释可见性：当图标高亮时，表示显示所有比例的注释性对象；当图标变暗时，表示仅显示当前比例的注释性对象。

（20）自动缩放：当注释比例更改时，自动将比例应用到注释对象。

（21）注释比例：单击注释比例右下角的小三角符号，会弹出注释比例列表，可以根据需要选择合适的注释比例。

（22）切换工作空间：执行工作空间的转换操作。

（23）注释监视器：打开用于监控所有事件或模型文档事件的注释监视器。

（24）单位：指定线性和角度单位的格式及小数位数。

（25）快捷特性：控制快捷特性面板的启用与禁用。

（26）锁定用户界面：按下该按钮，锁定工具栏、面板和可固定窗口的位置和大小。

（27）隔离对象：选择"隔离对象"时，仅在当前视图中显示选定对象，所有其他对象暂时隐藏；选择"隐藏对象"时，在当前视图中暂时隐藏选定对象，所有其他对象可见。

（28）图形性能：设定图形卡的驱动程序以及设置硬件加速的选项。

（29）全屏显示：该选项可以清除 Windows 窗口中的标题栏、功能区和选项板等界面元素，使 AutoCAD 的绘图窗口全屏显示。

（30）自定义：状态栏可以提供重要信息，而无需中断工作流程。使用 MODEMACRO 系统变量，可以将应用程序所能识别的大多数数据显示在状态栏中。通过该系统变量的计算、判断和编辑功能，可以完全按照用户的要求构造状态栏。

8. 十字光标

在绘图区中，有一个作用类似光标的"十"字线，其交点坐标反映了光标在当前坐标系中的位置。在 AutoCAD 中，这个"十"字线被称为十字光标。

导航栏和布局标签由于在实际操作过程中使用较少，因此在此不再详述，感兴趣的读者可自行查阅相关资料。

1.1.2　操作实例——设置十字光标大小

操作步骤如下：

（1）选择菜单栏中的"工具"→"选项"命令，❶打开"选项"对话框。

（2）❷选择"显示"选项卡，在"十字光标大小"文本框中直接输入数值，或拖动文本框后面的滑块，即可调整十字光标的大小，在此将"十字光标"的大

扫码看视频

操作实例——设置十字光标大小

小 ③ 设置为 100%，如图 1-9 所示。④单击"确定"，返回绘图状态，可以看到十字光标充满了整个绘图区。

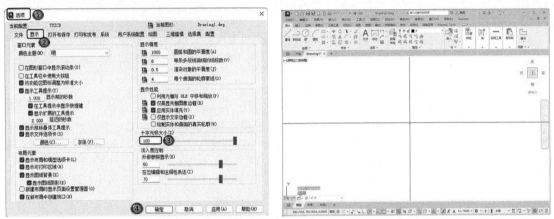

图 1-9　修改后的十字光标

此外，还可以通过设置系统变量 CURSORSIZE 的值来修改十字光标的大小。

1.1.3　绘图系统

一般来说，使用 AutoCAD 2024 的默认配置就可以进行绘图，但为了适应特定的输入设备或打印机，以及提高绘图效率，建议用户在绘图前进行必要的配置。

【执行方式】

- ◤ 命令行：PREFERENCES。
- ◤ 菜单栏：在菜单栏中选择"工具"→"选项"命令。
- ◤ 快捷菜单：在绘图区右击，系统会打开快捷菜单，如图 1-10 所示，选择"选项"命令。

【操作步骤】

执行上述任一操作后，系统将打开"选项"对话框。用户可以在该对话框中设置相关选项，对绘图系统进行配置。下面对其中主要的两个选项卡进行说明，其他配置选项将在后面使用时具体说明。

（1）系统配置。"选项"对话框中的第五个选项卡是"系统"选项卡，如图 1-11 所示。该选项卡用于设置 AutoCAD 系统的相关特性。其中，"常规选项"选项组用于确定是否选择系统配置的基本选项。

图 1-10　快捷菜单

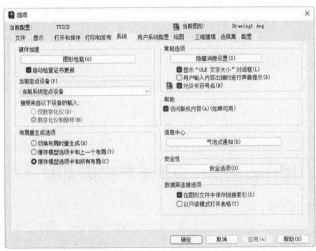

图 1-11　"系统"选项卡

（2）显示配置。"选项"对话框中的第二个选项卡为"显示"选项卡，该选项卡用于控制 AutoCAD 系统的外观，包括设置滚动条、文件选项卡的显示与否，设置绘图区颜色、十字光标大小、AutoCAD 的版面布局、各实体的显示精度等。

> **高手支招**
>
> 　　设置实体显示精度时请务必注意，精度越高（显示质量越高），计算机计算的时间就越长。建议不要将精度设置得过高，而是将显示质量设定在一个合理的程度即可。

扫码看视频

操作实例——修改
绘图区颜色

1.1.4　操作实例——修改绘图区颜色

　　在默认情况下，AutoCAD 的绘图区是黑色背景、白色线条，如图 1-12 所示。然而，许多用户在绘图时习惯将绘图区设置为白色。操作步骤如下。

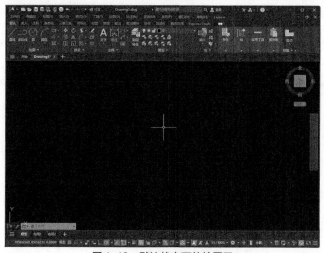

图 1-12　默认状态下的绘图区

　　（1）选择菜单栏中的"工具"→"选项"命令，❶打开"选项"对话框，❷选择如图 1-13 所示的"显示"选项卡，在"窗口元素"选项组中，将配色方案设置为"明"，然后❸单击"颜色"按钮，❹打开图 1-14 所示的"图形窗口颜色"对话框。

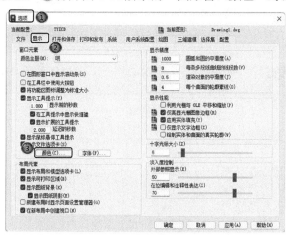

图 1-13　"显示"选项卡

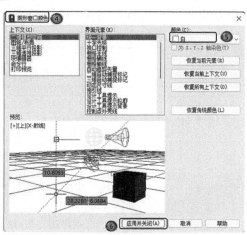

图 1-14　"图形窗口颜色"对话框

　　（2）在"界面元素"中选择统一背景，通常按照视觉习惯选择白色作为窗口颜色。在"颜色"下拉列表框中❺选择白色，然后❻单击"应用并关闭"按钮。此时，AutoCAD 的绘图区背景色已更改，设置后的截面如图 1-1 所示。

1.2 基本输入操作

绘制图形的关键在于快速和准确，即图形尺寸要绘制准确，并且要节省时间。本节主要介绍基本的输入操作方法。读者在后续章节学习绘图命令时，应尽可能掌握多种方法，以便找到适合自己的快速方法。

扫码看视频

命令输入方式

1.2.1 命令输入方式

使用 AutoCAD 进行交互绘图时，必须输入必要的指令和参数。命令输入方式多种多样，下面以绘制直线为例，介绍命令输入方式。

（1）在命令行中输入命令名称。命令字符不区分大小写，例如，命令"LINE"。执行命令时，命令行提示中经常会出现命令选项。在命令行中输入绘制直线的命令"LINE"后，命令行提示和操作如下。

> 命令: LINE↙（↙表示回车键）
> 指定第一个点:（在绘图区指定一点或输入一个点的坐标）
> 指定下一点或 [放弃(U)]:

命令行中不带括号的提示为默认选项（如上面的"指定下一点或"），因此可以直接输入直线的起点坐标或在绘图区指定一点。如果要选择其他选项，则应首先输入该选项的标识字符以及"放弃"选项的标识字符"U"，然后按系统提示输入数据即可。在命令选项的后面有时还带有尖括号，尖括号内的数值为默认数值。

注 意

命令行括号中内容为作者添加的说明性文字。

（2）在命令行中输入命令的缩写，例如：L（LINE）、C（CIRCLE）、A（ARC）、Z（ZOOM）、R（REDRAW）、M（MOVE）、CO（COPY）、PL（PLINE）、E（ERASE）等。

注 意

AutoCAD 不区分大小写，也就是说，输入大写或小写字母都是同一个意思。本书一般采用大写字母。

（3）选择"绘图"菜单栏中的相应命令，在命令行窗口中可以看到相应的命令说明及命令名称。

（4）单击"绘图"工具栏中的相应按钮，在命令行窗口中也可以看到相应的命令说明及命令名称。

（5）如果用户想输入之前刚使用过的命令，可以在绘图区右击鼠标，打开快捷菜单，然后在"最近的输入"子菜单中选择需要的命令，如图 1-15 所示。"最近的输入"子菜单中存储着最近使用的命令，这种方法比较快捷。

（6）如果用户想重复使用上次使用的命令，可以直接在绘图区右击鼠标，打开快捷菜单，选择"重复"命令，系统会立即重复执行上次使用的命令。这种方法适用于重复执行某个命令。

图 1-15 绘图区快捷菜单

1.2.2　命令的重复、撤销和重做

1. 命令的重复

按 Enter 键可以重复调用上一个命令，无论上一个命令是已完成还是被撤销。

2. 命令的撤销

在命令执行的任何时刻都可以撤销或终止命令。

【执行方式】

- ▼ 命令行：UNDO。
- ▼ 菜单栏：选择菜单栏中的"编辑"→"放弃"命令。
- ▼ 工具栏：单击快速访问工具栏中的"放弃"按钮 ⇦ ▾。
- ▼ 快捷键：Esc。

3. 命令的重做

对于已被撤销的命令，可以恢复并重做最后一个被撤销的命令。

【执行方式】

- ▼ 命令行：REDO（快捷命令：RE）。
- ▼ 菜单栏：选择菜单栏中的"编辑"→"重做"命令。
- ▼ 工具栏：单击快速访问工具栏中的"重做"按钮 ⇨ ▾。
- ▼ 快捷键：Ctrl+Y。

AutoCAD 2024 可以一次执行多重放弃和重做操作。单击快速访问工具栏中的"放弃"按钮 ⇦ ▾ 或"重做"按钮 ⇨ ▾ 后面的小三角形，可以选择要放弃或重做的操作，如图 1-16 所示。

图 1-16　"放弃"选项

1.3　文件管理

本节介绍了有关文件管理的一些基本操作方法，包括新建文件、保存文件等。这些都是使用 AutoCAD 2024 时需要掌握的最基础知识。

扫码看视频

文件管理

1.3.1　新建文件

【执行方式】

- ▼ 命令行：NEW。
- ▼ 菜单栏：在菜单栏中选择"文件"→"新建"命令。
- ▼ 快速访问工具栏：单击快速访问工具栏下的"新建"命令。
- ▼ 工具栏：单击"标准"工具栏中的"新建"按钮 ▢。
- ▼ 快捷键：Ctrl+N。

【操作步骤】

执行上述任一操作后，系统将打开如图 1-17 所示的"选择样板"对话框。

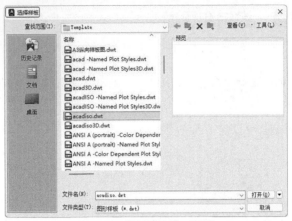

图 1-17 "选择样板"对话框

1.3.2 快速新建文件

如果用户不愿意每次新建文件时都选择样板文件，可以在系统中预先设置默认的样板文件，从而快速创建图形。该功能是创建新图形最快捷的方法。

【执行方式】

▼ 命令行：QNEW。

1.3.3 保存文件

【执行方式】

▼ 命令名：QSAVE（或 SAVE）。
▼ 菜单栏：选择菜单栏中的"文件"→"保存"命令。
▼ 快速访问工具栏：单击快速访问工具栏中的"保存"命令。
▼ 工具栏：单击"标准"工具栏中的"保存"按钮 🗎。
▼ 快捷键：Ctrl+S。

【操作步骤】

执行上述任一操作后，若文件已命名，则系统自动保存文件；若文件未命名（即为默认名 Drawing1.dwg），则系统打开"图形另存为"对话框，如图 1-18 所示，用户可以重新命名并保存文件。在"保存于"下拉列表框中指定保存文件的路径，在"文件类型"下拉列表框中指定保存文件的类型。

图 1-18 "图形另存为"对话框

另外，还有"另存为"和"退出"等命令，它们的操作方式类似。如果用户对图形所做的修改尚未保存，系统会打开如图 1-19 所示的提示对话框。单击"是"按钮，系统将保存文件，然后退出；单击"否"按钮，系统将不保存文件。如果用户对图形所做的修改已经保存，则直接退出。

图 1-19　提示对话框

1.4　显示图形

恰当地显示图形的最常用方法是利用缩放和平移命令。使用这两个命令可以在绘图区域中放大或缩小图像，或者改变图像的位置。

1.4.1　实时缩放

在实时缩放状态下，可以通过垂直向上或向下移动光标来放大或缩小图形。

【执行方式】

☑ 命令行：ZOOM。

☑ 菜单栏：选择菜单栏中的"视图"→"缩放"→"实时"命令。

☑ 工具栏：单击"标准"工具栏中的"实时缩放"按钮±。

☑ 功能区：单击"视图"选项卡"导航"面板中"范围"下拉菜单中的"实时"按钮±。

【操作步骤】

执行上述任一操作后，即可进入实时缩放状态。从图形的中心向上垂直移动光标可以将图形放大一倍，向下垂直地移动光标可以将图形缩小至 1/2。

1.4.2　实时平移

利用实时平移功能，可以通过单击并移动光标来重新放置图形。

【执行方式】

☑ 命令行：PAN。

☑ 菜单栏：选择菜单栏中的"视图"→"平移"→"实时"命令。

☑ 工具栏：单击"标准"工具栏中的"实时平移"按钮。

☑ 功能区：单击"视图"选项卡中"导航"面板的"平移"按钮。

执行上述任一操作后，即可进入实时平移状态。移动手形光标即可平移图形。当光标移动到图形的边缘时，它会变成一个三角形。

> 🖐 **高手支招**
>
> 有时图形经过缩放后，绘制的圆边会显示出棱边，导致图形变得粗糙。在命令行中输入"RE"命令重新生成模型，可以使圆边变得光滑。也可以在"选项"对话框的"显示"选项卡中调整"圆弧和圆的平滑度"。

1.5　图层

图层的概念类似于投影片，将不同属性的对象分别放置在不同的投影片（图层）上。例如，可以将图形的主要线段、中心线、尺寸标注等分别绘制在不同的图层上。在每个图层中，可以设定不同的线型和线条颜色，然后将不同的图层叠加在一起形成一张完整的视图。这样可以使视图层次分明，方便图形对象的编辑与管理。一个完整的图形就是由其包含的所有图层上的对象叠加在一起构成的，如图 1-20 所示。

图 1-20　图层效果

1.5.1　图层的设置

1．利用对话框设置图层

AutoCAD 2024 提供了详细直观的"图层特性管理器"选项板，用户可以方便地在该选项板中进行各种设置，从而实现创建新图层、设置图层颜色及线型等操作。

【执行方式】

✔ 命令行：LAYER。

✔ 菜单栏：选择菜单栏中的"格式"→"图层"命令。

✔ 工具栏：单击"图层"工具栏中的"图层特性管理器"按钮。

✔ 功能区：单击"默认"选项卡"图层"面板中的"图层特性"按钮或单击"视图"选项卡"选项板"面板中的"图层特性"按钮。

【操作步骤】

执行上述任一操作后，系统将打开图 1-21 所示的"图层特性管理器"。

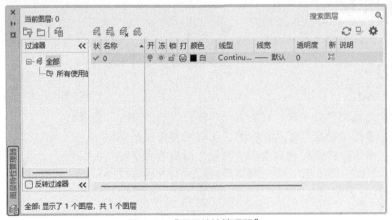

图 1-21　"图层特性管理器"

【选项说明】

（1）"新建图层"按钮：单击该按钮，图层列表中会出现一个新的图层，默认名称为"图层 1"。用户可以使用此名称，也可以将其重命名。

（2）"删除图层"按钮：在图层列表中选中某一图层，然后单击该按钮，即可将该图层删除。

（3）"置为当前"按钮：在图层列表中选中某一图层，然后单击该按钮，即可将该图层设置为当前图层，并在"当前图层"列中显示其名称。另外，双击图层名也可以将其设置为当前图层。

（4）颜色：用于显示和更改图层的颜色。如果要更改某一图层的颜色，单击其对应的颜色图标，AutoCAD 系统将打开图 1-22 所示的"选择颜色"对话框，用户可以从中选择所需的颜色。

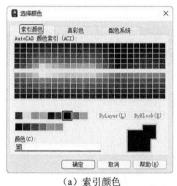 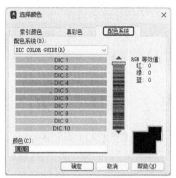

（a）索引颜色 （b）真彩色 （c）配色系统

图 1-22 "选择颜色"对话框

（5）线型：用于显示和修改图层的线型。如果要修改某一图层的线型，单击该图层的"线型"列，系统将打开"选择线型"对话框，如图 1-23 所示。该对话框列出了当前可用的线型，用户可以从中进行选择。

（6）线宽：用于显示和修改图层的线宽。如果要修改某一图层的线宽，单击该图层的"线宽"列，系统将打开"线宽"对话框，如图 1-24 所示。对话框中列出了 AutoCAD 设定的线宽，用户可以从中进行选择。在"线宽"列表框中，显示了可选的线宽值，用户可以选择所需的线宽。"旧的"显示行显示之前赋予图层的线宽。当创建一个新图层时，系统采用默认线宽（其值为 0.01in，即 0.22mm）。默认线宽的值由系统变量 LWDEFAULT 设置；"新的"显示行则显示赋予图层的新线宽。

🖐 高手支招

合理利用图层，可以事半功倍。在开始绘制图形时，可以预先设置一些基本图层。每个图层都有其专门的用途，这样我们只需绘制一份图形文件，就可以组合出许多所需的图纸。在需要修改时，也可以针对各个图层进行调整。

2. 利用"特性"面板设置图层

在 AutoCAD 2024 的操作界面中默认打开了"特性"面板，如图 1-25 所示。用户可以通过面板中的下拉列表，快速查看和更改所选对象的图层、颜色、线型和线宽等特性。"特性"面板上对图层、颜色、线型、线宽和打印样式的控制增强了查看和编辑对象属性的功能。当在绘图区选择任何对象时，其所在的图层、颜色、线型等属性会自动显示在工具栏上。

图 1-23 "选择线型"对话框 图 1-24 "线宽"对话框 图 1-25 "特性"面板

高手支招

有的读者设置了线宽，但在图形中未能显示出效果，出现这种情况一般有两种原因。

（1）未打开状态栏上的"显示线宽"按钮。

（2）线宽设置的宽度不够。AutoCAD 只能显示出 0.30mm 以上的线宽，如果宽度低于 0.30mm，就无法显示出线宽的效果。

1.5.2　颜色的设置

使用 AutoCAD 绘制的图形对象都有特定的颜色。为了更清晰地表达图形，可以将同一类的图形对象用相同的颜色绘制，使不同类的对象呈现不同的颜色，以便区分。因此，需要适当地进行颜色设置。AutoCAD 允许用户设置图层颜色，为新建的图形对象设置当前颜色，并且可以更改已有图形对象的颜色。

【执行方式】

☑ 命令行：COLOR（快捷命令：COL）。

☑ 菜单栏：选择菜单栏中的"格式"→"颜色"命令。

☑ 功能区：点击"默认"选项卡中的"特性"面板内"对象颜色"下拉菜单中的"更多颜色"按钮●，如图 1-26 所示。

【操作步骤】

执行上述任一操作后，系统将打开如图 1-22 所示的"选择颜色"对话框。

图 1-26　"对象颜色"下拉菜单

线宽的设置与颜色的设置过程基本类似，此处不再详细说明。

1.5.3　线型的设置

1．在"图层特性管理器"中设置线型

单击"默认"选项卡的"图层"面板中的"图层特性"按钮，打开"图层特性管理器"，如图 1-21 所示。在图层列表的线型列下单击线型名，系统将打开"选择线型"对话框，如图 1-23 所示。对话框中选项的含义如下。

（1）"已加载的线型"列表框：用于显示在当前绘图中加载的线型，可供用户选用，其右侧显示线型的形式。

（2）"加载"按钮：单击该按钮，打开"加载或重载线型"对话框，用户可以通过此对话框加载线型并将其添加到线型列中。但需要注意的是，加载的线型必须在线型库（LIN）文件中定义过。标准线型都保存在 acad.lin 文件中。

2．直接设置线型

【执行方式】

☑ 命令行：LINETYPE。

☑ 功能区：单击"默认"选项卡中"特性"面板的"线型"下拉菜单中的"其他"按钮，如图 1-27 所示。

【操作步骤】

执行上述任一操作后，按 Enter 键，系统将打开"线型管理器"对话框，如图 1-28 所示。用户可以在该对话框中设置线型。该对话框中的选项含义与前面介绍的相同，此处不再赘述。

图 1-27　"线型"下拉菜单

图 1-28　"线型管理器"对话框

1.5.4　操作实例——设置样板图图层

单击"标准"工具栏中的"打开"按钮🗁，系统将打开图 1-29 所示的"选择文件"对话框，在"文件类型"下拉列表框中选择"图形样板（*.dwt）"选项，并在默认打开的"Template"文件夹中选择"A3 样板图.dwt"。系统会打开该文件。

扫码看视频

操作实例——
设置样板图图层

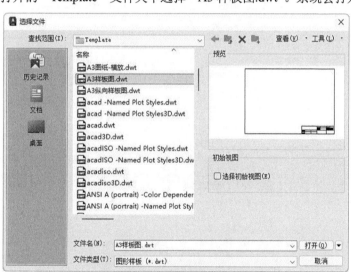

图 1-29　"选择文件"对话框

本例准备设置一个机械制图样板图，图层设置如表 1-1 所示。

表 1-1　图层设置

图　层　名	颜　　色	线　　型	线　宽	用　　途
0	7（黑色）	CONTINUOUS	b	图框线
CEN	2（黄色）	CENTER	1/2b	中心线
HIDDEN	1（红色）	HIDDEN	1/2b	隐藏线
BORDER	5（蓝色）	CONTINUOUS	b	可见轮廓线
TITLE	6（品红）	CONTINUOUS	b	标题栏零件名
T－NOTES	4（青色）	CONTINUOUS	1/2b	标题栏注释
NOTES	7（黑色）	CONTINUOUS	1/2b	一般注释
LW	2（蓝色）	CONTINUOUS	1/2b	细实线
HATCH	2（蓝色）	CONTINUOUS	1/2b	填充剖面线
DIMENSION	3（绿色）	CONTINUOUS	1/2b	尺寸标注

（1）设置图层名称。选择菜单栏中的"格式"→"图层"命令，打开"图层特性管理器"，如图 1-30 所示。在该对话框中单击"新建"按钮，在图层列表框中出现一个默认名为"图层 1"的新图层，如图 1-31 所示。用鼠标单击该图层名称，将其更改为"CEN"，如图 1-32 所示。

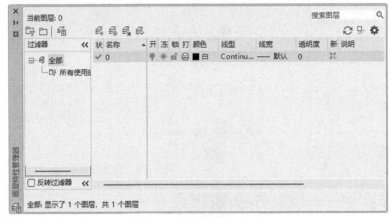

图 1-30 "图层特性管理器"

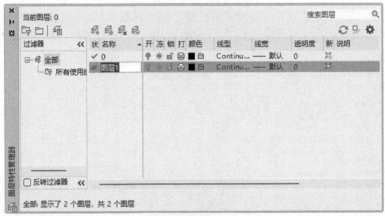

图 1-31 新建图层

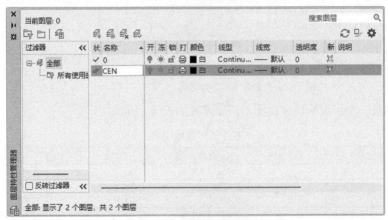

图 1-32 更改图层名称

（2）设置图层颜色。为了区分不同图层上的图线，增强图形不同部分的对比度，可以为不同的图层设置不同的颜色。单击刚建立的"CEN"图层下"颜色"标签中的颜色色块，AutoCAD 将打开"选择颜色"对话框，如图 1-33 所示。在该对话框中选择黄色，然后单击"确定"按钮。在"图层特性管理器"中可以看到"CEN"图层的颜色已经变为黄色，如图 1-34 所示。

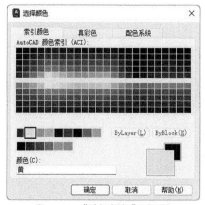

图 1-33　"选择颜色"对话框

图 1-34　更改颜色

（3）设置线型。在常用的工程图纸中，通常需要使用不同的线型，因为不同的线型表示不同的含义。在上述"图层特性管理器"中，单击"CEN"图层"线型"标签下的选项，AutoCAD 会打开"选择线型"对话框，如图 1-35 所示。接着，单击"加载"按钮，打开"加载或重载线型"对话框，如图 1-36 所示。在该对话框中选择"CENTER"线型，然后单击"确定"按钮。系统会返回到"选择线型"对话框，此时在"已加载的线型"列表框中会出现"CENTER"线型，如图 1-37 所示。选择"CENTER"线型，再次单击"确定"按钮，这时在"图层特性管理器"中可以看到"CEN"图层的线型已变为"CENTER"线型，如图 1-38 所示。

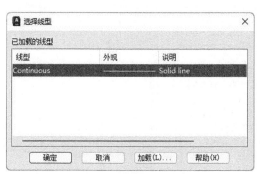

图 1-35　"选择线型"对话框

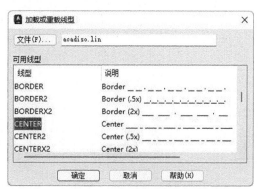

图 1-36　"加载或重载线型"对话框

图 1-37　加载线型

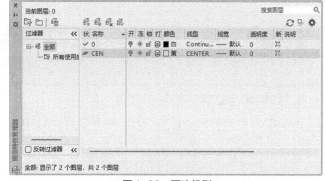

图 1-38　更改线型

（4）设置线宽。在工程图中，不同的线宽表示不同的含义，因此需要对不同图层的线宽进行设置。单击上述"图层特性管理器"中"CEN"图层"线宽"标签下的选项，AutoCAD 会打开"线宽"对话框，如图 1-39 所示。在该对话框中选择适当的线宽，单击"确定"按钮，在"图层特性管理器"中可以看到"CEN"图层的线宽变成了 0.15mm，如图 1-40 所示。

图 1-39　"线宽"对话框

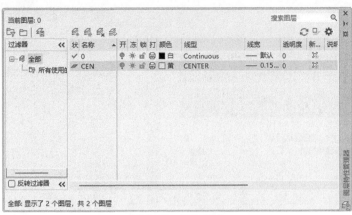

图 1-40　更改线型

 高手支招

应尽量保持细线与粗线之间的比例大约为 1:2。这样的线宽符合国标相关规定。

以相同的方法建立具有不同名称的新图层，这些图层可以分别存放不同的图线或图形的不同部分。最终设置完成的图层如图 1-41 所示。

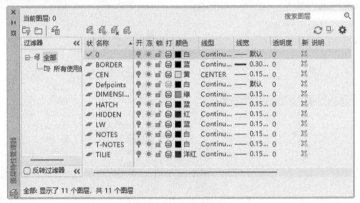

图 1-41　设置图层

1.6　技巧点拨——图形管理技巧

1. 如何将自动保存的图形复原

AutoCAD 会将自动保存的图形存放到名为 "AUTO.SV$" 或 "AUTO?.SV$" 的文件中。找到该文件并将其重命名为图形文件，即可在 AutoCAD 中打开。

通常，这些文件存放在 Windows 的临时目录中，如 "C:\Windows\Temp"。

2. 怎样从备份文件中恢复图形

（1）显示文件扩展名。打开"我的电脑"窗口，选择"工具"→"文件夹选项"命令，会弹出"文件夹选项"对话框。在"查看"选项卡的"高级设置"选项组中，取消选中"隐藏已知文件的扩展名"复选框。

（2）显示所有文件。打开"我的电脑"窗口，选择"工具"→"文件夹选项"命令，弹出"文件夹选项"对话框。在"查看"选项卡的"高级设置"选项组中，选择"隐藏文件和文件夹"下的

"显示所有文件和文件夹"单选按钮。

（3）找到备份文件。打开"我的电脑"窗口，选择"工具"→"文件夹选项"命令，弹出"文件夹选项"对话框。在"查看"选项卡的"已注册的文件类型"选项组中，选择"临时图形文件"，找到该文件，将其重命名为".dwg"格式。最后，用打开其他 CAD 文件的方法将其打开即可。

3．打开旧图时遇到异常错误导致中断退出怎么办

可以新建一个图形文件，将旧图以图块形式插入即可。

4．如何设置自动保存功能

在命令行中输入"SAVETIME"命令，将变量设置为一个较小的值，例如 10 分钟。AutoCAD 默认的保存时间为 120 分钟。

5．如何删除顽固图层

方法 1：将无用的图层关闭，然后全选其他图层，复制并粘贴到一个新的文件中，这样无用的图层就不会被复制过来。如果曾经在这个不需要的图层中定义过块，并且在另一个图层中插入了这个块，那么这个不需要的图层不能用这种方法删除。

方法 2：打开一个 CAD 文件，将需要删除的图层关闭，使图面上只保留需要的可见图形。选择"文件"→"另存为"命令，输入文件名，并在"文件类型"下拉列表中选择".dxf"格式。在对话框的右上角，单击"工具"下拉菜单，选择"选项"命令，打开"另存为选项"对话框，选择"DXF 选项"选项卡，并勾选"选择对象"选项。单击"确定"按钮，然后单击"保存"按钮。此时可以选择需要保存的对象，将可见或需要的图形选中即可，完成后，退出并重新打开刚保存的文件，即可发现不需要的图层已经消失。

方法 3：用命令"LAYTRANS"，将需要删除的图层映射为 0 层即可。此方法可以删除包含实体对象或被其他块嵌套定义的图层。

6．设置图层时应注意什么

在绘图时，所有图元的各种属性都应尽量跟随图层。尽量保持图元的属性与图层的一致性，也就是说，尽可能地使图元属性为 Bylayer。这样有助于提高图面的清晰度、准确性和效率。

7．如何关闭 CAD 中的".bak"文件

方法 1：选择菜单栏中的"工具"→"选项"命令，选择"打开和保存"选项卡，取消选中"每次保存均创建备份"复选框。

方法 2：在命令行中输入"ISAVEBAK"命令，将系统变量修改为 0。当系统变量为 1 时，每次保存都会创建".bak"备份文件。

8．样板文件的作用

（1）样板图形存储图形的所有设置，其中包括定义的图层、标注样式和视图。样板图形区别于其他".dwg"图形文件，以".dwt"为文件扩展名，它们通常保存在 template 目录中。

（2）如果根据现有的样板文件创建新图形，则新图形的修改不会影响样板文件。可以使用保存在 template 目录中的样板文件，也可以创建自定义样板文件。

9．如何将直线改变为点划线线型

使用鼠标单击所绘制的直线，在"特性"工具栏的"线型控制"下拉列表中选择"点划线"选项，所选直线将改变线型。若尚未加载此种线型，则选择"其他"选项，加载此种"点划线"线型。

1.7 上机实验

【练习 1】打开"源文件\原始文件\第 1 章\齿轮轴"图形文件，利用"平移"和"缩放"命令，

查看图 1-42 所示的齿轮轴细节。

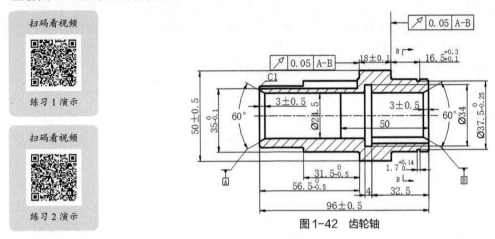

图 1-42　齿轮轴

【练习 2】为图 1-42 所示的齿轮轴图形设置图层。

第**2**章

简单二维绘制命令

学习 AutoCAD 的基本目的是绘图，而学习绘图的过程是一个由浅入深、由易到难的过程。本章讲解最简单的二维绘图命令，使读者了解直线类、圆类、点、平面图形、图案填充等命令，从而能够绘制简单的二维图形。

本章教学要求

基本能力：熟练掌握直线类命令、圆类命令、点命令、矩形命令和多边形命令，以及图案填充命令的使用方法。
重 难 点：图案填充命令的灵活应用。

案例效果

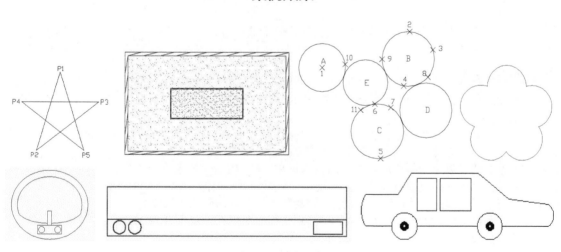

2.1 直线类命令

直线类命令包括"直线"命令和"构造线"命令。这两个命令是 AutoCAD 中最简单的绘图命令。

2.1.1 直线

【执行方式】

- ▼ 命令行：LINE（快捷命令：L）。
- ▼ 菜单栏：选择菜单栏中的"绘图"→"直线"命令。
- ▼ 工具栏：单击"绘图"工具栏中的"直线"按钮✓。
- ▼ 功能区：❶单击"默认"选项卡❷"绘图"面板中的❸"直线"
按钮✓，如图 2-1 所示。

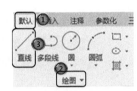

图 2-1 "绘图"面板 1

【操作步骤】

命令行提示与操作如下。

命令: LINE↙
指定第一个点:（输入直线段的起点坐标或在绘图区单击指定点）
指定下一点或 [放弃(U)]:（输入直线段的端点坐标，或利用光标指定一定角度后，直接输入直线的长度）
指定下一点或 [放弃(U)]:（输入下一直线段的端点，或输入选项"U"表示放弃前面的输入；右击或按 Enter 键，结束命令）
指定下一点或 [闭合(C)/放弃(U)]:（输入下一直线段的端点，或输入选项"C"使图形闭合，结束命令）

【选项说明】

（1）如果在"指定第一个点"提示下按 Enter 键，系统会将上次绘制直线的终点作为本次直线的起始点。

（2）在"指定下一点"提示下，用户可以指定多个端点，从而绘制多条直线段。但是，每一条直线段都是一个独立的对象，可以对其进行单独的编辑操作。

（3）绘制两条以上直线段后，若采用输入选项"C"响应"指定下一点"提示，系统会自动连接起始点和最后一个端点，从而绘制封闭的图形。

（4）若采用输入选项"U"响应提示，则删除最近一次绘制的直线段。

（5）若设置正交方式（单击状态栏中的"正交模式"按钮⌐），只能绘制水平线段或垂直线段。

（6）若设置动态数据输入方式（单击状态栏中的"动态输入"按钮▬），则可以动态输入坐标或长度值，如图 2-2 所示。动态数据输入方式与非动态数据输入方式类似，其具体操作详见 2.1.3 小节。除特别需要外，以后不再强调，而只按非动态数据输入方式输入相关数据。

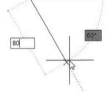

图 2-2 动态输入

操作实例——绘制五角星

扫码看视频

2.1.2 操作实例——绘制五角星

绘制如图 2-3 所示的五角星，操作步骤如下。

单击状态栏中的"动态输入"按钮▬，关闭动态输入功能，单击"默认"选项卡中"绘图"面板的"直线"按钮✓，命令

图 2-3 绘制五角星

行提示与操作如下。

```
命令:LINE↙
指定第一个点:120,120↙（即顶点 P1 的位置）
指定下一点或 [放弃(U)]:@80<252↙（P2 点）
指定下一点或 [放弃(U)]:159.091,90.870↙（P3 点，也可以输入相对坐标"@80<36"）
指定下一点或 [闭合(C)/放弃(U)]:@80,0↙（错误的 P4 点）
指定下一点或 [闭合(C)/放弃(U)]:U↙（取消对 P4 点的输入）
指定下一点或 [闭合(C)/放弃(U)]:@-80,0↙（P4 点）
指定下一点或 [闭合(C)/放弃(U)]:144.721,43.916↙（P5 点，也可以输入相对坐标"@80<-36"）
指定下一点或 [闭合(C)/放弃(U)]:C↙
```

 注 意

（1）一般每个命令有 4 种执行方式，这里只给出了命令行执行方式，其他 3 种执行方式的操作方法与命令行执行方式基本相同。

（2）坐标中的逗号必须在英文状态下输入，否则会出错。

2.1.3 动手练——绘制表面粗糙度符号

绘制如图 2-4 所示的表面粗糙度符号。

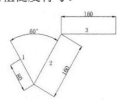

图 2-4 表面粗糙度符号

扫码看视频

动手练——绘制表面粗糙度符号

 思路点拨

利用"直线"命令依次绘制 3 条线段。

2.1.4 数据的输入方法

1. 坐标输入

在 AutoCAD 中，点的坐标可以用直角坐标、极坐标、球面坐标和柱面坐标表示。每一种坐标又分别具有两种坐标输入方式：绝对坐标和相对坐标。其中，直角坐标和极坐标最为常用，下面主要介绍它们的输入方法。

（1）直角坐标

直角坐标是指用点的 X、Y 坐标值表示的坐标。

例如，在命令行中输入点的坐标提示下，输入"15,18"。表示输入一个 X、Y 坐标值分别为 15 和 18 的点。这是绝对坐标输入方式，表示该点的坐标是相对于当前坐标原点的坐标值，如图 2-5（a）所示。如果输入"@10,20"，则为相对坐标输入方式，表示该点的坐标是相对于前一点的坐标值，如图 2-5（b）所示。

（2）极坐标

极坐标是使用长度和角度表示的坐标，仅适用于表示二维点的坐标。

极坐标在绝对坐标输入方式下表示为"长度<角度"，例如"25<50"，其中长度为该点到坐标原点的距离，角度为该点至原点的连线与 X 轴正向的夹角，如图 2-5（c）所示。

极坐标在相对坐标输入方式下表示为"@长度<角度"，例如"@25<45"，其中长度为该点到前一个点的距离，角度为该点至前一个点的连线与 X 轴正向的夹角，如图 2-5（d）所示。

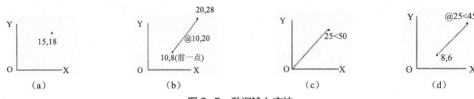

图 2-5　数据输入方法

 注 意

第二个点和后续点的默认设置为相对极坐标。不需要输入@符号。如果需要使用绝对坐标，则需要在前面加上#符号作为前缀。例如，要将对象移动到原点，需要在提示输入第二个点时，输入#0,0。

2. 动态输入

点击状态栏上的 DYN 按钮，会开启系统的动态输入功能。此时可以在屏幕上动态地输入某些参数数据。例如，绘制直线时，光标附近会动态显示"指定第一个点"及后面的坐标框，当前坐标框中显示的是光标所在的位置。可以输入数据，两个数据之间用逗号隔开，如图 2-6 所示。指定第一个点后，系统会动态显示直线的角度，并要求输入线段的长度值，如图 2-7 所示。其输入效果与"@长度<角度"的方式相同。

图 2-6　动态输入坐标值　　　　　　图 2-7　动态输入长度值

2.1.5　操作实例——动态输入法绘制五角星

操作实例——动态输入法绘制五角星

本实例主要讲解在开启动态输入功能后，使用"直线"命令绘制如图 2-3 所示的五角星。操作步骤如下。

（1）系统默认打开动态输入功能。如果动态输入功能没有打开，可以单击状态栏中的"动态输入"按钮 以启用它。接着，单击"默认"选项卡的"绘图"面板中的"直线"按钮 ，在动态输入框中输入第一个点的坐标(120,120)，如图 2-8 所示。按 Enter 键确认 P1 点。

（2）拖动鼠标，在动态输入框中输入长度为 80。按 Tab 键切换到角度输入框，输入角度为 108，如图 2-9 所示。按 Enter 键确认 P2 点。

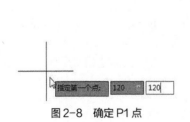

图 2-8　确定 P1 点

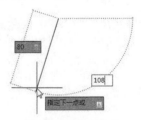

图 2-9　确定 P2 点

（3）拖动鼠标，在动态输入框中输入长度为 80，按 Tab 键切换到角度输入框，输入角度为 36，如图 2-10 所示，按 Enter 键确定 P3 点。也可以输入绝对坐标(#159.091,90.870)，如图 2-11 所示，按 Enter 键确定 P3 点。

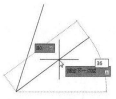

图 2-10　确定 P3 点

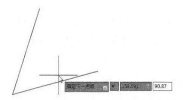

图 2-11　确定 P3 点（绝对坐标方式）

（4）拖动鼠标，在动态输入框中输入长度为 80，按 Tab 键切换到角度输入框，输入角度为 180，如图 2-12 所示，按 Enter 键确定 P4 点。

（5）拖动鼠标，在动态输入框中输入长度为 80，按 Tab 键切换到角度输入框，输入角度为 36，如图 2-13 所示，按 Enter 键确定 P5 点。也可以输入绝对坐标(#144.721,43.916)，如图 2-14 所示，按 Enter 键确定 P5 点。

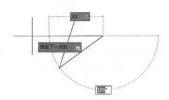

图 2-12　确定 P4 点

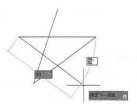

图 2-13　确定 P5 点

（6）拖动鼠标，直接指定 P1 点，如图 2-15 所示；也可以在动态输入框中输入长度为 80，按 Tab 键切换到角度输入框，输入角度为 108，即可完成绘制。

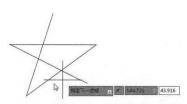

图 2-14　确定 P5 点（绝对坐标方式）

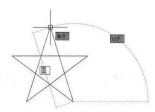

图 2-15　完成绘制

 注 意

后文的实例，如果没有特别提示，均在非动态输入模式下输入数据。

2.1.6　动手练——动态输入法绘制表面粗糙度符号

绘制图 2-4 中所示的表面粗糙度符号。

 思路点拨

（1）打开动态输入功能。
（2）在动态输入模式下，使用"直线"命令依次绘制 3 条线段。

2.1.7　构造线

构造线模拟手工绘图中的辅助作图线。它以特殊的线型显示，在图形输出时可以选择不输出。

应用构造线作为辅助线绘制三视图是其最主要的用途，它保证了三视图之间"主、俯视图长对正，主、左视图高平齐，俯、左视图宽相等"的对应关系。

【执行方式】

- ▼ 命令行：XLINE（快捷命令：XL）。
- ▼ 菜单栏：选择菜单栏中的"绘图"→"构造线"命令。
- ▼ 工具栏：单击"绘图"工具栏中的"构造线"按钮。
- ▼ 功能区：单击"默认"选项卡"绘图"面板中的"构造线"按钮。

【操作步骤】

命令行提示与操作如下。

命令：XLINE↙
指定点或 [水平(H)/垂直(V)/角度(A)/二等分(B)/偏移(O)]：（给出根点1）
指定通过点：（给定通过点2，绘制一条双向无限长直线）
指定通过点：（继续给点，继续绘制线，如图2-16（a）所示，按Enter键结束）

【选项说明】

执行选项中包括"指定点""水平""垂直""角度""二等分"和"偏移"6种方式，用于绘制构造线，分别如图2-16（a）～图2-16（f）所示。

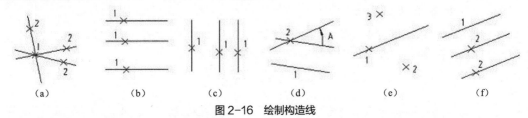

（a）　　　　（b）　　　　（c）　　　　（d）　　　　（e）　　　　（f）

图2-16　绘制构造线

2.1.8　操作实例——绘制轴线

扫码看视频

操作实例——
绘制轴线

利用"构造线"命令，绘制如图2-17所示的轴线，操作步骤如下。

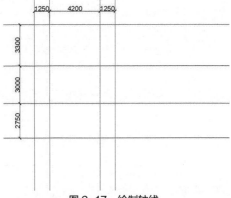

图2-17　绘制轴线

（1）单击"默认"选项卡"绘图"面板中的"构造线"按钮，绘制一条水平构造线和一条垂直构造线，如图2-18所示。命令行提示与操作如下。

命令：_xline
指定点或 [水平(H)/垂直(V)/角度(A)/二等分(B)/偏移(O)]：H↙

指定通过点:（任意指定一点）

指定通过点: ↙

命令:XLINE

指定点或 [水平(H)/垂直(V)/角度(A)/二等分(B)/偏移(O)]: V↙

指定通过点:（适当指定一点）

指定通过点: ↙

（2）单击"默认"选项卡"绘图"面板中的"构造线"按钮 ，将水平构造线向上偏移，偏移距离分别为 2750、3000、3300，如图 2-19 所示。命令行提示与操作如下。

命令: _xline

指定点或 [水平(H)/垂直(V)/角度(A)/二等分(B)/偏移(O)]: O↙

指定偏移距离或 [通过(T)] <1500.0000>: 2750↙

选择直线对象:（选择水平构造线）

指定向哪侧偏移:（在直线的上方点取一点）

命令: _xline

指定点或 [水平(H)/垂直(V)/角度(A)/二等分(B)/偏移(O)]: O↙

指定偏移距离或 [通过(T)] <1500.0000>: 3000↙

选择直线对象:（选择偏移后水平构造线）

指定向哪侧偏移:（在直线的上方点取一点）

命令: _xline

指定点或 [水平(H)/垂直(V)/角度(A)/二等分(B)/偏移(O)]: O↙

指定偏移距离或 [通过(T)] <1500.0000>: 3300↙

选择直线对象:（选择第二次偏移后的水平构造线）

指定向哪侧偏移:（在直线的上方点取一点）

（3）单击"默认"选项卡"绘图"面板中的"构造线"按钮 ，将竖直构造线向右侧偏移，偏移距离为 1250、4200 和 1250，如图 2-17 所示。

图 2-18　绘制构造线　　　　　　　　　　图 2-19　偏移构造线

 注 意

命令名前出现 "_"，表示该命令是通过菜单或工具栏方式执行，与命令行方式执行效果相同。

2.2　圆类命令

圆类命令主要包括"圆""圆弧""圆环""椭圆"及"椭圆弧"命令，这些是 AutoCAD 中最基本的曲线命令。

2.2.1 圆

【执行方式】

▼ 命令行：CIRCLE（快捷命令：C）。
▼ 菜单栏：选择菜单栏中的"绘图"→"圆"命令。
▼ 工具栏：单击"绘图"工具栏中的"圆"按钮⊙。
▼ 功能区：单击"默认"选项卡"绘图"面板中的"圆"下拉菜单。

【操作步骤】

命令行提示与操作如下。

> 命令: CIRCLE✓
>
> 指定圆的圆心或 [三点(3P)/两点(2P)/切点、切点、半径(T)]:（指定圆心）
>
> 指定圆的半径或 [直径(D)]:（直接输入半径值或在绘图区单击指定半径长度）
>
> 指定圆的直径 <默认值>:（输入直径值或在绘图区单击指定直径长度）

【选项说明】

（1）三点(3P)：通过指定圆周上的三个点绘制圆。
（2）两点(2P)：通过指定直径的两个端点绘制圆。
（3）切点、切点、半径(T)：通过先指定两个相切对象，然后给出半径的方法绘制圆。如图 2-20 所示显示了圆与另外两个对象相切的各种情形（加粗的圆为最后绘制的圆）。

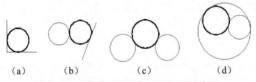

（a）　　　　（b）　　　　（c）　　　　（d）

图 2-20　圆与另外两个对象相切的情形

（4）功能区中还有"相切、相切、相切"的绘制方法。

2.2.2　操作实例——绘制衬垫

扫码看视频

操作实例——
绘制衬垫

本实例主要运用"直线"命令和"圆"命令来绘制图 2-21 所示的衬垫，操作步骤如下。

（1）单击"默认"选项卡"图层"面板中的"图层特性"按钮叠，新建如下两个图层。

① 第一个图层命名为"粗实线"图层，线宽为 0.30mm，其余属性保持默认。

② 第二个图层命名为"中心线"图层，颜色为红色，线型为 CENTER，其余属性保持默认。

图 2-21　衬垫

（2）将"中心线"图层设置为当前图层，绘制中心线。单击"绘图"面板中的"直线"按钮✓，绘制直线，端点坐标分别为{(0,60),(0,-60)}和{(-60,0),(60,0)}。

（3）将"粗实线"图层设置为当前图层，单击"绘图"面板中的"圆"按钮⊙，绘制法兰轮廓。命令行提示与操作如下。

> 命令: _circle✓
>
> 指定圆的圆心或 [三点(3P)/两点(2P)/切点、切点、半径(T)]: 0,0✓

指定圆的半径或 [直径(D)]: 50✓

命令: _circle✓

指定圆的圆心或 [三点(3P)/两点(2P)/切点、切点、半径(T)]: 0,0✓

指定圆的半径或 [直径(D)]: 25✓

命令: _circle✓

指定圆的圆心或 [三点(3P)/两点(2P)/切点、切点、半径(T)]: 0,0✓

指定圆的半径或 [直径(D)]: D✓

指定圆的直径: 75✓

将直径为 75 的圆设置为"中心线"图层。

同样,单击"绘图"面板中的"圆"按钮⊙,绘制法兰螺栓孔。圆心坐标为(0,37.5),半径为 6;重复"绘图"面板中的"圆"按钮⊙,绘制另外三个圆,圆心坐标分别为(37.5,0)、(0,−37.5)、(−37.5,0),半径为 6,结果如图 2-21 所示。

2.2.3　动手练——绘制挡圈

利用"直线"命令和"圆"命令绘制图 2-22 所示的挡圈。

扫码看视频

动手练——绘制挡圈

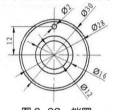

图 2-22　挡圈

 思路点拨

（1）设置图层。

（2）首先使用"直线"命令绘制中心线,然后使用"圆"命令绘制轮廓。

2.2.4　圆弧

【执行方式】

▼ 命令行:ARC（快捷命令:A）。

▼ 菜单栏:选择菜单栏中的"绘图"→"圆弧"命令。

▼ 工具栏:单击"绘图"工具栏中的"圆弧"按钮 。

▼ 功能区:单击"默认"选项卡"绘图"面板中的"圆弧"下拉菜单,如图 2-23 所示。

【操作步骤】

"起点,圆心,端点"方法的命令行提示与操作如下。

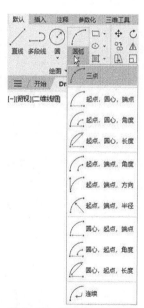

图 2-23　"圆弧"下拉菜单

命令:ARC✓

指定圆弧的起点或 [圆心(C)]:（指定起点）

指定圆弧的第二个点或 [圆心(C)/端点(E)]:（指定第二个点）

指定圆弧的端点:（指定末端点）

【选项说明】

（1）用命令行方式绘制圆弧时，可以根据系统提示选择不同的选项，其具体功能与利用菜单栏中的"绘图"→"圆弧"命令中子菜单提供的 11 种方式相似。这 11 种方式绘制的圆弧分别如图 2-24（a）至图 2-24（k）所示。

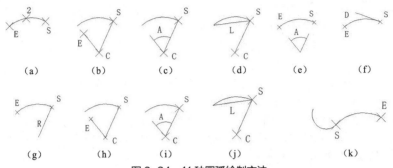

（a） （b） （c） （d） （e） （f）

（g） （h） （i） （j） （k）

图 2-24 11 种圆弧绘制方法

（2）需要强调的是，使用"连续"方式绘制的圆弧会与上一线段或圆弧相切。在连续绘制圆弧时，只需提供端点即可。

 高手支招

绘制圆弧时，请注意圆弧的曲率是遵循逆时针方向的。因此，在选择指定圆弧的两个端点和半径模式时，需要注意端点的指定顺序，否则可能导致圆弧的凹凸形状与预期相反。

2.2.5 操作实例——绘制盘根压盖

扫码看视频

操作实例——绘制
盘根压盖

本实例绘制图 2-25 所示的盘根压盖俯视图。盘根压盖在机械设备中主要用于压紧盘根，使盘根与轴之间紧密贴合，形成迷宫般的微小间隙，使介质在迷宫中被多次截流，从而达到密封的作用。盘根压盖在机械密封中是常用的零件。本实例主要运用"直线"命令、"圆"命令和"圆弧"命令来绘制图形，操作步骤如下。

（1）单击"默认"选项卡"图层"面板中的"图层特性"按钮，打开"图层特性管理器"，新建如下两个图层，如图 2-26 所示。

① 第一个图层命名为"粗实线"图层，线宽为 0.30mm，其余属性默认。

② 第二个图层命名为"中心线"图层，颜色为红色，线型为 CENTER，其余属性默认。

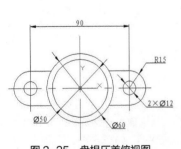

图 2-25 盘根压盖俯视图

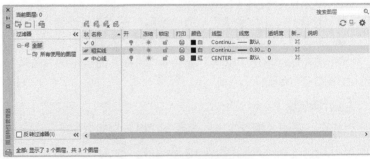

图 2-26 "图层特性管理器"

（2）在"图层特性管理器"中双击"中心线"图层或者选取"中心线"图层，单击"置为当前"按钮，将"中心线"图层设置为当前图层。

（3）单击"默认"选项卡"绘图"面板中的"直线"按钮，绘制四条中心线，端点坐标分别是{(0,45),(0,-45)}、{(-45,20),(-45,-20)}、{(45,20),(45,-20)}和{(-65,0),(65,0)}。

　　（4）将"粗实线"图层设置为当前图层，单击"默认"选项卡"绘图"面板中的"圆"按钮⊙，绘制圆心坐标为(0,0)、半径分别为30和25的圆；重复"圆"命令，绘制圆心坐标分别为(-45,0)和(45,0)、半径为6的圆，结果如图2-27所示。

　　（5）单击"默认"选项卡"绘图"面板中的"直线"按钮，绘制4条线段，端点坐标分别是{(-45,15),(-25.98,15)}、{(-45,-15),(-25.98,-15)}、{(45,15),(25.98,15)}和{(45,-15),(25.98,-15)}，结果如图2-28所示。

　　（6）单击"默认"选项卡的"绘图"面板中的"圆弧"按钮，绘制圆头部分的圆弧。命令行提示与操作如下。

```
命令: _ARC↙
指定圆弧的起点或 [圆心(C)]: -45,15↙
指定圆弧的第二个点或 [圆心(C)/端点(E)]: E↙
指定圆弧的端点: -45,-15↙
指定圆弧的中心点（按住 Ctrl 键以切换方向）或 [角度(A)/方向(D)/半径(R)]:A↙
指定夹角（按住 Ctrl 键以切换方向）: 180↙
命令: _ARC↙
指定圆弧的起点或 [圆心(C)]: 45,15↙
指定圆弧的第二个点或 [圆心(C)/端点(E)]: E↙
指定圆弧的端点: 45,-15↙
指定圆弧的中心点（按住 Ctrl 键以切换方向）或 [角度(A)/方向(D)/半径(R)]:A↙
指定夹角（按住 Ctrl 键以切换方向）: -180↙
```

绘制结果如图2-29所示。

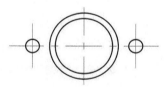
图 2-27　绘制圆

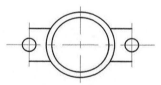
图 2-28　绘制直线

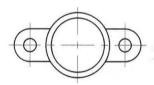
图 2-29　绘制圆弧

2.2.6　动手练——绘制圆头平键

　　绘制如图2-30所示的圆头平键。

扫码看视频

动手练——绘制
圆头平键

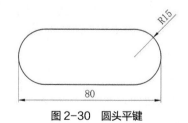
图 2-30　圆头平键

 思路点拨

　　　首先使用"直线"命令绘制两条水平线，然后使用"圆弧"命令绘制两个圆形端头。

2.2.7 圆环

【执行方式】

- ◤ 命令行：DONUT（快捷命令：DO）。
- ◤ 菜单栏：选择菜单栏中的"绘图"→"圆环"命令。
- ◤ 功能区：单击"默认"选项卡"绘图"面板中的"圆环"按钮◎。

【操作步骤】

命令行提示与操作如下。

> 命令:DONUT↙
>
> 指定圆环的内径 <默认值>:（指定圆环内径）
>
> 指定圆环的外径 <默认值>:（指定圆环外径）
>
> 指定圆环的中心点或 <退出>:（指定圆环的中心点）
>
> 指定圆环的中心点或 <退出>:（继续指定圆环的中心点，则继续绘制相同内外径的圆环。用 Enter 键、空格键或右击结束命令）

2.2.8 椭圆与椭圆弧

【执行方式】

- ◤ 命令行：ELLIPSE（快捷命令：EL）。
- ◤ 菜单栏：选择菜单栏中的"绘图"→"椭圆"命令。
- ◤ 工具栏：单击"绘图"工具栏中的"椭圆"按钮◯或"椭圆弧"按钮◌。

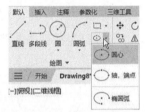

图 2-31 "椭圆"下拉菜单

- ◤ 功能区：单击"默认"选项卡"绘图"面板中的"椭圆"下拉菜单，如图 2-31 所示。

【操作步骤】

命令行提示与操作如下。

> 命令: ELLIPSE↙
>
> 指定椭圆的轴端点或 [圆弧(A)/中心点(C)]:（指定轴端点 1）
>
> 指定轴的另一个端点:（指定轴端点 2）
>
> 指定另一条半轴长度或 [旋转(R)]:

【选项说明】

（1）指定椭圆的轴端点：根据两个端点定义椭圆的第一条轴，第一条轴的角度确定了整个椭圆的角度。第一条轴既可以定义椭圆的长轴，也可以定义其短轴。椭圆按照图 2-32（a）中显示的 1—2—3—4 顺序绘制。

（2）圆弧（A）：用于创建一段椭圆弧，与"单击'绘图'工具栏中的'椭圆弧'按钮◌"功能相同。第一条轴的角度确定了椭圆弧的角度。第一条轴既可以定义椭圆弧的长轴，也可以定义其短轴。选择该选项后，系统命令行中会继续提示操作如下。

> 指定椭圆弧的轴端点或 [中心点(C)]:（指定端点或输入"C"）
>
> 指定轴的另一个端点:（指定另一端点）

指定另一条半轴长度或 [旋转(R)]:（指定另一条半轴长度或输入"R"）
指定起点角度或 [参数(P)]:（指定起始角度或输入"P"）
指定端点角度或 [参数(P)/夹角(I)]:

其中各选项含义如下。

① 起点角度：指定椭圆弧端点的两种方式之一，光标与椭圆中心点连线的夹角为椭圆端点位置的角度，如图 2-32（b）所示。

② 参数（P）：指定椭圆弧端点的另一种方式，该方式同样是指定椭圆弧端点的角度，但通过以下矢量参数方程式创建椭圆弧。

$$p(u) = c + a \times \cos(u) + b \times \sin(u)$$

其中，c 是椭圆的中心点，a 和 b 分别是椭圆的长轴和短轴，u 为光标与椭圆中心点连线的夹角。

③ 夹角（I）：定义从起点角度开始的包含角度。

④ 中心点（C）：通过指定的中心点创建椭圆。

⑤ 旋转（R）：通过绕第一条轴旋转圆来创建椭圆。这相当于将一个圆绕椭圆轴翻转一个角度后的投影视图。

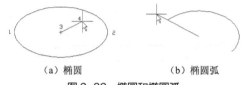

（a）椭圆　　　　　（b）椭圆弧

图 2-32　椭圆和椭圆弧

 高手支招

椭圆命令生成的椭圆是以多段线还是椭圆为实体，由系统变量 PELLIPSE 决定。

2.2.9　操作实例——绘制定位销

扫码看视频

操作实例——绘制
定位销

定位销通常用于确定两个配合零件的相对位置，常见的有圆锥形和圆柱形两种结构。为确保在多次拆装时定位销与销孔的紧密配合并便于拆卸，通常采用圆锥销。定位销的直径 $d=(0.7\sim0.8)d_2$，d_2 为箱盖与箱座连接凸缘螺栓的直径。定位销的长度应大于上下箱连接凸缘的总厚度，并且在装配时，在上下两端均留有一定长度的外伸量，以便于装拆，如图 2-33 所示。

本任务将通过绘制定位销的过程帮助读者熟练掌握"椭圆弧"命令的操作方法。由于图形中出现了两种不同的线型，因此需要设置图层来管理线型，如图 2-34 所示。操作步骤如下。

图 2-33　定位销

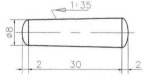

图 2-34　定位销绘制结果

（1）单击"默认"选项卡"图层"面板中的"图层特性"按钮，打开"图层特性管理器"，新建如下两个图层。

① 第一个图层命名为"轮廓线"图层，线宽为 0.30mm，其余属性保持默认。

② 第二个图层命名为"中心线"图层，颜色设置为红色，线型设置为 CENTER，其余属性保持默认。

（2）绘制中心线。将当前图层设置为"中心线"图层，单击"默认"选项卡"绘图"面板中的"直线"按钮 ╱，绘制中心线，端点坐标值为{(100,100),(138,100)}。

（3）绘制销侧面斜线。

① 将当前图层转换为"轮廓线"图层，单击"默认"选项卡"绘图"面板中的"直线"按钮 ╱，命令行提示与操作如下。绘制的结果如图 2-35 所示。

```
命令: LINE ↙
指定第一个点: 104,104 ↙
指定下一点或 [放弃(U)]: @30<1.146↙
指定下一点或 [放弃(U)]: ↙
命令: LINE↙
指定第一个点: 104,96 ↙
指定下一点或 [放弃(U)]: @30<-1.146↙
指定下一点或 [放弃(U)]:↙
```

② 单击"默认"选项卡"绘图"面板中的"直线"按钮 ╱，分别连接两条斜线的两个端点，结果如图 2-36 所示。

图 2-35　绘制斜线　　　　　　　　　图 2-36　连接端点

（4）绘制圆顶。单击"默认"选项卡"绘图"面板中的"椭圆弧"按钮 ⊙，命令行提示与操作如下。绘制的结果如图 2-34 所示。

```
命令: _ELLIPSE
指定椭圆的轴端点或 [圆弧(A)/中心点(C)]: _A
指定椭圆弧的轴端点或 [中心点(C)]: 104,104
指定轴的另一个端点: 104,96
指定另一条半轴长度或 [旋转(R)]: 102,100
指定起点角度或 [参数(P)]: 0
指定端点角度或 [参数(P)/夹角(I)]: 180
命令: _ELLIPSE
指定椭圆的轴端点或 [圆弧(A)/中心点(C)]: _A
指定椭圆弧的轴端点或 [中心点(C)]: 133.99,95.4
指定轴的另一个端点:133.99,104.6
指定另一条半轴长度或 [旋转(R)]: 135.99,100
指定起点角度或 [参数(P)]: 0
指定端点角度或 [参数(P)/夹角(I)]: 180
```

2.2.10　动手练——绘制洗脸盆

绘制如图 2-37 中所示的洗脸盆。

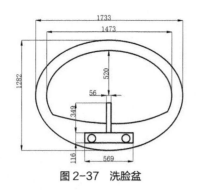

图 2-37　洗脸盆

扫码看视频

动手练——绘制
洗脸盆

 思路点拨

（1）使用"直线"命令绘制水龙头，然后使用"圆"命令绘制旋钮。
（2）使用"椭圆"命令绘制外沿，然后使用"椭圆弧"命令绘制内沿。
（3）使用"圆弧"命令完成内沿的绘制。

2.3　点命令

在 AutoCAD 中，点有多种不同的表示方式，用户可以根据需要进行设置，也可以设置等分点和测量点。

2.3.1　点

【执行方式】

▼ 命令行：POINT（快捷命令：PO）。
▼ 菜单栏：选择菜单栏中的① "绘图" → ② "点"命令。
▼ 工具栏：单击"绘图"工具栏中的"点"按钮.。
▼ 功能区：单击"默认"选项卡"绘图"面板中的"多点"按钮.。

【操作步骤】

命令行提示与操作如下。

```
命令:_point
当前点模式:PDMODE=0　PDSIZE=0.0000
指定点:（指定点所在的位置）
```

【选项说明】

（1）通过菜单方法操作时，如图 2-38 所示，③ "单点"命令表示只输入一个点，"多点"命令表示可输入多个点。
（2）可以单击状态栏中的"对象捕捉"按钮，设置点捕捉模式，以帮助用户选择点。
（3）点在图形中的表示样式共有 20 种。可以通过 DDPTYPE 命令设置；也可以选择菜单栏中的"格式" → "点样式"命令，通过打开的"点样式"对话框来设置，如图 2-39 所示。

图 2-38 "点"的子菜单

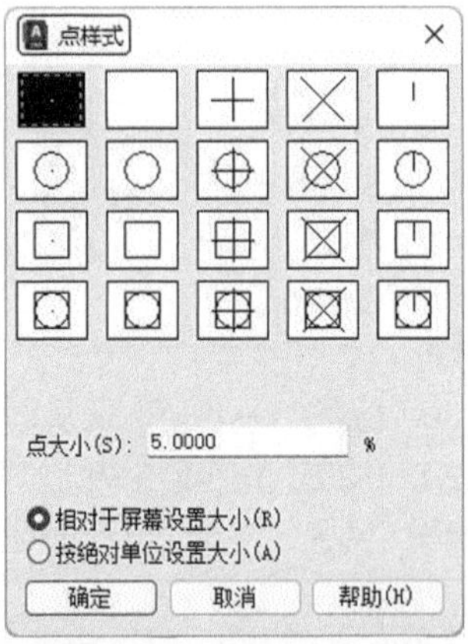

图 2-39 "点样式"对话框

2.3.2 定数等分

【执行方式】

☑ 命令行：DIVIDE（快捷命令：DIV）。
☑ 菜单栏：选择菜单栏中的"绘图"→"点"→"定数等分"命令。
☑ 功能区：单击"默认"选项卡中"绘图"面板的"定数等分"按钮 。

【操作步骤】

命令行提示与操作如下。

命令:DIVIDE↙

选择要定数等分的对象:

输入线段数目或 [块(B)]:（指定实体的等分数）

【选项说明】

（1）在等分点处，按照当前点样式绘制等分点。

（2）在第二提示行选择"块(B)"选项时，表示在等分点处插入指定的块（有关块的具体讲解见后面章节）。

此外，"默认"选项卡中的"绘图"面板还有"定距等分"按钮 ，其操作方法与"定数等分"按钮 类似，此处不再赘述。

扫码看视频

操作实例——绘制
外六角头螺栓

2.3.3 操作实例——绘制外六角头螺栓

本实例主要运用"直线"命令、"圆"命令、"圆弧"命令和"定数等分"命令来绘制图 2-40 所示的外六角头螺栓，操作步骤如下。

（1）打开"图层特性管理器"，新建如下两个图层。

① 第一图层命名为"粗实线"图层，线宽为 0.30mm，其余属性默认。

② 第二图层命名为"中心线"图层，颜色为红色，线型为 CENTER，其余

属性默认。

（2）将"中心线"图层设置为当前图层。单击"默认"选项卡"绘图"面板中的"直线"按钮 ⁄，指定直线的坐标为（0,8）和（0，-27），将其作为竖直的中心线。

（3）将"粗实线"图层设置为当前图层。单击"默认"选项卡"绘图"面板中的"直线"按钮 ⁄，指定直线的坐标分别为{(-10.5,0),(10.5,0),(10.5,4.5),(9,6),(-9,6),(-10.5,4.5),(-10.5,0)}和{(-10.5,4.5),(10.5,4.5)}，绘制螺栓上半部分图形，如图 2-41 所示。

（4）单击"默认"选项卡"实用工具"面板中的"点样式"按钮 ❖，①在打开的"点样式"对话框中②选择"⊠"样式，其他采用默认设置，如图 2-42 所示。③单击"确定"按钮，关闭对话框。

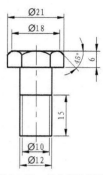

图 2-40　外六角头螺栓

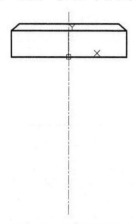

图 2-41　绘制上半部分

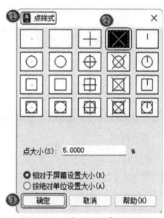

图 2-42　"点样式"对话框

（5）单击"默认"选项卡的"绘图"面板中的"定数等分"按钮 ⚞，选择水平直线，将直线等分为 4 段，结果如图 2-43 所示。命令行提示与操作如下。使用相同的方法，将另一条水平直线进行等分。

```
命令: _divide
选择要定数等分的对象:（选择水平直线）
输入线段数目或 [块(B)]: 4↙
```

（6）单击"默认"选项卡"绘图"面板中的"圆弧"按钮 ⟋，指定圆弧的三个点，绘制圆弧，如图 2-44 所示。命令行提示与操作如下。

```
命令: _arc
指定圆弧的起点或 [圆心(C)]:（捕捉最左侧竖直直线和斜向直线的交点）
指定圆弧的第二个点或 [圆心(C)/端点(E)]: E↙
指定圆弧的端点:（捕捉水平直线的第一个等分点）
指定圆弧的中心点(按住 Ctrl 键以切换方向)或 [角度(A)/方向(D)/半径(R)]:（按住 Ctrl 键，指定圆弧上的点）
命令: _arc
指定圆弧的起点或 [圆心(C)]:（捕捉水平指点的第一个等分点）
指定圆弧的第二个点或 [圆心(C)/端点(E)]:（捕捉竖直中心线和最上侧水平直线的交点）
指定圆弧的端点:（水平直线的第三个等分点）
命令: _arc
```

指定圆弧的起点或 [圆心(C)]:（捕捉水平指点的第三个等分点）

指定圆弧的第二个点或 [圆心(C)/端点(E)]: E↙

指定圆弧的端点:（捕捉最右侧竖直直线和斜向直线的交点）

指定圆弧的中心点(按住 Ctrl 键以切换方向)或 [角度(A)/方向(D)/半径(R)]:（按住 Ctrl 键，指定圆弧上的点）

（7）在菜单栏中选择"格式"→"点样式"命令，打开如图 2-42 所示的"点样式"对话框，将点样式设置为第一行的第二种，单击"确定"按钮，返回绘图状态。

（8）单击"默认"选项卡"绘图"面板中的"直线"按钮，指定直线的坐标分别为{(6,0),(@0,−25),(@−12,0),(@0,25)}和{(−6,−10),(6,−10)}，连接定数等分的两条直线的等分点，如图 2-45 所示。

图 2-43　等分直线　　　　图 2-44　绘制圆弧　　　　图 2-45　绘制下半部分

（9）将"细实线"图层设置为当前图层。单击"默认"选项卡的"绘图"面板中的"直线"按钮，指定直线的坐标分别为{(−5,−10),(−5,−25)}和{(5,−10),(5,−25)}，绘制两条直线，补全螺栓的下半部分。

（10）选择上面第二条水平线，按下 Delete 键，删除该直线，最终效果如图 2-40 所示。

2.3.4　动手练——绘制锯条

扫码看视频

动手练——绘制锯条

绘制图 2-46 所示的锯条。

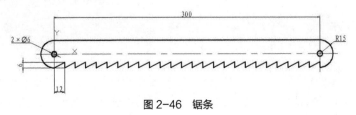

图 2-46　锯条

💡 **思路点拨**

（1）设置图层并绘制中心线。

（2）利用"直线""圆弧"和"圆"命令绘制基本轮廓。

（3）设置点样式，并利用"等分点"命令等分绘制两条线段。

（4）利用"直线"连接等分点，并删除第（2）步绘制的基本线段，完成绘制。

2.4　平面图形命令

本节介绍"矩形"命令和"多边形"命令。

2.4.1 矩形

【执行方式】

- ▼ 命令行：RECTANG（快捷命令：REC）。
- ▼ 菜单栏：选择菜单栏中的"绘图"→"矩形"命令。
- ▼ 工具栏：单击"绘图"工具栏中的"矩形"按钮 ▱。
- ▼ 功能区：单击"默认"选项卡"绘图"面板中的"矩形"按钮 ▱。

【操作步骤】

命令行提示与操作如下。

> 命令: RECTANG↙
> 指定第一个角点或 [倒角(C)/标高(E)/圆角(F)/厚度(T)/宽度(W)]:(指定角点)
> 指定另一个角点或 [面积(A)/尺寸(D)/旋转(R)]:

【选项说明】

（1）第一个角点：通过指定两个角点确定矩形，如图 2-47（a）所示。

（2）倒角(C)：指定倒角距离，绘制带倒角的矩形，如图 2-47（b）所示。每一个角点的逆时针方向和顺时针方向的倒角可以相同，也可以不同。其中，第一个倒角距离是指角点逆时针方向的倒角距离，第二个倒角距离是指角点顺时针方向的倒角距离。

（3）标高(E)：指定矩形标高（Z 坐标），即将矩形放置在标高为 Z 且与 XOY 坐标面平行的平面上，并作为后续矩形的标高值。

（4）圆角(F)：指定圆角半径，绘制带圆角的矩形，如图 2-47（c）所示。

（5）厚度(T)：指定矩形的厚度，如图 2-47（d）所示。

（6）宽度(W)：指定线宽，如图 2-47（e）所示。

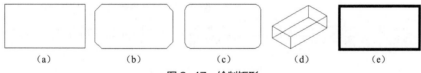

| (a) | (b) | (c) | (d) | (e) |

图 2-47 绘制矩形

（7）面积(A)：通过指定面积以及长度或宽度来创建矩形。选择该选项后，系统将提示以下操作。

> 输入以当前单位计算的矩形面积 <20.0000>:（输入面积值）
> 计算矩形标注时依据 [长度(L)/宽度(W)] <长度>:（按 Enter 键或输入"W"）
> 输入矩形长度 <4.0000>:（指定长度或宽度）

指定长度或宽度后，系统会自动计算另一个维度，绘制出矩形。如果矩形有倒角或圆角设置，则在长度或面积的计算中也会考虑这些设置，如图 2-48 所示。

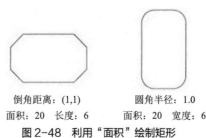

倒角距离:(1,1)　　　圆角半径: 1.0
面积: 20　长度: 6　　面积: 20　宽度: 6

图 2-48 利用"面积"绘制矩形

（8）尺寸(D)：使用长度和宽度创建矩形，第二个指定点将矩形定位在与第一个角点相关的 4 个位置之一。

（9）旋转(R)：使所绘制的矩形旋转一定角度。选择该选项后，系统提示并进行如下操作。

> 指定旋转角度或 [拾取点(P)] <45>:（指定角度）
> 指定另一个角点或 [面积(A)/尺寸(D)/旋转(R)]:（指定另一个角点或选择其他选项）

指定旋转角度后，系统将按该角度创建矩形，如图 2-49 所示。

图 2-49　旋转矩形

2.4.2　操作实例——绘制方头平键

绘制图 2-50 所示的方头平键的操作步骤如下。

扫码看视频

操作实例——绘制
方头平键

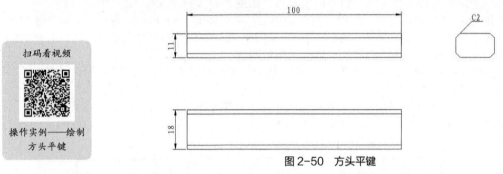

图 2-50　方头平键

（1）单击"默认"选项卡"绘图"面板中的"矩形"按钮 ▭，绘制主视图外形，命令行提示与操作如下。结果如图 2-51 所示。

> 命令：_rectang
> 指定第一个角点或 [倒角(C)/标高(E)/圆角(F)/厚度(T)/宽度(W)]: 0,30 ↙
> 指定另一个角点或 [面积(A)/尺寸(D)/旋转(R)]: @100,11 ↙

（2）单击"默认"选项卡"绘图"面板中的"直线"按钮 ╱，绘制主视图的两条棱线。一条棱线的端点坐标为(0,32)和(@100,0)，另一条棱线的端点坐标为(0,39)和(@100,0)，结果如图 2-52 所示。

图 2-51　绘制主视图外形　　　　　　图 2-52　绘制主视图棱线

（3）单击"默认"选项卡中"绘图"面板的"构造线"按钮 ╱，以绘制构造线，命令行提示与操作如下。利用同样的方法绘制右边竖直构造线，如图 2-53 所示。

> 命令：_xline
> 指定点或 [水平(H)/垂直(V)/角度(A)/二等分(B)/偏移(O)]:（指定主视图左边竖线上一点）
> 指定通过点：（指定竖直位置上一点）
> 指定通过点：↙

（4）单击"默认"选项卡"绘图"面板中的"矩形"按钮⬜和"直线"按钮╱，绘制俯视图，命令行提示与操作如下所示。其中两条直线的端点分别为{(0,2),(@100,0)}和{(0,16),(@100,0)}，结果如图 2-54 所示。

命令: _rectang
指定第一个角点或 [倒角(C)/标高(E)/圆角(F)/厚度(T)/宽度(W)]:0,0✓
指定另一个角点或 [面积(A)/尺寸(D)/旋转(R)]: @100,18✓

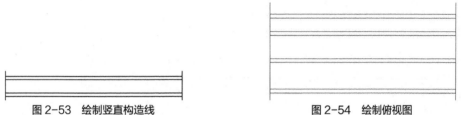

图 2-53　绘制竖直构造线　　　　　　　　　　图 2-54　绘制俯视图

（5）单击"默认"选项卡中"绘图"面板的"构造线"按钮╱，绘制左视图的构造线，命令行提示与操作如下。结果如图 2-55 所示。

命令: _xline
指定点或 [水平(H)/垂直(V)/角度(A)/二等分(B)/偏移(O)]: H✓
指定通过点: (指定主视图上右上端点)
指定通过点: (指定主视图上右下端点)
指定通过点: (捕捉俯视图上右上端点)
指定通过点: (捕捉俯视图上右下端点)
指定通过点: ✓
命令: ✓ (按 Enter 键表示重复绘制构造线命令)
指定点或 [水平(H)/垂直(V)/角度(A)/二等分(B)/偏移(O)]: A✓
输入构造线的角度 (0) 或 [参照(R)]: -45✓
指定通过点: (任意指定一点)
指定通过点: ✓
命令:XLINE✓
指定点或 [水平(H)/垂直(V)/角度(A)/二等分(B)/偏移(O)]: V✓
指定通过点: (指定斜线与第三条水平线的交点)
指定通过点: (指定斜线与第四条水平线的交点)

（6）单击"默认"选项卡的"绘图"面板中的"矩形"按钮⬜，绘制矩形，并将矩形的两个倒角距离设置为2，绘制左视图。命令行提示与操作如下。结果如图 2-56 所示。

命令: _rectang
指定第一个角点或 [倒角(C)/标高(E)/圆角(F)/厚度(T)/宽度(W)]: C✓
指定矩形的第一个倒角距离 <0.0000>: 2 ✓
指定矩形的第二个倒角距离 <2.0000>:✓
指定第一个角点或 [倒角(C)/标高(E)/圆角(F)/厚度(T)/宽度(W)]: (按构造线确定位置指定角点)
指定另一个角点或 [面积(A)/尺寸(D)/旋转(R)]: (按构造线确定位置指定另一个角点)

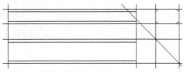

图 2-55　绘制左视图构造线　　　　　　图 2-56　绘制左视图

（7）删除构造线，最终结果如图 2-50 所示。

2.4.3　动手练——绘制定距环

绘制如图 2-57 所示的定距环。

扫码看视频

动手练——绘制
定距环

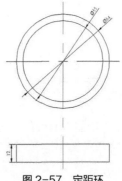

图 2-57　定距环

　思路点拨

（1）设置图层。
（2）利用"直线"命令绘制中心线。
（3）利用"圆"命令绘制主视图。
（4）利用"矩形"命令绘制俯视图。

2.4.4　多边形

【执行方式】

- 命令行：POLYGON（快捷命令：POL）。
- 菜单栏：选择菜单栏中的"绘图"→"多边形"命令。
- 工具栏：单击"绘图"工具栏中的"多边形"按钮 ⬡。
- 功能区：单击"默认"选项卡"绘图"面板中的"多边形"按钮 ⬡。

【操作步骤】

命令行提示与操作如下。

```
命令: POLYGON✓
输入侧面数 <4>:（指定多边形的边数，默认值为 4）
指定正多边形的中心点或 [边(E)]:（指定中心点）
输入选项 [内接于圆(I)/外切于圆(C)] <I>:（指定是内接于圆或外切于圆）
指定圆的半径:（指定外接圆或内切圆的半径）
```

【选项说明】

（1）边(E)：选择该选项，只需指定多边形的一条边，系统就会按逆时针方向创建该正多边形，如图 2-58（a）所示。

（2）内接于圆(I)：选择该选项，绘制的多边形内接于圆，如图 2-58（b）所示。

（3）外切于圆(C)：选择该选项，绘制的多边形外切于圆，如图 2-58（c）所示。

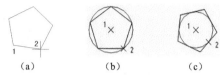

（a）　　　　　　（b）　　　　　　（c）

图 2-58　绘制多边形

2.4.5　操作实例——绘制六角扳手

六角扳手主要用于紧固或松动螺栓紧固件，可分为内六角扳手和外六角扳手，适用于工作空间狭小、不能使用普通扳手的场合。本实例主要通过"直线"命令、"矩形"命令、"圆"命令、"圆弧"命令和"多边形"命令来绘制图 2-59 所示的六角扳手，操作步骤如下。

扫码看视频

操作实例——绘制六角扳手

（1）打开"图层特性管理器"，在其中新建如下两个图层。

① 第一图层命名为"粗实线"图层，线宽为 0.30mm，其余属性默认。

② 第二图层命名为"中心线"图层，颜色为红色，线型为 CENTER，其余选项保持默认属性。

（2）将"中心线"图层设置为当前图层，单击"默认"选项卡"绘图"面板中的"直线"按钮，绘制中心线。端点坐标分别是{(-15,0),(165,0)}、{(0,-15),(0,15)}、{(150,-15),(150,15)}、{(0,30),(0,40)}和{(150,27.5),(150,62.5)}，结果如图 2-60 所示。

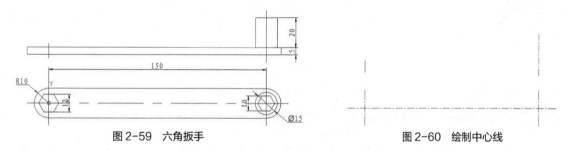

图 2-59　六角扳手　　　　　　　　　　图 2-60　绘制中心线

（3）将"粗实线"图层设置为当前图层，单击"默认"选项卡"绘图"面板中的"直线"按钮，绘制直线。端点坐标分别是{(0,10),(150,10)}和{(0,-10),(150,-10)}。

（4）单击"默认"选项卡"绘图"面板中的"矩形"按钮，分别以{(-15,32.5),(160,37.5)}和{(142.5,37.5),(157.5,57.5)}为角点，绘制矩形，结果如图 2-61 所示。

（5）单击"默认"选项卡"绘图"面板中的"圆弧"按钮，以(0,10)为起点、(0,-10)为端点绘制夹角为 180°的圆弧 1。重复"圆弧"命令，以(150,10)为起点、(150,-10)为端点绘制夹角为-180°的圆弧 2。结果如图 2-62 所示。

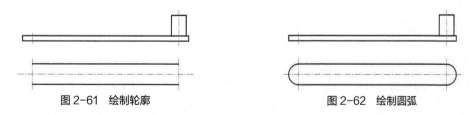

图 2-61　绘制轮廓　　　　　　　　　　图 2-62　绘制圆弧

（6）单击"默认"选项卡"绘图"面板中的"圆"按钮，绘制圆心坐标为(150,0)、半径为 7.5 的圆。

（7）单击"默认"选项卡"绘图"面板中的"多边形"按钮，绘制正多边形。命令行提示与操作如下。绘制结果如图 2-59 所示。

```
命令: _POLYGON↙
输入侧面数<4>: 6↙
指定正多边形的中心点或 [边(E)]: 0,0↙
输入选项 [内接于圆(I)/外切于圆(C)] <I>: C↙
指定圆的半径:6↙
命令: _POLYGON↙
输入侧面数<4>: 6↙
指定正多边形的中心点或 [边(E)]:150,0↙
输入选项 [内接于圆(I)/外切于圆(C)] <I>: C↙
指定圆的半径:5↙
```

2.4.6　动手练——绘制螺母

绘制如图 2-63 所示的螺母。

动手练——绘制螺母

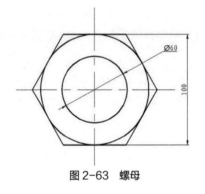

图 2-63　螺母

思路点拨

首先设置图层，然后使用"直线"命令绘制中心线。接下来，利用"圆"命令绘制两个同心圆。最后，使用"正多边形"命令绘制外轮廓。

2.5　图案填充命令

当用户需要用一个重复的图案填充一个区域时，可以使用 BHATCH 命令创建一个相关联的填充阴影对象，即所谓的图案填充。

2.5.1　基本概念

1. 图案边界

在进行图案填充时，首先要确定填充图案的边界。定义边界的对象可以是直线、双向射线、单向射线、多义线、样条曲线、圆弧、圆、椭圆、椭圆弧、面域等，或用这些对象定义的块。此外，作为边界的对象在当前图层上必须全部可见。

2. 孤岛

在进行图案填充时，位于总填充区域内的封闭区域称为孤岛，如图 2-64 所示。在使用 BHATCH

命令填充时，AutoCAD 系统允许用户以拾取点的方式确定填充边界，即用户在希望填充的区域内任意拾取一点，系统会自动确定出填充边界，同时也确定出该边界内的岛。如果用户以选择对象的方式确定填充边界，则必须确切地选取这些岛。

3. 填充方式

在进行图案填充时，需要控制填充的范围，AutoCAD 系统为用户提供了以下 3 种填充方式，以实现对填充范围的控制。

（1）普通方式。如图 2-65（a）所示，该方式从边界开始，从每条填充线或每个填充符号的两端向内填充。遇到内部对象与之相交时，填充线或符号会断开，直到遇到下一个相交点时再继续填充。采用这种填充方式时，要避免剖面线或符号与内部对象的相交次数为奇数。该方式为系统内部的默认方式。

（2）最外层方式。如图 2-65（b）所示，该方式从边界向内填充，只要在边界内部与对象相交，剖面符号就会断开，而不再继续填充。

（3）忽略方式。如图 2-65（c）所示，该方式忽略边界内的对象，所有内部结构都被剖面符号覆盖。

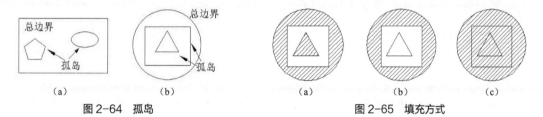

图 2-64　孤岛　　　　　　　　　　图 2-65　填充方式

2.5.2　添加图案填充

【执行方式】

- ▼ 命令行：BHATCH（快捷命令：BH）
- ▼ 菜单栏：选择菜单栏中的"绘图"→"图案填充"命令。
- ▼ 工具栏：单击"绘图"工具栏中的"图案填充"按钮圝。
- ▼ 功能区：单击"默认"选项卡"绘图"面板中的"图案填充"按钮圝。

【操作步骤】

执行上述任一操作后，系统将打开如图 2-66 所示的"图案填充创建"选项卡。

图 2-66　"图案填充创建"选项卡

【选项说明】

1. "边界"面板

（1）拾取点：通过选择由一个或多个对象形成的封闭区域内的点来确定图案填充边界，如图 2-67 所示。在指定内部点时，可以随时在绘图区域中右键单击鼠标，以显示包含多个选项的快捷菜单。

选择一点　　　　填充区域　　　　填充结果

图 2-67　边界确定

（2）选择边界对象：指定基于选定对象的图案填充边界。使用该选项时，不会自动检测内部对象，必须手动选择边界内的对象，以便按照当前的孤岛检测样式填充这些对象，如图 2-68 所示。

（3）删除边界对象：从边界定义中删除之前添加的任何对象，如图 2-69 所示。

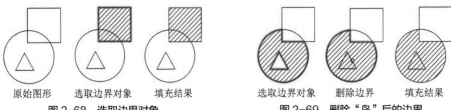

图 2-68　选取边界对象　　　　　　　图 2-69　删除"岛"后的边界

（4）重新创建边界：围绕选定的图案填充或填充对象创建多段线或面域，并使其与图案填充对象相关联（可选）。

（5）显示边界对象：选择构成选定关联图案填充对象的边界的对象，使用显示的夹点可修改图案填充边界。

（6）保留边界对象：指定如何处理图案填充边界对象。包括以下选项。

① 不保留边界。（仅在图案填充创建期间可用）不创建独立的图案填充边界对象。

② 保留边界-多段线。（仅在图案填充创建期间可用）创建封闭图案填充对象的多段线对象。

③ 保留边界-面域。（仅在图案填充创建期间可用）创建封闭图案填充对象的面域对象。

（7）选择新边界集：指定对象的有限集（称为边界集），以便通过创建图案填充时的拾取点进行计算。

2."图案"面板

显示所有预定义和自定义图案的预览图像。

3."特性"面板

（1）图案填充类型：指定是使用纯色、渐变色、图案还是用户定义的填充。

（2）背景色：指定填充图案背景的颜色。

（3）图案填充透明度：设定新图案填充或填充的透明度，以替代当前对象的透明度。

（4）图案填充颜色：替代实体填充和填充图案的当前颜色。

（5）图案填充角度：指定图案填充或填充的角度。

（6）填充图案比例：调整预定义或自定义填充图案的放大或缩小比例。

（7）交叉线：（仅当"图案填充类型"设置为"用户定义"时可用）将绘制第二组直线，与原始直线呈 90°角，从而形成交叉线。

（8）ISO 笔宽：（仅对预定义的 ISO 图案可用）基于选定的笔宽缩放 ISO 图案。

4."原点"面板

（1）设定原点：直接指定新的图案填充原点。

（2）左下：将图案填充原点设置在图案填充边界矩形的左下角。

（3）右下：将图案填充原点设置在图案填充边界矩形的右下角。

（4）左上：将图案填充原点设置在图案填充边界矩形的左上角。

（5）右上：将图案填充原点设置在图案填充边界矩形的右上角。

（6）中心：将图案填充原点设置在图案填充边界矩形的中心。

（7）使用当前原点：将图案填充的原点设定为 HPORIGIN 系统变量中存储的默认位置。

（8）存储为默认原点：将新图案填充原点的值存储到 HPORIGIN 系统变量中。

5."选项"面板

（1）关联：指定图案填充或将填充设为关联图案填充。当用户修改边界对象时，关联的图案填充将自动更新。

（2）注释性：指定图案填充为注释性。此特性会自动缩放注释，使其能够以正确的大小在图纸上打印或显示。

（3）特性匹配。

① 使用当前原点：使用选定图案填充对象（不包括图案填充原点）设定图案填充的特性。

② 使用源图案填充的原点：使用选定图案填充对象（包括图案填充原点）设定图案填充的特性。

（4）创建独立的图案填充：当指定了多个单独的闭合边界时，控制创建单个图案填充对象，还是创建多个图案填充对象。

（5）孤岛检测。

① 普通孤岛检测：从外部边界向内填充。如果遇到内部孤岛，填充将停止，直到遇到孤岛中的另一个孤岛。

② 外部孤岛检测：从外部边界向内填充。该选项仅填充指定的区域，不会影响内部孤岛。

③ 忽略孤岛检测：忽略所有内部对象，填充图案时将穿过这些对象。

6."关闭"面板

关闭"图案填充创建"：退出 HATCH 并关闭上下文选项卡；也可以按 Enter 键或 Esc 键退出 HATCH。

2.5.3　操作实例——绘制弯头截面

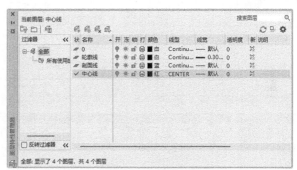

本实例绘制图 2-70 所示的弯头截面，操作步骤如下。

（1）打开"图层特性管理器"，新建以下 3 个图层。

① 第一个图层命名为"轮廓线"图层，线宽设置为 0.30mm，其余属性保持默认。

② 第二个图层命名为"剖面线"图层，颜色设置为蓝色，其余属性保持默认。

③ 第三个图层命名为"中心线"图层，颜色设置为红色，线型设置为 CENTER，其余属性保持默认。结果如图 2-71 所示。

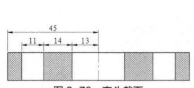

图 2-70　弯头截面

图 2-71　图层设置

（2）将"中心线"图层设置为当前图层。单击"默认"选项卡中"绘图"面板的"直线"按钮，绘制一条中心线，端点坐标均为(0,-3)和(0,17)，如图 2-72 所示。

（3）将"轮廓线"图层设置为当前图层。单击"默认"选项卡中"绘图"面板的"矩形"按钮，绘制一个角点坐标分别为(-45,14)和(45,0)的矩形，如图 2-73 所示。

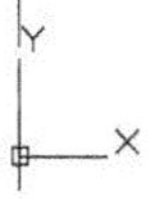

（4）单击"默认"选项卡中"绘图"面板的"直线"按钮，绘制六条直线，直线的坐标分别为{(-38,0),(-38,14)}、{(-27,0),(-27,14)}、{(-13,0),(-13,14)}、{(13,0),(13,14)}、{(27,0),(27,14)}和{(38,0),(38,14)}，结果如图 2-74 所示。

图 2-72　绘制中心线

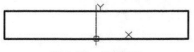

图 2-73　绘制矩形

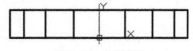

图 2-74　绘制直线

（5）将"剖面线"图层设置为当前图层。单击"默认"选项卡的"绘图"面板中的"图案填充"

按钮 ▨，❶打开图 2-75 所示的"图案填充创建"选项卡，❷在"图案填充图案"下拉列表中选择 ANSI37，❸将填充图案比例设置为 0.25，然后选择要填充图案的区域，结果如图 2-70 所示。

图 2-75 "图案填充创建"选项卡

2.5.4 动手练——绘制滚轮

绘制如图 2-76 所示的滚轮。

动手练——绘制滚轮

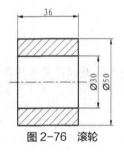

图 2-76 滚轮

 思路点拨

（1）设置图层，利用"直线"命令绘制中心线。
（2）利用"矩形"命令绘制基本轮廓。
（3）利用"图案填充"命令完成图案绘制。

2.6 综合演练——绘制汽车简易造型

2.6.1 操作步骤详解

本实例中绘制的小汽车如图 2-77 所示。操作步骤如下。

综合演练——绘制
汽车简易造型

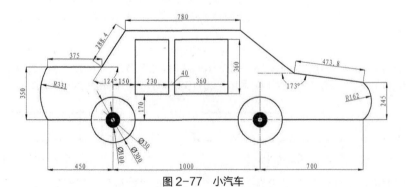

图 2-77 小汽车

◎ **手把手教你学** --------------------------------

　　绘制的基本顺序是先画两个车轮，以确定汽车的大体尺寸和位置，然后绘制车体轮廓，最后绘制车窗。在绘制过程中，需要使用直线、圆、圆弧、多段线、圆环、矩形和正多边形等命令。

　　（1）单击"快速访问"工具栏中的"新建"按钮，新建一个空白图形文件。
　　（2）单击"默认"选项卡"绘图"面板中的"圆"按钮⊙，分别以(1500,200)和(500,200)为圆心，绘制半径为150的车轮，结果如图 2-78 所示。
　　（3）单击"默认"选项卡"绘图"面板中的"圆环"按钮◎，捕捉步骤（2）中绘制圆的圆心，设置内径为30、外径为100，结果如图 2-79 所示。命令行提示与操作如下。

```
命令:DONUT↙
指定圆环的内径 <默认值>:30↙
指定圆环的外径 <默认值>:100↙
指定圆环的中心点或 <退出>:（指定步骤（2）中绘制圆的圆心，这里可以大概确定圆心位置）
指定圆环的中心点或 <退出>:（用 Enter 键、空格键或单击鼠标右键结束命令）
```

　　（4）单击"默认"选项卡"绘图"面板中的"直线"按钮╱，指定直线的坐标为{(50,200),(350,200)}、{(650,200),(1350,200)}和{(1650,200),(2200,200)}，绘制车底轮廓，结果如图 2-80 所示。
　　（5）单击"默认"选项卡"绘图"面板中的"圆弧"按钮╱，绘制坐标为(50,200)、(0,380)、(50,550)的圆弧。
　　（6）单击"默认"选项卡"绘图"面板中的"直线"按钮╱，绘制车体外轮廓，端点坐标分别为(50,550)、(@375,0)、(@160,240)、(@780,0)、(@365,−285)和(@470,−60)。
　　（7）单击"默认"选项卡"绘图"面板中的"圆弧"按钮╱，指定圆弧的坐标为{(2200,200),(2256,322),(2200,445)}绘制圆弧段，结果如图 2-81 所示。

图 2-78　绘制车轮外圈　　图 2-79　绘制车轮内圈　　图 2-80　绘制底板　　图 2-81　绘制车体外轮廓

　　（8）单击"默认"选项卡"绘图"面板中的"矩形"按钮▭，绘制角点为{(650,730),(880,370)}和{(920,730),(1350,370)}的车窗，结果如图 2-77 所示。

2.6.2　动手练——绘制支架

　　绘制图 2-82 所示的支架。

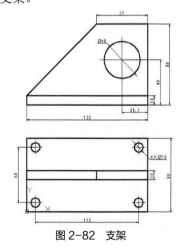

图 2-82　支架

扫码看视频

动手练——绘制支架

思路点拨

（1）设置图层，利用"直线"命令绘制中心线。
（2）利用"圆"命令绘制各个圆孔。
（3）利用"矩形"命令和"直线"命令完成绘制。

2.7 技巧点拨——简单二维绘图技巧

1．如何解决绘制的圆在视觉上像多边形的情况

圆是由 N 边形形成的，数值 N 越大，边的长度越短，圆越光滑。有时图形经过缩小或放大后，绘制的圆显示出多边形的边，图形会显得粗糙。在命令行中输入"RE"命令，即可重新生成模型，使圆的边缘变得光滑。

2．填充无效时怎么办

如果填充不成功，可以从以下两个方面进行检查。
（1）系统变量。
（2）选择菜单栏中的"工具"→"选项"命令，在系统弹出的"选项"对话框中打开"显示"选项卡，在右侧"显示性能"选项组中选中"应用实体填充"复选框。

3．如何快速继续使用执行过的命令

在默认情况下，按空格键或 Enter 键可以重复执行 AutoCAD 的上一个命令。因此在连续使用同一个命令时，只需连续按空格键或 Enter 键即可，无须费时费力地重新输入命令。
同时按下键盘右侧的"←、↑"两个键，命令行中将显示上一步执行的命令。松开其中一个键，再按下另一个键，将显示倒数第二步执行的命令，继续按键，以此类推。反之，可以按下"→、↑"两个键。

4．如何等分几何图形

"等分点"命令只能用于直线，不能直接应用于几何图形，例如无法直接等分矩形。可以先分解矩形，再等分矩形的两条边线，然后适当连接等分点，即可完成矩形的等分。

5．图案填充的操作技巧

在使用"图案填充"命令时，图案默认的比例因子为 1，即表示使用图案原本定义时的真实样式。然而，随着边界定义的变化，比例因子应相应调整，否则可能导致填充图案过密或过疏。因此，在选择比例因子时可以使用以下技巧。
（1）当处理较小区域的图案时，可以减小图案的比例因子值；相反，当处理较大区域的图案填充时，可以增加图案的比例因子值。
（2）比例因子的选择应根据具体的图形边界大小进行调整。
（3）在处理较大填充区域时，要特别小心。如果选择的图案比例因子过小，生成的图案可能会像是使用 Solid 命令得到的填充结果一样。这是因为在单位距离中有过多的线条，不仅视觉上不适当，还会增加文件的长度大小。
（4）比例因子的取值应遵循"宁大勿小"的原则。

6．BHATCH 图案填充时找不到范围怎么解决

在使用 BHATCH 图案填充时，常常会遇到找不到线段封闭范围的情况，尤其是在 dwg 文件本身较大时。可以采用 LAYISO（图层隔离）命令，将欲填充范围的线所在的图层孤立或"冻结"，

然后再使用 BHATCH 图案填充，这样可以快速找到所需的填充范围。

　　另外，填充图案的边界确定存在一个边界集设置的问题（在高级栏下）。在默认情况下，BHATCH 命令通过分析图形中所有闭合的对象来定义边界。然而，在复杂图形中，对屏幕上所有完全可见或部分可见的对象进行分析以定义边界可能耗费大量时间。为此，如果需要填充复杂图形中的小区域，可以在图形中定义一个称为边界集对象集。BHATCH 不会分析不包括在边界集中的对象。

2.8　上机实验

扫码看视频

练习 1 演示

扫码看视频

练习 2 演示

扫码看视频

练习 3 演示

【练习 1】绘制图 2-83 所示的螺栓。

【练习 2】绘制图 2-84 所示的标志。

【练习 3】绘制图 2-85 所示的棘轮。

图 2-83　螺栓

图 2-84　标志

图 2-85　棘轮

精确绘图工具

通过上一章的学习，读者可以掌握基本绘图命令的使用方法，并能够绘制基本的平面图形。学习本章后，读者可以进一步学习各种精确绘图工具，了解并熟练掌握精确定位工具的设置，进而将其应用到图形绘制过程中，提高绘图效率。

本章教学要求

基本能力： 能够应用对象捕捉和自动追踪功能来提高绘图效率。
重 难 点： 自动追踪功能的灵活应用。

案例效果

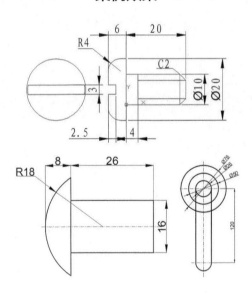

3.1　对象捕捉

　　在使用 AutoCAD 进行绘图时，经常需要用到一些特殊点，如圆心、切点、线段或圆弧的端点、中点等。仅靠光标在图形上选择，这些点很难准确找到。因此，AutoCAD 提供了一些识别这些点的工具。通过这些工具，可以轻松构造新的几何体，精确绘制图形，其结果比传统手工绘图更为精确且更易于维护。在 AutoCAD 中，这种功能被称为对象捕捉功能。

3.1.1　特殊位置点捕捉

　　在绘制 AutoCAD 图形时，有时需要指定一些特殊位置的点，如圆心、端点、中点、平行线上的点等。这些点可以通过对象捕捉功能来实现，如表 3-1 所示。

表 3-1　特殊位置点捕捉

捕捉模式	快捷命令	功能
临时追踪点	TT	建立临时追踪点
两点之间的中点	M2P	捕捉两个独立点之间的中点
捕捉自	FRO	与其他捕捉方式配合使用，建立一个临时参考点作为指出后继点的基点
中点	MID	捕捉对象（如线段或圆弧等）的中点
圆心	CEN	捕捉圆或圆弧的圆心
节点	NOD	捕捉用 POINT 或 DIVIDE 等命令生成的点
象限点	QUA	捕捉距光标最近的圆或圆弧上可见部分的象限点，即圆周上 0°、90°、180°、270° 位置上的点
交点	INT	捕捉对象（如线、圆弧或圆等）的交点
延长线	EXT	捕捉对象延长路径上的点
插入点	INS	捕捉块、形、文字、属性或属性定义等对象的插入点
垂足	PER	在线段、圆、圆弧或其延长线上捕捉一个点，与最后生成的点形成连线，与该线段、圆或圆弧正交
切点	TAN	最后生成的一个点到选中的圆或圆弧上引切线，切线与圆或圆弧的交点
最近点	NEA	捕捉离拾取点最近的线段、圆、圆弧等对象上的点
外观交点	APP	捕捉两个对象在视图平面上的交点。若两个对象没有直接相交，则系统自动计算其延长后的交点；若两个对象在空间上为异面直线，则系统计算其投影方向上的交点
平行线	PAR	捕捉与指定对象平行方向上的点
无	NON	关闭对象捕捉模式
对象捕捉设置	OSNAP	设置对象捕捉

　　AutoCAD 提供了命令行、工具栏和右键快捷菜单 3 种执行特殊点对象捕捉的方法。

　　在使用特殊位置点捕捉的快捷命令前，必须先选择绘制对象的命令或工具，然后在命令行中输入相应的快捷命令。

3.1.2　操作实例——绘制开槽盘头螺钉

　　绘制如图 3-1 所示的开槽盘头螺钉。操作步骤如下。

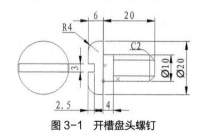

图 3-1　开槽盘头螺钉

扫码看视频

操作实例——绘制
开槽盘头螺钉

（1）打开"图层特性管理器"，新建如下两个图层。

① 第一个图层命名为"粗实线"图层，线宽为 0.30mm，其余属性保持默认。

② 第二个图层命名为"细实线"图层，其余属性保持默认。

（2）将"粗实线"图层设置为当前图层。单击"默认"选项卡中"绘图"面板的"矩形"按钮 □，以坐标原点为起点，以点(18,10)为对角点，绘制一个封闭的矩形。

（3）单击"默认"选项卡中"绘图"面板的"直线"按钮 ╱，命令行提示与操作如下。将最后绘制的两条水平线段放入"细实线"图层，结果如图 3-2 所示。

```
命令: _line
指定第一个点: FROM↙
基点: NEA↙（移动鼠标到矩形左下角点附近，系统自动捕捉该点）
<偏移>: @4,0↙
指定下一点或 [退出(E)/放弃(U)]: PER↙（用鼠标指定矩形上边，系统自动捕捉垂足）↙
指定下一点或 [退出(E)/放弃(U)]:↙
命令: ↙（直接按 Enter 键表示重复执行上一个命令）
指定第一个点: NEA↙（移动鼠标到矩形右下角点附近，系统自动捕捉该点）
指定下一点或 [退出(E)/放弃(U)]:@2,2↙
指定下一点或 [退出(E)/放弃(U)]: @0,6↙
指定下一点或 [退出(E)/放弃(U)]: NEA↙（移动鼠标到矩形右上角点附近，系统自动捕捉该点）
指定下一点或 [退出(E)/放弃(U)]:↙
指定第一个点: FROM↙
基点: INT↙（移动鼠标到开始绘制竖直线段与矩形下边交点附近，系统自动捕捉该点）
<偏移>:@0,2↙
指定下一点或 [退出(E)/放弃(U)]: PER↙（用鼠标指定图形最右边，系统自动捕捉垂足）↙
指定下一点或 [退出(E)/放弃(U)]:↙
命令: ↙
指定第一个点: FROM↙
基点: INT↙（移动鼠标到开始绘制竖直线段与矩形上边交点附近，系统自动捕捉该点）
<偏移>:@0,-2↙
指定下一点或 [退出(E)/放弃(U)]: PER↙（用鼠标指定图形最右边，系统自动捕捉垂足）↙
指定下一点或 [退出(E)/放弃(U)]:↙
命令: ↙
```

（4）单击"默认"选项卡的"绘图"面板中的"直线"按钮 ╱，绘制直线，命令行提示与操作如下，以同样的方法，绘制对称的两条线段，结果如图 3-3 所示。

```
命令: _line
指定第一个点: NEA↙（移动鼠标到矩形左上角点附近，系统自动捕捉该点）
指定下一点或 [退出(E)/放弃(U)]: 5（鼠标向上指定方向）↙
指定下一点或 [退出(E)/放弃(U)]: 2（鼠标向左指定方向）↙
指定下一点或 [退出(E)/放弃(U)]:↙
```

（5）单击"默认"选项卡中"绘图"面板的"直线"按钮 ╱，绘制直线，命令行提示与操作如下。结果如图 3-4 所示。

```
命令: _line
指定第一个点: FROM↙
```

基点: NEA↙（移动鼠标到基点 1 附近，系统自动捕捉该点）

<偏移>:@-4,-4↙

指定下一点或 [退出(E)/放弃(U)]: 4.5（鼠标向下指定方向）↙

指定下一点或 [退出(E)/放弃(U)]: 2.5（鼠标向右指定方向）↙

指定下一点或 [退出(E)/放弃(U)]: 3（鼠标向下指定方向）↙

指定下一点或 [退出(E)/放弃(U)]: 2.5（鼠标向左指定方向）↙

指定下一点或 [退出(E)/放弃(U)]: 4.5（鼠标向下指定方向）↙

指定下一点或 [退出(E)/放弃(U)]:↙

图 3-2　绘制直线

图 3-3　绘制直线

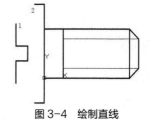

图 3-4　绘制直线

（6）单击"默认"选项卡的"绘图"面板中的"圆弧"按钮，绘制两段圆弧。命令行提示与操作如下。以同样的方法绘制另一段圆弧，结果如图 3-5 所示。

命令: _arc

指定圆弧的起点或 [圆心(C)]: NEA↙（移动鼠标到图 3-4 中点 2 附近，系统自动捕捉该点）

指定圆弧的第二个点或 [圆心(C)/端点(E)]: E↙

指定圆弧的端点: NEA↙（移动鼠标到图 3-4 中点 1 附近，系统自动捕捉该点）

指定圆弧的中心点(按住 Ctrl 键以切换方向)或 [角度(A)/方向(D)/半径(R)]: R↙

指定圆弧的半径: 4↙

（7）单击"默认"选项卡"绘图"面板中的"直线"按钮，指定直线的起点坐标为(-50.28,-0.66)和终点坐标(-48.16,-2.78)，角度为 45°，绘制长度为 19 的直线。

（8）单击"默认"选项卡"绘图"面板中的"圆"按钮，以坐标(-42.5,5)为圆心，绘制半径为 10 的同心圆，如图 3-6 所示。命令行提示与操作如下。

命令: CIRCLE↙

指定圆的圆心或 [三点(3P)/两点(2P)/切点、切点、半径(T)]: -42.5,5↙

指定圆的半径或 [直径(D)]: 10↙

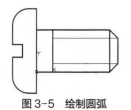

图 3-5　绘制圆弧

图 3-6　绘制圆

（9）单击"默认"选项卡中"绘图"面板的"圆弧"按钮，绘制连接两条直线的圆弧，补全图形。命令行提示与操作如下。以相同的方法绘制另一个圆弧，结果如图 3-1 所示。

命令:ARC↙

指定圆弧的起点或 [圆心(C)]：（指定上方线段左端点）

指定圆弧的第二个点或 [圆心(C)/端点(E)]: C↙

指定圆弧的圆心: CEN↙（用鼠标指定刚绘制的圆，系统自动捕捉该圆的圆心）

指定圆弧的端点：（指定下方线段左端点）

3.1.3 动手练——绘制圆形插板

使用"直线"和"圆"命令绘制图 3-7 所示的圆形插板。

扫码看视频

动手练——绘制
圆形插板

图 3-7 圆形插板

思路点拨

（1）设置对象捕捉选项和图层。
（2）利用"直线"命令绘制中心线。
（3）利用"圆"命令捕捉中心线的交点来绘制圆。
（4）利用"圆弧"命令和"直线"命令完成绘制。

3.1.4 对象捕捉设置

在使用 AutoCAD 绘图之前，可以根据需要预先设置一些对象捕捉模式。这样在绘图时，系统就能自动捕捉这些特殊点，从而加快绘图速度，提高绘图质量。

【执行方式】

- 命令行：DDOSNAP。
- 菜单栏：选择菜单栏中的"工具"→"绘图设置"命令。
- 工具栏：单击"对象捕捉"工具栏中的"对象捕捉设置"按钮。
- 状态栏：单击状态栏中的"对象捕捉"按钮（仅用于打开与关闭）。
- 快捷键：F3（仅用于打开与关闭）。
- 快捷菜单：选择快捷菜单中的"捕捉替代"→"对象捕捉设置"命令。

【操作步骤】

执行上述任一操作后，系统将打开"草图设置"对话框。单击"对象捕捉"选项卡，如图 3-8 所示。利用此选项卡可以对对象捕捉方式进行设置。

【选项说明】

（1）"启用对象捕捉"复选框：选中该复选框后，"对象捕捉模式"选项组中被选中的捕捉模式将处于激活状态。

（2）"启用对象捕捉追踪"复选框：用于开启或关闭自动追踪功能。

（3）"对象捕捉模式"选项组：该选项组中列出了各种捕捉模式的复选框，被选中的复选框将处于激活状态。单击"全部清除"按钮时，所有模式均被清除。单击"全部选择"按钮时，所有模式均被选中。

（4）"选项"按钮：单击该按钮可以打开"选项"对话框的"草图"选项卡，通过该对话框可以进行捕捉模式的各项设置。

图 3-8　"对象捕捉"设置

扫码看视频

操作实例——
绘制铆钉

3.1.5　操作实例——绘制铆钉

绘制如图 3-9 所示的铆钉。操作步骤如下。

（1）新建一个空白图形文件。

（2）打开"图层特性管理器"，设置图层，如图 3-10 所示。

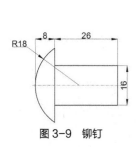

图 3-9　铆钉

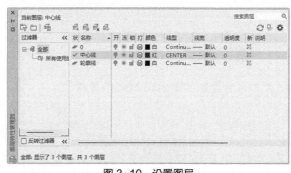

图 3-10　设置图层

（3）将"中心线"图层设置为当前图层。打开状态栏上的"正交模式"按钮 ，单击"默认"选项卡中"绘图"面板的"直线"按钮 ，绘制相互垂直的中心线，如图 3-11 所示。

（4）选择菜单栏中的"工具"→"绘图设置"命令，打开①"草图设置"对话框中的②"对象捕捉"选项卡，单击③"全部选择"按钮，选择所有的捕捉模式，并选中④"启用对象捕捉"复选框，如图 3-12 所示。单击"确定"按钮退出。

图 3-11　绘制中心线

图 3-12　"对象捕捉"设置

（5）将"轮廓线"图层设置为当前图层。单击"默认"选项卡"绘图"面板中的"直线"按钮，绘制直线，捕捉中心线交点为起点，绘制长度为 8 的竖直直线和长度为 26 的水平直线，如图 3-13 所示。

（6）利用对象捕捉功能，补全图形，绘制出封闭的矩形，如图 3-14 所示。

（7）将"轮廓线"图层设置为当前图层。单击"默认"选项卡"绘图"面板中的"直线"按钮，分别捕捉矩形左边两个角点为起点，绘制两条竖直直线，长度均为 7。继续单击"默认"选项卡"绘图"面板中的"圆弧"按钮，绘制圆弧，命令行提示与操作如下。

命令: ARC
指定圆弧的起点或 [圆心(C)]: （捕捉左边竖直直线的下端点）
指定圆弧的第二个点或 [圆心(C)/端点(E)]: from ↙ （"捕捉自"命令）
基点: （捕捉中心线交点）
<偏移>: @-8,0↙
指定圆弧的端点: （捕捉左边竖直直线的上端点）

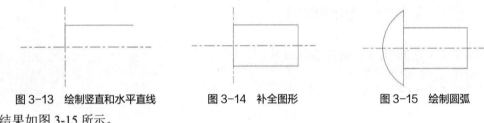

图 3-13　绘制竖直和水平直线　　　图 3-14　补全图形　　　图 3-15　绘制圆弧

结果如图 3-15 所示。

3.1.6　动手练——绘制盘盖

利用"直线"和"圆"命令绘制如图 3-16 所示的盘盖。

扫码看视频

动手练——绘制
盘盖

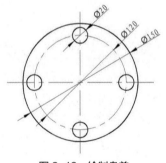

图 3-16　绘制盘盖

 思路点拨

（1）设置对象捕捉选项和图层。
（2）使用"直线"命令绘制中心线。
（3）使用"圆"命令在中心线的交点处绘制圆。

3.2　自动追踪

自动追踪是指根据指定的角度或与其他对象建立指定关系来绘制对象。利用自动追踪功能，可以对齐路径，有助于以精确的位置和角度创建对象。自动追踪包括"对象捕捉追踪"和"极轴追踪"两种选项。"对象捕捉追踪"是指以捕捉到的特定位置点为基点，按照指定的极轴角或其倍数对齐路径至指定点；"极轴追踪"是指按照指定的极轴角或其倍数对齐路径至指定点。

3.2.1　对象捕捉追踪

"对象捕捉追踪"功能必须与"对象捕捉"功能配合使用，即状态栏中的"对象捕捉"按钮 ⬚ 和"对象捕捉追踪"按钮 ∠ 必须同时处于打开状态。

【执行方式】

- 命令行：DDOSNAP。
- 菜单栏：选择菜单栏中的"工具"→"绘图设置"命令。
- 工具栏：单击"对象捕捉"工具栏中的"对象捕捉设置"按钮 🔒。
- 状态栏：单击状态栏中的"对象捕捉"按钮 ⬚ 和"对象捕捉追踪"按钮 ∠ 或①单击"极轴追踪"右侧的下拉按钮 ▾，在弹出下拉菜单中②选择"正在追踪设置"命令，如图 3-17 所示。
- 快捷键：F11。
- 快捷菜单：选择快捷菜单中的"三维对象捕捉"→"对象捕捉设置"命令。

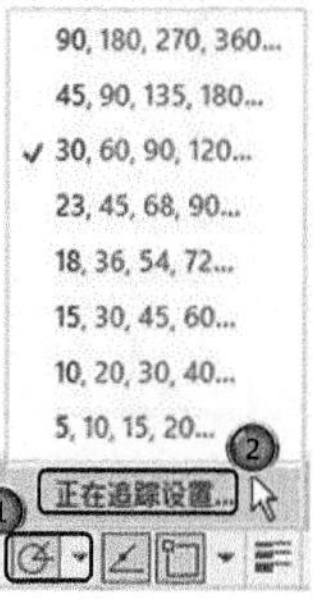

图 3-17　下拉菜单

3.2.2　极轴追踪

"极轴追踪"功能必须与"对象捕捉"功能配合使用，即状态栏中的"极轴追踪"按钮 ⬚ 和"对象捕捉"按钮 ⬚ 同时处于打开状态。

【执行方式】

- 命令行：DDOSNAP。
- 菜单栏：选择菜单栏中的"工具"→"绘图设置"命令。
- 工具栏：单击"对象捕捉"工具栏中的"对象捕捉设置"按钮 🔒。
- 状态栏：单击状态栏中的"对象捕捉"按钮 ⬚ 和"极轴追踪"按钮 ⬚。
- 快捷键：F10。
- 快捷菜单：选择快捷菜单中的"三维对象捕捉"→"对象捕捉设置"命令。

【操作步骤】

执行上述任一操作或在"极轴追踪"按钮 ⬚ 上右击，在弹出的快捷菜单中选择"正在追踪设置"命令，打开图 3-18 所示的①"草图设置"对话框，打开②"极轴追踪"选项卡。

【选项说明】

各选项的功能如下。

（1）"启用极轴追踪"复选框：选中该复选框即可启用极轴追踪功能。

（2）"极轴角设置"选项组：用于设置极轴角的值。可以在"增量角"下拉列表框中选择一种角度值，也可以选中"附加角"复选框，并单击"新建"按钮来设置任意附加角。可以设置多个附加角。在进行极轴追踪时，系统会同时追踪增量角和附加角。

（3）"对象捕捉追踪设置"和"极轴角测量"选项组：按照界面提示设置相应的单选按钮，利用自动追踪功能

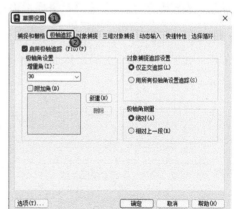

图 3-18　"极轴追踪"选项卡

即可完成三视图绘制。

3.2.3 操作实例——追踪法绘制方头平键

本例利用极轴追踪方法绘制图 3-19 所示的方头平键。操作步骤如下。

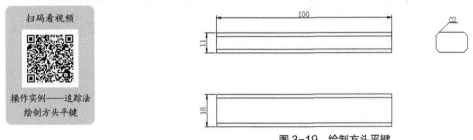

图 3-19　绘制方头平键

（1）绘制主视图。单击"默认"选项卡"绘图"面板中的"矩形"按钮 □，绘制矩形。首先在屏幕上适当位置指定一个角点，然后指定第二个角点为((@100,11)，结果如图 3-20 所示。

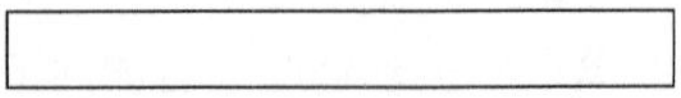

图 3-20　绘制主视图外形

（2）绘制主视图棱线。同时在状态栏上启用"对象捕捉"和"对象捕捉追踪"功能。接下来，单击"默认"选项卡中"绘图"面板的"直线"按钮 ∕，以绘制直线。命令行提示和操作步骤如下。使用相同的方法，以矩形左下角的点为基点，向上偏移两个单位，利用基点捕捉功能绘制下面的另一条棱线，结果如图 3-23 所示。

```
命令: _line
指定第一个点: FROM↙
基点:（捕捉矩形左上角点，如图 3-21 所示）
<偏移>: @0,-2↙
指定下一点或 [放弃(U)]:（鼠标右移，捕捉矩形右边上的垂足，如图 3-22 所示）
指定下一点或[退出(E)/放弃(U)]: ↙
```

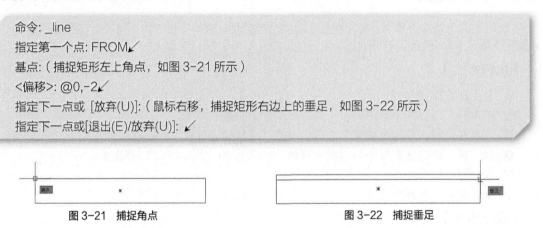

图 3-21　捕捉角点　　　　　　　　　图 3-22　捕捉垂足

（3）设置捕捉。在"草图设置"对话框中，选择图 3-18 所示的"极轴追踪"选项卡，将"增量角"设置为 90 度，并将"对象捕捉追踪"设置为"仅正交追踪"。

（4）绘制俯视图外形。单击"默认"选项卡"绘图"面板中的"矩形"按钮 □，捕捉上面绘制的矩形左下角点。系统将显示追踪线，沿追踪线向下，在适当位置指定一个点作为矩形的另一个角点，如图 3-24 所示。另一角点的坐标为((@100,18)，结果如图 3-25 所示。

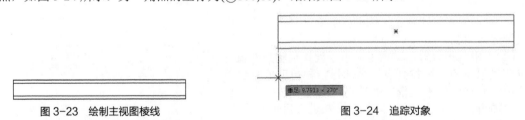

图 3-23　绘制主视图棱线　　　　　　　图 3-24　追踪对象

（5）绘制俯视图棱线。单击"默认"选项卡"绘图"面板中的"直线"按钮 ∕，利用基点捕捉功能绘制俯视图棱线，偏移距离为 2，结果如图 3-26 所示。

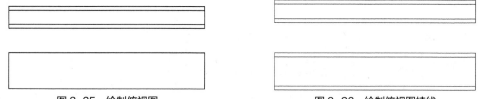

图 3-25 绘制俯视图   图 3-26 绘制俯视图棱线

（6）绘制左视图的构造线。单击"默认"选项卡"绘图"面板中的"构造线"按钮，首先在适当的位置指定一点以绘制-45°的构造线，继续绘制其他构造线。命令行提示与操作如下。

> 命令: XLINE
>
> 指定点或 [水平(H)/垂直(V)/角度(A)/二等分(B)/偏移(O)]:（捕捉俯视图右上角点，在水平追踪线上指定一点，如图 3-27 所示）
>
> 指定通过点:（打开状态栏上的"正交"开关，指定水平方向一点，指定斜线与第四条水平线的交点）

使用同样的方法绘制另一条水平构造线，然后捕捉这两条水平构造线与斜构造线的交点作为指定点，绘制两条垂直构造线，如图 3-28 所示。

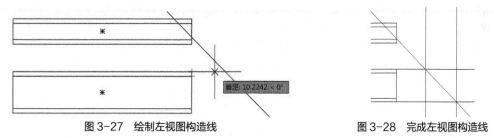

图 3-27 绘制左视图构造线   图 3-28 完成左视图构造线

（7）绘制左视图。单击"默认"选项卡的"绘图"面板中的"矩形"按钮，绘制矩形。命令行提示与操作如下。

完成上述操作后，结果如图 3-30 所示。

> 命令: _rectang
>
> 指定第一个角点或 [倒角(C)/标高(E)/圆角(F)/厚度(T)/宽度(W)]: C↙
>
> 指定矩形的第一个倒角距离 <0.0000>: 2↙
>
> 指定矩形的第二个倒角距离 <2.0000>: 2↙
>
> 指定第一个角点或 [倒角(C)/标高(E)/圆角(F)/厚度(T)/宽度(W)]:（捕捉主视图矩形上边延长线与第一条竖直构造线交点，如图 3-29 所示）
>
> 指定另一个角点或 [尺寸(D)]:（捕捉主视图矩形下边延长线与第二条竖直构造线交点）

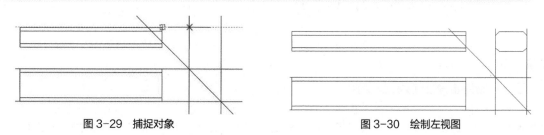

图 3-29 捕捉对象   图 3-30 绘制左视图

（8）删除辅助线。单击"默认"选项卡中"修改"面板的"删除"按钮，删除构造线，最终结果如图 3-19 所示。

3.3 综合演练——绘制水龙头

扫码看视频

综合演练——
绘制水龙头

绘制图 3-31 所示的水龙头，操作步骤如下。

（1）单击"默认"选项卡"图层"面板中的"图层特性"按钮，设置图层。将"中心线"图层的线型设置为 CENTER，颜色设置为红色，其余属性保持默认；将"轮廓线"图层的线宽设置为 0.30mm，其余属性默认。

（2）将"中心线"图层设置为当前图层。单击"默认"选项卡"绘图"面板中的"直线"按钮，绘制水平和竖直直线。水平直线的坐标为（-50,0）和（50,0），竖直直线的坐标为（0,50）和（0,-150），如图 3-32 所示。

（3）打开状态栏上的"对象捕捉"按钮，按照 3.1.3 节的方法设置"对象捕捉"功能。将"轮廓线"图层设置为当前图层。单击"默认"选项卡"绘图"面板中的"圆"按钮，以水平中心线和竖直中心线的交点（即坐标原点）为圆心，绘制半径为 13、25 和 38 的同心圆，如图 3-33 所示。

（4）单击"默认"选项卡中"绘图"面板的"直线"按钮，以半径为 13 的圆和水平直线的交点作为直线的起点，绘制一条长度为 120 的垂直直线，如图 3-34 所示。

（5）单击"默认"选项卡中"绘图"面板的"圆弧"按钮，捕捉刚绘制的两条直线的端点作为圆弧的端点，绘制半径为 13 的半圆，如图 3-31 所示。

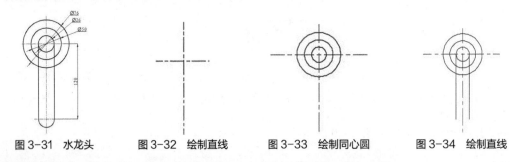

图 3-31 水龙头   图 3-32 绘制直线   图 3-33 绘制同心圆   图 3-34 绘制直线

3.4 技巧点拨——二维绘图设置技巧

1. 如何利用直线命令提高制图效率

（1）单击左下角状态栏中的"正交"按钮，根据正交方向提示，直接输入下一点的距离，即可绘制正交直线。

（2）单击左下角状态栏中的"极轴"按钮，可以使图形自动捕捉所需角度方向，绘制一定角度的直线。

（3）单击左下角状态栏中的"对象捕捉"按钮，自动捕捉某些点。使用对象捕捉功能可以指定对象上的精确位置。

2. 开始绘图需要做哪些准备

计算机绘图与手工绘图类似，如果要绘制一张标准图纸，也需要做许多必要的准备工作，例如设置图层、线型、标注样式、对象捕捉、单位格式、图形界限等。许多重复性的基本设置工作可以在模板图（如 ACAD.DWT）中预先完成，这样在绘制图纸时，只需打开模板，就可以在此基础上开始绘制新图。

3.5 上机实验

【练习1】结合对象捕捉相关命令，快速绘制如图 3-35 所示的螺母图形。

【练习2】绘制如图 3-36 所示的端盖。

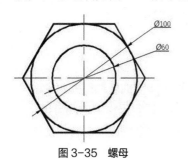

图 3-35 螺母

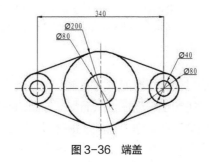

图 3-36 端盖

练习 1 演示

练习 2 演示

第 **4** 章

简单二维编辑命令

用户可以通过使用二维图形的编辑命令与绘图命令，进一步完成复杂图形对象的绘制，并合理安排和组织图形，从而保证绘图的准确性，减少重复操作。由此可见，熟练掌握和使用各种编辑命令有助于提高设计和绘图的效率。本章的主要内容包括选择和夹点编辑、复制类命令以及面域相关命令等。

本章教学要求

基本能力： 灵活掌握选择对象的方法，熟练掌握复制类命令，了解面域相关命令。
重 难 点： 复制类命令的灵活应用。

案例效果

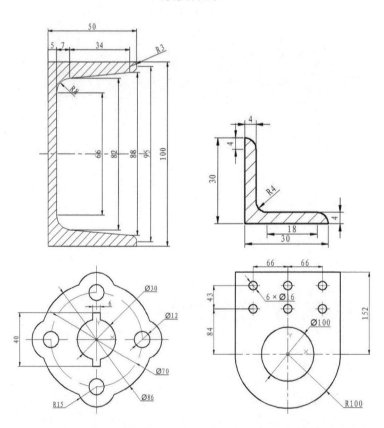

4.1　选择和钳夹编辑

选择对象是进行编辑的前提。AutoCAD 提供了多种对象选择方法，例如点选对象、使用选择窗口、选择框、对话框以及套索工具来选择对象等。

AutoCAD 2024 提供两种编辑图形的途径：

（1）先执行编辑命令，然后选择要编辑的对象；

（2）先选择要编辑的对象，然后执行编辑命令。

这两种途径的执行效果是相同的。AutoCAD 2024 可以编辑选中的单个对象，也可以将选中的多个对象组合成一个整体进行编辑。

4.1.1　选择对象

【操作步骤】

选择对象通常使用 SELECT 命令。

SELECT 命令可以单独使用，也可以在执行其他编辑命令时自动调用。在这种情况下命令行的提示与操作如下。

命令: SELECT

选择对象:（等待用户以某种方式选择对象作为回答。AutoCAD 2024 提供多种选择方式，可以输入 "?" 查看这些选择方式）

需要点或窗口(W)/上一个(L)/窗交(C)/框(BOX)/全部(ALL)/栏选(F)/圈围(WP)/圈交(CP)/编组(G)/添加(A)/删除(R)/多个(M)/前一个(P)/放弃(U)/自动(AU)/单个(SI)/子对象(SU)/对象(O)

【选项说明】

（1）窗口(W)：用由两个对角顶点确定的矩形窗口选取位于其范围内的所有图形，与边界相交的对象不会被选中。在指定对角顶点时，应按照从左向右的顺序。

（2）窗交(C)：该方式与上述 "窗口" 方式类似，区别在于它不仅选中矩形窗口内部的对象，还选中与矩形窗口边界相交的对象。选择的对象如图 4-1 所示。

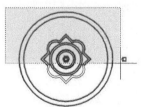 

（a）深色覆盖部分为选择窗口　　（b）选择后的图形（被选中部分图线亮显）

图 4-1　"窗交" 对象选择方式

（3）栏选(F)：用户可以临时绘制一些直线（虚线），这些直线不必构成封闭图形。凡是与这些直线相交的对象均会被选中。绘制结果如图 4-2 所示。

（4）圈围(WP)：使用一个不规则的多边形来选择对象。根据提示，用户依次输入构成多边形的所有顶点的坐标，最后按 Enter 键结束操作。系统将自动连接第一个顶点和最后一个顶点，形成封闭的多边形。凡是被多边形围住的对象均会被选中（不包括边界上的对象）。执行结果如图 4-3 所示。

（5）圈交(CP)：类似于 "圈围" 方式，在出现 "选择对象:" 提示后输入 "CP"，后续操作与 "圈围" 方式相同，但不同之处在于与多边形边界相交的对象也会被选中。

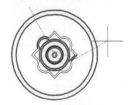 

（a）虚线为选择栏　　　　　　　（b）选择后的图形

图4-2　"栏选"对象选择方式

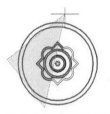 

（a）十字线所拉出的深色多边形为选择窗口　　（b）选择后的图形

图4-3　"圈围"对象选择方式

 高手支招

选择对象时，如果矩形框是从左向右定义的，即第一个选择的对角点是左侧的对角点，那么矩形框内部的对象会被选中，而框外部及与矩形框边界相交的对象不会被选中，这相当于"窗口"选择的效果。如果矩形框是从右向左定义的，则矩形框内部及与矩形框边界相交的对象都会被选中，这相当于"窗交"选择的效果。

4.1.2　删除对象

如果所绘制的对象不符合要求或绘制错误，可以使用删除命令 ERASE 将其删除。

【执行方式】

- ▼ 命令行：ERASE。
- ▼ 菜单栏：在菜单栏中选择"修改"→"删除"命令。
- ▼ 工具栏：单击"修改"工具栏中的"删除"按钮 ✎。
- ▼ 功能区：单击"默认"选项卡中"修改"面板中的"删除"按钮 ✎。
- ▼ 快捷菜单：选择要删除的对象，在绘图区右击，在弹出的快捷菜单中选择"删除"命令。

4.1.3　钳夹功能

钳夹功能可以快速便捷地编辑对象。AutoCAD 在图形对象上定义了一些特殊点，称为夹点。当选择图形对象后，对象会被高亮显示，并显示出夹点，如图4-4所示，通过夹点用户可以灵活地控制对象。

在使用夹点编辑对象时，需要选择一个夹点作为基点，该夹点称为基准夹点；然后，选择一种编辑操作，如删除、移动、复制、旋转或缩放。后续章节将详细讲解这些功能的使用。

图4-4　夹点

4.2　复制类命令

本节详细介绍 AutoCAD 2024 中的复制类命令。通过使用这些命令，用户可以更加方便地编辑和绘制图形。

4.2.1　"复制"命令

【执行方式】

- ▽ 命令行：COPY。
- ▽ 菜单栏：选择菜单栏中的"修改"→"复制"命令。
- ▽ 工具栏：单击"修改"工具栏中的"复制"按钮 ⅔。
- ▽ 功能区：单击"默认"选项卡"修改"面板中的"复制"按钮 ⅔。
- ▽ 快捷菜单：选择要复制的对象，在绘图区右击，在弹出的快捷菜单中选择"复制选择"命令。

【操作步骤】

命令行提示与操作如下。

> 命令: COPY↙
> 选择对象:（选择要复制的对象）

使用前面介绍的对象选择方法选择一个或多个对象，按 Enter 键结束选择，命令行提示与操作如下。

> 当前设置：　复制模式=多个
> 指定基点或 [位移(D)/模式(O)] <位移>:（指定基点或位移）
> 指定第二个点或 [阵列(A)] <使用第一个点作为位移>:

【选项说明】

（1）指定基点：指定一个坐标点后，AutoCAD 2024 将该点作为复制对象的基点。指定第二个点后，系统会根据这两个点确定的位移矢量将选择的对象复制到第二个点处。如果此时直接按 Enter 键，即选择默认的"使用第一个点作为位移"，则第一个点被当作相对于 X、Y、Z 的位移。

（2）位移(D)：直接输入位移值，以选择对象时的拾取点为基准，并以拾取点坐标为移动方向。例如，选择对象时的拾取点坐标为(2,3)，输入位移为 5，则表示以(2,3)点为基准，沿纵横比为 3:2 的方向移动 5 个单位，所确定的点为基点。

（3）模式(O)：控制是否自动重复该命令。确定复制模式为单个还是多个。

（4）阵列(A)：指定在线性阵列中排列的副本数量。

4.2.2　操作实例——绘制槽钢

本实例绘制图 4-5 所示的槽钢。操作步骤如下。

（1）新建如下 3 个图层。

① 第一个图层命名为"粗实线"图层，线宽为 0.30mm，其余属性保持默认。

② 第二个图层命名为"中心线"图层，颜色为红色，线型为 CENTER，其余属性保持默认。

③ 第三个图层命名为"剖面线"图层，属性保持默认。

（2）将"中心线"图层设置为当前图层。单击"默认"选项卡"绘图"面板中的"直线"按钮 ⁄，绘制一条水平直线，长度为 56mm。

（3）单击"默认"选项卡"修改"面板中的"复制"按钮 ⅔，将绘制的水平中心线向两侧复制，复制的间距为 34.2mm、41.17mm、44.15mm、48.13mm 和 50mm，效果如图 4-6 所示。命令行提示与操作如下。将复制后的直线转换到"粗实线"图层。

扫码看视频

操作实例——
绘制槽钢

> 命令: _copy
> 选择对象:（选择水平中心线）

选择对象: ↙

当前设置: 复制模式 = 多个

指定基点或 [位移(D)/模式(O)] <位移>:（在绘图区指定一点即可）

指定第二个点或 [阵列(A)] <使用第一个点作为位移>: 34.2↙（方向向上）

指定第二个点或 [阵列(A)/退出(E)/放弃(U)] <退出>: 41.17↙（方向向上）

指定第二个点或 [阵列(A)/退出(E)/放弃(U)] <退出>: 44.15↙（方向向上）

指定第二个点或 [阵列(A)/退出(E)/放弃(U)] <退出>: 48.13↙（方向向上）

指定第二个点或 [阵列(A)/退出(E)/放弃(U)] <退出>: 50↙（方向向上）

……

（4）将"粗实线"图层设置为当前图层。在"默认"选项卡的"绘图"面板中单击"直线"按钮 ⁄，以最上侧的水平直线和最下侧的水平直线的起点为绘制直线的两个端点，绘制竖直直线，效果如图 4-7 所示。命令行提示与操作如下。

命令: _line

指定第一个点:（最上侧的水平直线的起点）

指定下一点或 [放弃(U)]:（最下侧的水平直线的起点）

指定下一点或 [退出(E)/放弃(U)]:↙

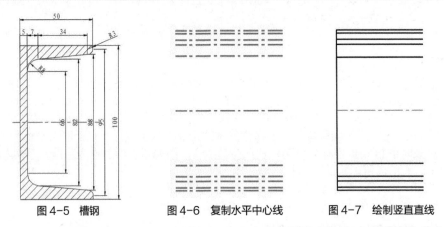

图 4-5　槽钢　　　　　　图 4-6　复制水平中心线　　　　图 4-7　绘制竖直直线

（5）单击"默认"选项卡中"修改"面板的"复制"按钮 ⁊，复制竖直直线，将其向右侧复制，复制的间距为 5mm、12.3mm、46.35mm、50mm。复制完成后效果如图 4-8 所示。

（6）单击"默认"选项卡中"绘图"面板的"圆弧"按钮 ⁄，捕捉相关点为圆心和端点绘制圆弧。

（7）单击"默认"选项卡中"绘图"面板的"直线"按钮 ⁄，绘制圆弧连接线，效果如图 4-9 所示。

（8）单击"默认"选项卡中"修改"面板的"删除"按钮 ⁄，删除多余直线，结果如图 4-10 所示。

图 4-8　复制竖直直线　　　　图 4-9　绘制直线　　　　图 4-10　删除多余直线

（9）将"剖面线"图层设置为当前图层，单击"默认"选项卡的"绘图"面板中的"图案填充"

按钮▨，选择"ANSI31"作为填充图案，将填充比例设置为 1，进行填充，最终完成槽钢的绘制，如图 4-5 所示。

4.2.3　动手练——绘制连接板

绘制如图 4-11 所示的连接板。

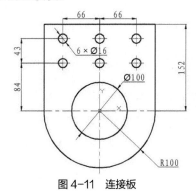

扫码看视频

动手练——绘制
连接板

图 4-11　连接板

思路点拨

（1）利用"直线"命令绘制中心线。

（2）利用"多段线"命令绘制基本轮廓。

（3）利用"复制"命令复制相同的对象。

4.2.4　"偏移"命令

偏移对象是指在保持所选择对象形状的前提下，在不同位置以相同尺寸新建的一个对象。

【执行方式】

▨ 命令行：OFFSET。

▨ 菜单栏：选择菜单栏中的"修改"→"偏移"命令。

▨ 工具栏：单击"修改"工具栏中的"偏移"按钮 ⊂。

▨ 功能区：单击"默认"选项卡"修改"面板中的"偏移"按钮 ⊂。

【操作步骤】

命令行提示与操作如下。

```
命令: OFFSET↙
当前设置: 删除源=否　图层=源　OFFSETGAPTYPE=0
指定偏移距离或 [通过(T)/删除(E)/图层(L)] <通过>:（指定偏移距离值）
选择要偏移的对象, 或 [退出(E)/放弃(U)] <退出>:（选择要偏移的对象, 按 Enter 键结束操作）
指定要偏移的那一侧上的点, 或 [退出(E)/多个(M)/放弃(U)] <退出>:（指定偏移方向）
选择要偏移的对象, 或 [退出(E)/放弃(U)] <退出>:
```

【选项说明】

（1）指定偏移距离：输入一个距离值，或按 Enter 键，使用当前的距离值，系统把该距离值作为偏移距离。

（2）通过(T)：指定偏移对象的通过点。

（3）删除(E)：偏移后，将源对象删除。

（4）图层(L)：确定将偏移对象创建在当前图层上，还是在源对象所在的图层上。

4.2.5 操作实例——绘制角钢

扫码看视频

操作实例——
绘制角钢

本实例绘制如图 4-12 所示的角钢，操作步骤如下。

（1）单击"默认"选项卡"图层"面板中的"图层特性"按钮，新建以下两个图层。

① 第一个图层命名为"轮廓线"图层，线宽为 0.30mm，其余属性保持默认。

② 第二个图层命名为"剖面线"图层，属性保持默认。

（2）将"轮廓线"图层设置为当前图层。单击"默认"选项卡"绘图"面板中的"直线"按钮，绘制长度为 30 的水平直线和垂直直线，如图 4-13 所示。

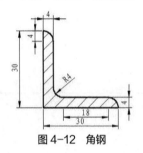

图 4-12　角钢

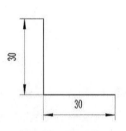

图 4-13　绘制直线

（3）单击"默认"选项卡中"修改"面板的"偏移"按钮，将水平直线向上偏移 4、4 和 18，将竖直直线向右偏移 4、4 和 18，效果如图 4-14 所示。命令行提示与操作如下。

```
命令: _offset
当前设置: 删除源=否　图层=源　OFFSETGAPTYPE=0
指定偏移距离或 [通过(T)/删除(E)/图层(L)] <4.0000>: 4↙
选择要偏移的对象，或 [退出(E)/放弃(U)] <退出>:（选择水平直线）
指定要偏移的那一侧上的点，或 [退出(E)/多个(M)/放弃(U)] <退出>:（在直线的右侧点取一点）
选择要偏移的对象，或 [退出(E)/放弃(U)] <退出>:（选择偏移后的竖直直线）
指定要偏移的那一侧上的点，或 [退出(E)/多个(M)/放弃(U)] <退出>:（在偏移后的直线的右侧点取一点）
选择要偏移的对象，或 [退出(E)/放弃(U)] <退出>:↙
命令: _offset
当前设置: 删除源=否　图层=源　OFFSETGAPTYPE=0
指定偏移距离或 [通过(T)/删除(E)/图层(L)] <4.0000>: 18↙
选择要偏移的对象，或 [退出(E)/放弃(U)] <退出>:（选择第二次偏移得到的垂直直线）
指定要偏移的那一侧上的点，或 [退出(E)/多个(M)/放弃(U)] <退出>:（在偏移后的直线的右侧点取一点）
……
```

（4）单击"默认"选项卡中"绘图"面板的"圆弧"按钮，使用三点（起点、圆心和端点）绘制圆弧的方法，绘制如图 4-15 所示的三段圆弧，按住键盘上的 Ctrl 键，可以切换圆弧的绘制方向。

（5）使用"删除"命令去除多余的图线，然后利用夹点功能，选择超出圆弧的线段，选中超出部分线段的端点作为夹点往里移动，缩短相关图线至圆弧端点位置，如图 4-16 所示。

（6）将"剖面线"图层设置为当前图层。单击"默认"选项卡中"绘图"面板的"图案填充"按钮，❶选择"ANSI31"作为填充图案，❷将填充比例设置为 1，进行填充，如图 4-17 所示。最终完成角钢的绘制，效果如图 4-12 所示。

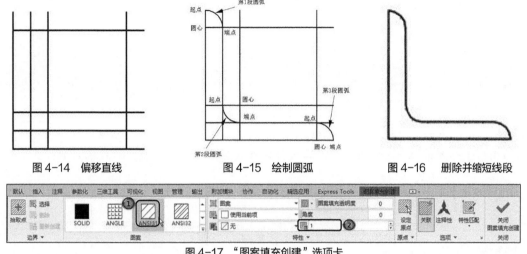

图 4-14 偏移直线 图 4-15 绘制圆弧 图 4-16 删除并缩短线段

图 4-17 "图案填充创建"选项卡

4.2.6 动手练——绘制挡圈

绘制如图 4-18 所示的挡圈。

图 4-18 挡圈

扫码看视频

动手练——绘制挡圈

 思路点拨

（1）设置图层。
（2）使用"直线"命令绘制中心线。
（3）使用"圆"命令绘制基本轮廓。
（4）使用"偏移"命令完成绘制。

4.2.7 "镜像"命令

镜像对象是指将选择的对象以一条镜像线为对称轴进行镜像后的对象。完成镜像操作后，可以选择保留原对象或将其删除。

【执行方式】

▼ 命令行：MIRROR。
▼ 菜单栏：选择菜单栏中的"修改"→"镜像"命令。
▼ 工具栏：单击"修改"工具栏中的"镜像"按钮⚠。
▼ 功能区：单击"默认"选项卡"修改"面板中的"镜像"按钮⚠。

【操作步骤】

命令行提示与操作如下。

命令:MIRROR↙

选择对象：（选择要镜像的对象）

选择对象：↙

指定镜像线的第一点：（指定镜像线的第一个点）

指定镜像线的第二点：（指定镜像线的第二个点）

要删除源对象吗？[是(Y)/否(N)] <否>：（确定是否删除源对象）

　　选择的两点确定一条镜像线，被选择的对象以该直线为对称轴进行镜像。包含该线的镜像平面与用户坐标系的 XOY 平面平行，即镜像操作在与用户坐标系的 XOY 平面平行的平面上进行。

4.2.8　操作实例——绘制油嘴

扫码看视频

操作实例——
绘制油嘴

　　本实例绘制如图 4-19 所示的油嘴，操作步骤如下。

　　（1）新建如下两个图层。

　　① 第一个图层命名为"轮廓线"图层，线宽为 0.30mm，其余属性保持默认。

　　② 第二个图层命名为"中心线"图层，颜色设为红色，线型为 CENTER，其余属性保持默认。

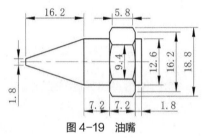

图 4-19　油嘴

　　（2）将"中心线"图层设置为当前图层。单击"默认"选项卡中"绘图"面板的"直线"按钮，指定直线的坐标为(0,0)和(-36,0)，绘制水平直线，如图 4-20 所示。

　　（3）将"轮廓线"图层设置为当前图层。单击"默认"选项卡中"绘图"面板的"直线"按钮，指定直线的坐标为(0,0)和(0,6.3)，绘制竖直线。

　　（4）单击"默认"选项卡中"修改"面板的"偏移"按钮，将竖直直线向左侧偏移，偏移距离为 1.8、7.2、7.2 和 16.2，将水平直线向上偏移 0.9，如图 4-21 所示。

　　（5）单击"默认"选项卡中"绘图"面板的"直线"按钮，绘制直线。然后，单击"默认"选项卡中"修改"面板的"删除"按钮，删除偏移后的水平直线，并利用钳夹功能将最左边的竖线缩短，如图 4-22 所示。

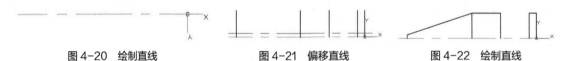

图 4-20　绘制直线　　　　　　　　图 4-21　偏移直线　　　　　　　图 4-22　绘制直线

　　（6）单击"默认"选项卡中"修改"面板的"镜像"按钮，以水平中心线为对称线，选择水平直线上方的图形进行镜像，效果如图 4-23 所示。命令行提示与操作如下。

命令:_mirror

选择对象：（选择水平直线上方的所有图形）

选择对象：↙

指定镜像线的第一点：（水平中心线的起点）

指定镜像线的第二点：（水平中心线的端点）

要删除源对象吗？[是(Y)/否(N)] <否>：↙

　　（7）单击"默认"选项卡中"绘图"面板的"直线"按钮，指定直线的坐标，绘制多条直线，直线的坐标为(-9,6.3)、(-9,8.1)、(-8.28,9.35)、(-2.5,9.35)、(-1.8,8.1)、(-1.8,6.3)，如图 4-24 所示。

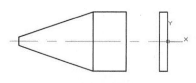

图 4-23　镜像图形

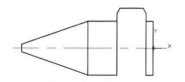

图 4-24　绘制直线

（8）单击"默认"选项卡中"修改"面板的"镜像"按钮 ⚖，以水平中心线为对称轴，选择上一步绘制的直线作为镜像对象进行镜像，效果如图 4-25 所示。

（9）单击"默认"选项卡中"修改"面板的"偏移"按钮 ⊏，将水平中心线向上下两侧偏移，偏移的距离为 4.68。将左侧竖直直线向右偏移 0.72，将右侧竖直直线向左偏移 0.72。

（10）单击"默认"选项卡"绘图"面板中的"直线"按钮 ╱，绘制水平直线，如图 4-26 所示。

图 4-25　镜像直线

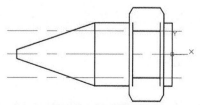

图 4-26　绘制直线

（11）单击"默认"选项卡中"修改"面板的"删除"按钮 ✎，将复制后的水平中心线进行删除，继续使用钳夹编辑功能调整竖直直线的长度，结果如图 4-27 所示。

（12）单击"默认"选项卡中"绘图"面板的"圆弧"按钮 ╱，捕捉相关点作为端点，适当指定半径，绘制 2 段圆弧，如图 4-28 所示。

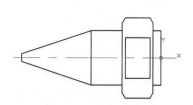

图 4-27　删除水平直线

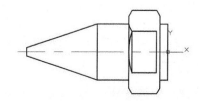

图 4-28　绘制圆弧

（13）单击"默认"选项卡中"修改"面板的"镜像"按钮 ⚖，以水平中心线和垂直线段的中点 1 与点 2 之间连线为对称轴，分别对绘制的小圆弧进行水平镜像和垂直镜像，结果如图 4-29 所示。使用相同的方法，对另一段圆弧进行镜像操作，结果如图 4-30 所示。

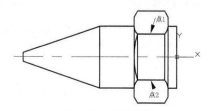

图 4-29　镜像图形

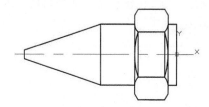

图 4-30　镜像图形

（14）单击"默认"选项卡的"修改"面板中的"删除"按钮 ✎，删除多余的竖直线，结果如图 4-19 所示。

4.2.9　动手练——绘制切刀

绘制图 4-31 所示的切刀。

扫码看视频

动手练——绘制切刀

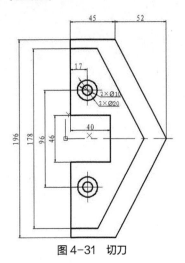

图 4-31 切刀

思路点拨

（1）使用"直线"命令绘制中心线。
（2）使用"多段线"和"圆"命令绘制基本轮廓。
（3）使用"镜像"命令完成绘制。

4.2.10 "阵列"命令

阵列是指多次重复选择对象并将这些副本按矩形或环形排列。将副本按矩形排列称为建立矩形阵列，将副本按环形排列称为建立极阵列。在建立极阵列时，应控制复制对象的次数以及对象是否被旋转；在建立矩形阵列时，应控制行和列的数量以及对象副本之间的距离。

使用该命令可以建立矩形阵列、极阵列（环形阵列）和路径阵列。

【执行方式】

▼ 命令行：ARRAY。

▼ 菜单栏：选择菜单栏中的"修改"→"阵列"命令，如图 4-32 所示。

▼ 工具栏：单击"修改"工具栏中的"矩形阵列"按钮□□或"路径阵列"按钮♣️或"环形阵列"按钮♣️。

▼ 功能区：单击"默认"选项卡"修改"面板中的"矩形阵列"按钮□□、"路径阵列"按钮♣️或"环形阵列"按钮♣️，如图 4-32 所示。

图 4-32 "修改"面板

【操作步骤】

命令行提示与操作如下。

> 命令:ARRAY↙
>
> 选择对象:（使用对象选择方法）
>
> 选择对象:↙
>
> 输入阵列类型[矩形(R)/路径(PA)/极轴(PO)]<矩形>:

【选项说明】

（1）矩形(R)（命令行：ARRAYRECT）：将选定对象的副本分布到行数、列数和层数的任意组合中。可以通过夹点调整阵列间距、列数、行数和层数，也可以分别为各选项输入数值。

（2）极轴(PO)：在绕中心点或旋转轴的环形阵列中均匀分布对象副本。

（3）路径(PA)（命令行：ARRAYPATH）：沿路径或部分路径均匀分布选定对象的副本。

4.2.11　操作实例——绘制齿圈

绘制图 4-33 所示的齿圈，操作步骤如下。

（1）新建两个图层，分别命名为"中心线"和"粗实线"图层。"中心线"图层的颜色设为红色，线型设为中心线；"粗实线"图层的线宽设为 0.3mm，其他参数保持不变。

（2）将"中心线"图层设置为当前图层。单击"默认"选项卡"绘图"面板中的"直线"按钮 ∕，绘制十字交叉的辅助线，其中水平直线和竖直直线的长度均为 20.5，如图 4-34 所示。

（3）将"粗实线"图层设置为当前图层。单击"默认"选项卡的"绘图"面板中的"圆"按钮 ⊙，以交点为圆心，绘制多个同心圆，圆的半径分别为 4.5、7.85、8.15、8.37 和 9.5，结果如图 4-35 所示。

（4）单击"默认"选项卡的"修改"面板中的"偏移"按钮 ⊑，将水平中心线向上偏移 8.94，将竖直中心线向左偏移 0.18、0.23 和 0.27，如图 4-36 所示。命令行提示与操作如下。

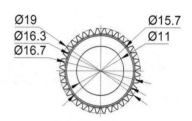

图 4-33　绘制齿圈

```
命令: _offset
当前设置: 删除源=否　图层=源　OFFSETGAPTYPE=0
指定偏移距离或 [通过(T)/删除(E)/图层(L)] <通过>: 8.94↙
选择要偏移的对象, 或 [退出(E)/放弃(U)] <退出>: ( 选择水平中心线 )
指定要偏移的那一侧上的点, 或 [退出(E)/多个(M)/放弃(U)] <退出>: ( 指定直线上方一点 )
……
```

图 4-34　绘制中心线

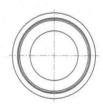

图 4-35　绘制同心圆

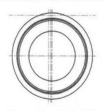

图 4-36　偏移直线

（5）单击"默认"选项卡"绘图"面板中的"圆弧"按钮 ⌒，捕捉相关交点作为圆弧的三个点，绘制圆弧，如图 4-37 所示。

（6）单击"默认"选项卡"修改"面板中的"删除"按钮 ✎，删除第(4)步偏移后的辅助直线，如图 4-38 所示。

（7）单击"默认"选项卡"修改"面板中的"镜像"按钮 ⚠，圆弧进行镜像，镜像线为竖直的中心线，结果如图 4-39 所示。

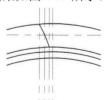

图 4-37　绘制圆弧

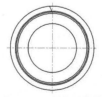

图 4-38　删除辅助线

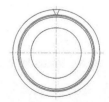

图 4-39　镜像圆弧

（8）单击"默认"选项卡"修改"面板中的"环形阵列"按钮 ⚬，将绘制的圆弧进行环形阵列，其中圆心为阵列的中心点，阵列的项目数为 36，结果如图 4-40 所示。命令行提示与操作如下所示。

命令: _arraypolar
当前设置:类型 = 极轴　关联 = 是
指定阵列的中心点或 [基点(B)/旋转轴(A)]:（捕捉圆心）
选择夹点以编辑阵列或 [关联(AS)/基点(B)/项目(I)/项目间角度(A)/填充角度(F)/行(ROW)/层(L)/旋转项目(ROT)/退出(X)] <退出>: I↙
输入阵列中的项目数或 [表达式(E)] <6>: 36↙
选择夹点以编辑阵列或 [关联(AS)/基点(B)/项目(I)/项目间角度(A)/填充角度(F)/行(ROW)/层(L)/旋转项目(ROT)/退出(X)] <退出>:↙

（9）单击"默认"选项卡的"绘图"面板中的"圆弧"按钮，绘制两段圆弧，如图 4-41 所示。

（10）单击"默认"选项卡的"修改"面板中的"删除"按钮，删除最外侧的两个同心圆，结果如图 4-42 所示。

（11）单击"默认"选项卡的"修改"面板中的"环形阵列"按钮，对绘制的圆弧进行环形阵列，圆心为阵列的中心点，阵列的项目数为 36，结果如图 4-33 所示。

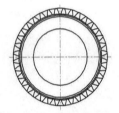
图 4-40　环形阵列圆弧

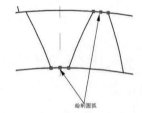
图 4-41　绘制圆弧

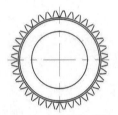
图 4-42　删除同心圆

4.2.12　动手练——绘制密封垫

绘制如图 4-43 所示的密封垫。

动手练——绘制
密封垫

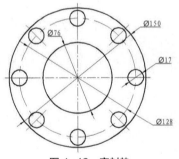
图 4-43　密封垫

 思路点拨

（1）利用"直线"和"圆"命令绘制基本图形的轮廓。

（2）利用"阵列"命令绘制各个圆孔。

4.3　面域相关命令

面域是具有边界的平面区域，其内部可以包含孔。用户可以将由某些对象围成的封闭区域转换为面域。这些封闭区域可以是圆、椭圆、封闭的二维多段线、封闭的样条曲线等，也可以是由圆弧、直线、二维多段线和样条曲线等构成的封闭区域。

4.3.1　创建面域

【执行方式】

- ▼ 命令行：REGION（快捷命令：REG）。
- ▼ 菜单栏：选择菜单栏中的"绘图"→"面域"命令。
- ▼ 工具栏：单击"绘图"工具栏中的"面域"按钮 ⃝。
- ▼ 功能区：单击"默认"选项卡"绘图"面板中的"面域"按钮 ⃝。

【操作步骤】

命令行提示与操作如下。

> 命令：REGION✓
> 选择对象：
> （选择对象后，系统自动将所选择的对象转换成面域）

4.3.2　布尔运算

布尔运算是一种数学逻辑运算，用于 AutoCAD 软件中，能够极大地提高绘图效率。布尔运算包括并集、交集和差集三种，其操作方法类似，现一并介绍如下。

【执行方式】

- ▼ 命令行：UNION（并集，快捷命令：UNI）、INTERSECT（交集，快捷命令：IN）、SUBTRACT（差集，快捷命令：SU）。
- ▼ 菜单栏：选择菜单栏中的"修改"→"实体编辑"→"并集"（"交集""差集"）命令。
- ▼ 工具栏：单击"实体编辑"工具栏中的"并集"按钮 ▥（"交集"按钮 ▥、"差集"按钮 ▥）。
- ▼ 功能区：单击"三维工具"选项卡"实体编辑"面板中的"并集"按钮 ▥（"交集"按钮 ▥、"差集"按钮 ▥）。

4.3.3　操作实例——绘制法兰

本实例将绘制图 4-44 所示的法兰。法兰（Flange），又称为法兰凸缘盘或突缘，是用于管道与管道之间连接的部件。法兰不仅用于管端之间的连接，也可用于设备的进出口，如减速机法兰，法兰通常用衬垫进行密封。本实例主要使用"矩形"命令、"圆"命令，以及布尔运算中的"并集"和"差集"命令进行绘制。操作步骤如下。

扫码看视频

操作实例——
绘制法兰

（1）新建以下两个图层。

① 第一个图层命名为"轮廓线"图层，线宽为 0.30mm，其余属性保持默认。

② 第二个图层命名为"中心线"图层，颜色为红色，线型为 CENTER，其余属性保持默认。

（2）将"中心线"图层设置为当前图层。单击"默认"选项卡中"绘图"面板的"直线"按钮 ⁄，绘制端点坐标为{(−55,0),(55,0)}和{(0,−55),(0,55)}的直线。然后单击"默认"选项卡中"绘图"面板的"圆"按钮 ⊙，绘制圆心坐标为(0,0)、半径为 35 的圆。绘制结果如图 4-45 所示。

（3）将"轮廓线"图层设置为当前图层。单击"默认"选项卡中"绘图"面板的"圆"按钮 ⊙，绘制圆心坐标分别为(−35,0)、(0,35)、(35,0)、(0,−35)，半径为 6 的圆。再次重复"圆"命令，绘制圆心坐标分别为(−35,0)、(0,35)、(35,0)、(0,−35)，半径为 15 的圆。再次重复"圆"命令，绘制圆心坐标为(0,0)，半径分别为 15 和 43 的圆。绘制结果如图 4-46 所示。

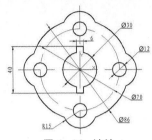
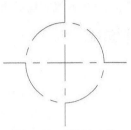

图 4-44　法兰　　　　　　　　　　图 4-45　绘制中心线

（4）单击"默认"选项卡中"绘图"面板的"矩形"按钮□，绘制矩形。角点坐标分别是(-3,-20)和(3,20)，绘制结果如图 4-47 所示。

（5）单击"默认"选项卡中"绘图"面板的"面域"按钮◎，创建面域。命令行提示与操作如下。

> 命令: _region
> 选择对象:（选择图中所有的粗实线图层的图形）
> 选择对象: ↙
> （已创建 10 个面域）

（6）单击"三维工具"选项卡中"实体编辑"面板的"并集"按钮，将直径为 86 的圆与 4 个直径为 30 的圆进行并集处理。命令行提示与操作如下。并集处理效果如图 4-48 所示。

> 命令: _union
> 选择对象:（选择直径为 86 的圆）
> 选择对象:（选择直径为 30 的圆）
> 选择对象:（选择直径为 30 的圆）
> 选择对象:（选择直径为 30 的圆）
> 选择对象:（选择直径为 30 的圆）
> 选择对象:↙

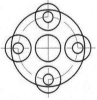
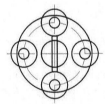
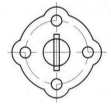

图 4-46　绘制圆　　　　图 4-47　绘制矩形　　　　图 4-48　并集处理

（7）单击"三维工具"选项卡中"实体编辑"面板的"差集"按钮，以并集对象为主体对象，直径为 30 的中心圆为差集对象进行处理。命令行提示与操作如下。

> 命令: _subtract
> 选择要减去的实体、曲面和面域...
> 选择对象:（选择差集对象，选择垫片主体）
> 选择对象: ↙
> 选择要减去的实体、曲面和面域...
> 选择对象:（选择直径为 30 的中心圆）

选择对象：✓

命令：_subtract

选择要减去的实体、曲面和面域…

选择对象：（选择差集对象，选择垫片主体）

选择对象：✓

选择要减去的实体、曲面和面域…

选择对象：（选择矩形）

选择对象：✓

效果如图 4-44 所示。

4.3.4 动手练——绘制盘盖

绘制如图 4-49 所示的盘盖。

 思路点拨

（1）使用"直线"命令绘制中心线。

（2）使用"圆"和"阵列"命令绘制基本轮廓。

（3）使用"面域"命令完成绘制。

扫码看视频

动手练——绘制盘盖

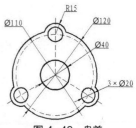

图 4-49 盘盖

4.4 综合演练——绘制高压油管接头

本实例中绘制的高压油管接头如图 4-50 所示。油管接头用于仪表等的直线连接，连接形式包括承插焊或螺纹连接。油管接头主要用于小口径的高低压管线，适用于需经常装拆的部位，或作为使用螺纹管件管路的最终调整之用。本例所绘制的高压油管接头通过细牙螺纹与油管和其他机件连接，其内部结构为中空的喷嘴或油腔。操作步骤如下。

扫码看视频

综合演练——绘制高压油管接头

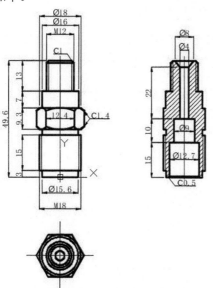

图 4-50 高压油管接头

4.4.1 图层设置

新建 4 个图层。
（1）"剖面线"图层：属性保持默认设置。
（2）"实体线"图层：线宽为 0.3mm，其余属性保持默认设置。
（3）"中心线"图层：线宽为默认，颜色为红色，线型加载为 CENTER，其余属性保持默认设置。
（4）"细实线"图层：属性保持默认设置。

4.4.2 绘制主视图

（1）将"中心线"图层设置为当前图层。单击"默认"选项卡"绘图"面板中的"直线"按钮 ／，绘制垂直中心线，坐标点为{(0,−2),(0,51.6)}，如图 4-51 所示。

（2）将"实体线"图层设置为当前图层。单击"默认"选项卡"绘图"面板中的"直线"按钮 ／，绘制主视图的轮廓线，坐标点依次为{(0,0),(7.8,0),(7.8,3),(9,3),(9,18),(−9,18),(−9,3),(−7.8,3),(−7.8,0),(0,0)}{(7.8,3),(−7.8,3)}{(7.8,18),(7.8,20.3),(−7.8,20.3),(−7.8,18)}{(7.8,20.3),(9,20.3),(10.4,21.7),(10.4,28.2),(9,29.6),(−9,29.6),(−10.4,28.2),(−10.4,21.7),(−9,20.3),(−7.8,20.3)}{(8,29.6),(8,36.6),(−8,36.6),(−8,29.6)}{(6,36.6),(6,48.6),(5,49.6),(−5,49.6),(−6,48.6),(−6,36.6)}{(6,48.6),(−6,48.6)}，如图 4-52 所示。

（3）单击"默认"选项卡"修改"面板中的"偏移"按钮 ⊂，将图 4-52 中指出的直线，向内侧偏移 0.9，并将偏移后的直线转换到"细实线"图层，如图 4-53 所示。

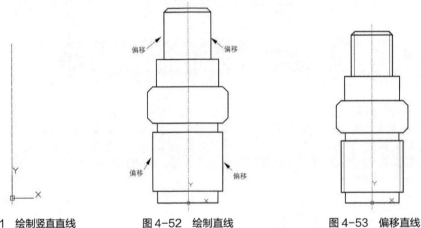

图 4-51 绘制竖直直线　　　　图 4-52 绘制直线　　　　图 4-53 偏移直线

（4）单击"默认"选项卡中"修改"面板的"偏移"按钮 ⊂，选择需要偏移的竖直线，向内侧偏移 4.2，如图 4-54 所示。

（5）单击"默认"选项卡中"绘图"面板的"圆弧"按钮 ／，绘制 3 段圆弧，如图 4-55 所示。

（6）单击"默认"选项卡中"修改"面板的"镜像"按钮 △，将绘制的圆弧分别以竖直中心线和偏移后的直线的中点为镜像线，进行两次镜像，结果如图 4-56 所示。

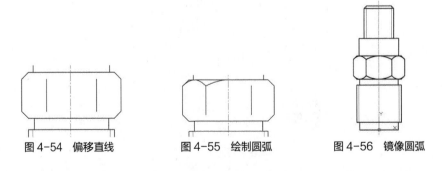

图 4-54 偏移直线　　　　图 4-55 绘制圆弧　　　　图 4-56 镜像圆弧

4.4.3　绘制俯视图

（1）将"中心线"图层设置为当前图层，单击"默认"选项卡"绘图"面板中的"直线"按钮 /，绘制水平和竖直的中心线，长度为 29，如图 4-57 所示。

（2）将"实体线"图层设置为当前图层，单击"默认"选项卡"绘图"面板中的"圆"按钮 ⊙，以十字交叉线的中点为圆心，绘制半径为 2、4、5、6、8 和 9 的同心圆，如图 4-58 所示。

（3）单击"默认"选项卡"绘图"面板中的"多边形"按钮 ⬠，绘制六边形，中心点为十字交叉线的中心，外接圆的半径为 9，如图 4-59 所示。

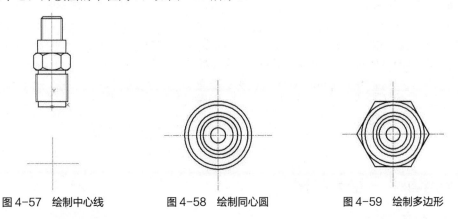

图 4-57　绘制中心线　　　　图 4-58　绘制同心圆　　　　图 4-59　绘制多边形

4.4.4　绘制剖面图

（1）单击"默认"选项卡中"修改"面板的"复制"按钮 ⅔，将主视图向右侧复制，复制的间距为 54，如图 4-60 所示。

（2）利用"默认"选项卡中"修改"面板的"删除"按钮 🗑 和夹点编辑功能，删除直线并调整直线的长度，如图 4-61 所示。

（3）单击"默认"选项卡中"绘图"面板的"直线"按钮 /，绘制竖直直线，如图 4-62 所示。

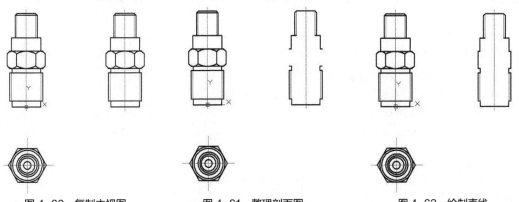

图 4-60　复制主视图　　　　图 4-61　整理剖面图　　　　图 4-62　绘制直线

（4）单击"默认"选项卡中的"修改"面板中的"偏移"按钮 ⊑，将最下侧的竖直直线向上偏移 0.5、14.5、10、22，如图 4-63 所示。

（5）单击"默认"选项卡中的"修改"面板中的"复制"按钮 ⅔，将竖直中心线向左右两侧分别复制 2、4、4.5、6.35、6.85，并将复制后的直线转换到"实体线"图层，如图 4-64 所示。

（6）单击"默认"选项卡中的"绘图"面板中的"直线"按钮 /，补全图形，结果如图 4-65 所示。

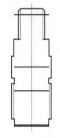

图 4-63　偏移直线

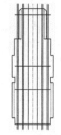

图 4-64　复制直线

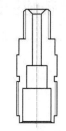

图 4-65　修剪和补全图形

（7）将"剖面线"图层设置为当前图层，单击"默认"选项卡"绘图"面板中的"图案填充"按钮，①打开"图案填充创建"选项卡，如图 4-66 所示，②选择"ANSI31"图案，③设置填充比例为 0.5，④单击"拾取点"进行填充操作，结果如图 4-50 所示。

图 4-66　"图案填充创建"选项卡

4.4.5　动手练——绘制弹簧

绘制如图 4-67 所示的弹簧。

动手练——绘制弹簧

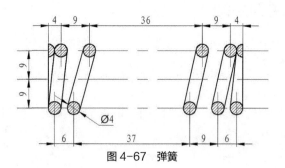

图 4-67　弹簧

思路点拨

（1）利用"直线"和"偏移"命令绘制中心线。
（2）利用"圆""圆弧"和"复制"命令绘制基本轮廓。
（3）利用"图案填充"命令完成绘制。

4.5　技巧点拨——绘图学一学

镜像命令的操作技巧

镜像功能在创建对称图形时非常有用。我们可以先快速绘制对象的一半，然后通过镜像来生成完整的图形，而无须绘制整个对象。

默认情况下，镜像后的文字、属性及属性定义不会被反转或倒置。文字的对齐和方向在镜像前后保持一致。如果需要在制图时反转文字，可以将 MIRRTEXT 系统变量设置为 1，默认值为 0。

4.6　上机实验

【练习 1】绘制如图 4-68 所示的压盖。

【练习 2】绘制如图 4-69 所示的车库门。

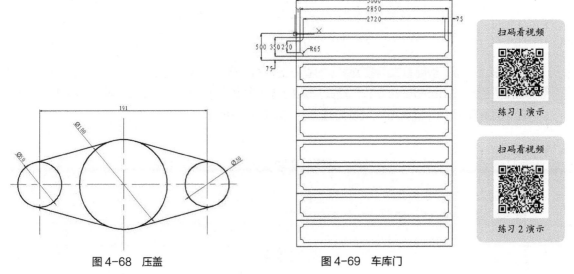

图 4-68　压盖

图 4-69　车库门

扫码看视频

练习 1 演示

扫码看视频

练习 2 演示

【练习 3】绘制图 4-70 所示的阀杆。

【练习 4】绘制图 4-71 所示的星形齿轮架。

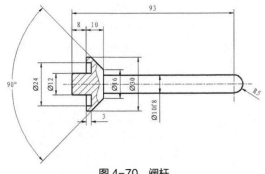

图 4-70　阀杆

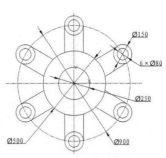

图 4-71　星形齿轮架

扫码看视频

练习 3 演示

扫码看视频

练习 4 演示

复杂二维编辑命令

在上一章讲解简单二维编辑命令的基础上，本章将循序渐进地介绍有关 AutoCAD 2024 的复杂二维编辑命令，包括改变几何特性类命令和改变位置类命令等。通过使用这些编辑命令，读者可以快速完整地完成平面图形的绘制。

本章教学要求

基本能力：熟练掌握改变几何特性类命令和改变位置类命令的操作方法。
重 难 点：熟练使用修剪命令和缩放命令。

案例效果

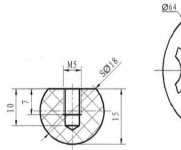

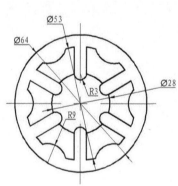

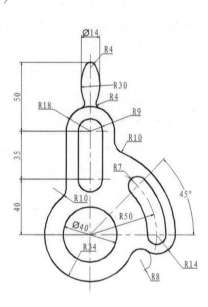

5.1　改变几何特性类命令

改变几何特性类命令用于对指定对象进行编辑，使其几何特性发生改变，包括修剪、延伸、圆角、倒角等命令。

5.1.1　"修剪"命令

【执行方式】

- 命令行：TRIM。
- 菜单栏：选择菜单栏中的"修改"→"修剪"命令。
- 工具栏：单击"修改"工具栏中的"修剪"按钮。
- 功能区：单击"默认"选项卡"修改"面板中的"修剪"按钮。

【操作步骤】

命令行提示与操作如下。

命令:TRIM↙

当前设置:投影=UCS，边=无

选择剪切边

选择对象或 <全部选择>：（选择用作修剪边界的对象，按 Enter 键结束对象选择）

选择要修剪的对象，或按住 Shift 键选择要延伸的对象，或[栏选(F)/窗交(C)/投影(P)/边(E)/删除(R)/放弃(U)]:

【选项说明】

（1）Shift 键：在选择对象时，如果按住 Shift 键，系统会自动将"修剪"命令转换成"延伸"命令，"延伸"命令将在 5.1.3 节介绍。

（2）栏选(F)：选择该选项时，系统会以栏选的方式选择被修剪的对象，如图 5-1 所示。

选定剪切边　　　使用栏选选定的修剪对象　　　结果

图 5-1　栏选选择修剪对象

（3）窗交(C)：选择该选项时，系统以窗交的方式选择被修剪对象，如图 5-2 所示。

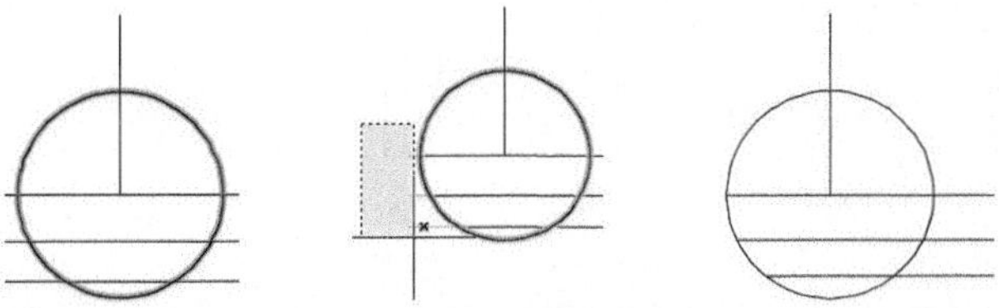

（a）使用窗交选择选定的边（b）选定要修剪的对象　　　（c）结果

图 5-2　窗交选择修剪对象

（4）边(E)：选择该选项时，可以选择对象的修剪方式，即"延伸"和"不延伸"。

① 延伸(E)：延伸边界进行修剪。在此方式下，如果剪切边没有与要修剪的对象相交，系统会延伸剪切边直至与要修剪的对象相交，然后再进行修剪，如图 5-3 所示。

② 不延伸(N)：不延伸边界修剪对象。只修剪与剪切边相交的对象。

选择剪切边　　　选择要修剪的对象　　　修剪后的结果

图 5-3　延伸方式修剪对象

5.1.2　操作实例——绘制胶木球

绘制如图 5-4 所示的胶木球。操作步骤如下。

扫码看视频

操作实例——
绘制胶木球

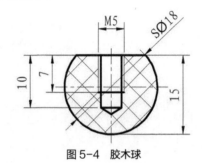

图 5-4　胶木球

（1）创建图层

新建以下图层。

① 中心线：颜色为红色，线型为 CENTER，线宽为 0.15mm。

② 粗实线：颜色为白色，线型为 Continuous，线宽为 0.30 mm。

③ 细实线：颜色为白色，线型为 Continuous，线宽为 0.15 mm。

④ 尺寸标注：颜色为白色，线型为 Continuous，线宽为默认。

⑤ 文字说明：颜色为白色，线型为 Continuous，线宽为默认。

（2）绘制中心线

将"中心线"图层设为当前图层。单击"默认"选项卡"绘图"面板中的"直线"按钮 ⁄，以坐标点 {(154,150),(176,150)} 和 {(165,159),(165,139)} 绘制中心线，并将线型比例修改为 0.1。结果如图 5-5 所示。

（3）绘制圆

将"粗实线"图层设为当前图层。单击"默认"选项卡"绘图"面板中的"圆"按钮 ⊘，以坐标点 (165,150) 为圆心、半径为 9 绘制圆。结果如图 5-6 所示。

（4）偏移处理

单击"默认"选项卡"修改"面板中的"偏移"按钮 ⊑，将水平中心线向上偏移，偏移距离为 6，并将偏移后的直线设置为"粗实线"层。结果如图 5-7 所示。

（5）修剪处理

单击"默认"选项卡"修改"面板中的"修剪"按钮 ✂，对多余的直线和圆弧进行修剪。命令行提示与操作如下。结果如图 5-8 所示。

```
命令: _trim
当前设置:投影=UCS，边=延伸
选择剪切边...
选择对象或 <全部选择>：（选择圆和刚偏移的水平线）
选择对象：↙
```

选择要修剪的对象或按住 Shift 键选择要延伸的对象，或者[栏选(F)/窗交(C)/投影(P)/边(E)/删除(R)]:（选择圆在直线上的圆弧上一点）

选择要修剪的对象，或按住 Shift 键选择要延伸的对象，或[栏选(F)/窗交(C)/投影(P)/边(E)/删除(R)/放弃(U)]:（选择水平线左端一点）

选择要修剪的对象，或按住 Shift 键选择要延伸的对象，或[栏选(F)/窗交(C)/投影(P)/边(E)/删除(R)/放弃(U)]:（选择水平线右端一点）

选择要修剪的对象，或按住 Shift 键选择要延伸的对象，或[栏选(F)/窗交(C)/投影(P)/边(E)/删除(R)/放弃(U)]:

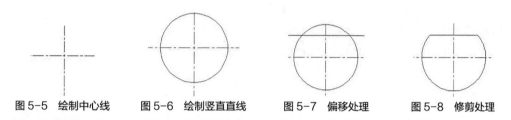

图 5-5　绘制中心线　　图 5-6　绘制竖直直线　　图 5-7　偏移处理　　图 5-8　修剪处理

（6）偏移处理

单击"默认"选项卡"修改"面板中的"偏移"按钮 ⊂，将剪切后的直线向下偏移，偏移距离为 7 和 10。然后将竖直直线向两侧偏移，偏移距离为 2.5 和 2。将偏移距离为 2.5 的直线设置为"细实线"层，将偏移距离为 2 的直线设置为"粗实线"层，结果如图 5-9 所示。

（7）修剪处理

单击"默认"选项卡"修改"面板中的"修剪"按钮 ✂，修剪多余的直线。结果如图 5-10 所示。

（8）绘制锥角

将"粗实线"图层设定为当前图层。在状态栏中选择"极轴追踪"按钮后单击鼠标右键，系统弹出快捷菜单，选择角度为 30。单击"默认"选项卡"绘图"面板中的"直线"按钮 ／，将开启"极轴追踪"，以图 5-10 所示的点 1 和点 2 为起点绘制夹角为 30° 的直线，该直线与竖直中心线相交，结果如图 5-11 所示。

（9）修剪处理

单击"默认"选项卡"修改"面板中的"修剪"按钮 ✂，修剪多余的直线。结果如图 5-12 所示。

（10）绘制剖面线

将"细实线"图层设定为当前图层。单击"默认"选项卡"绘图"面板中的"图案填充"按钮 ▨，设置填充图案为 NET，图案填充角度为 45，填充图案比例为 1，开启状态栏上的"线宽"按钮 ☰。结果如图 5-13 所示。

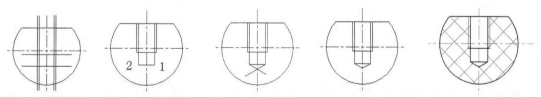

图 5-9　偏移处理　　图 5-10　修剪处理　　图 5-11　绘制锥角　　图 5-12　修剪处理　　图 5-13　胶木球图案填充

5.1.3　动手练——绘制锁紧箍

绘制如图 5-14 所示的锁紧箍。

扫码看视频

动手练——绘制
锁紧箍

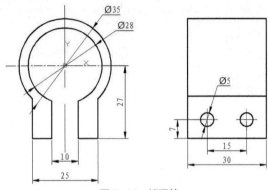

图 5-14　锁紧箍

 思路点拨

（1）利用"直线""圆"和"偏移"命令绘制俯视图的基本轮廓。

（2）利用"修剪"命令完成主视图。

（3）利用"直线""圆"和"复制"命令绘制左视图。

5.1.4　"延伸"命令

"延伸"命令用于将一个对象延伸到另一个对象的边界线，如图 5-15 所示。

选择边界

选择要延伸的对象

执行结果

图 5-15　"延伸"命令

【执行方式】

▼ 命令行：EXTEND。

▼ 菜单栏：选择菜单栏中的"修改"→"延伸"命令。

▼ 工具栏：单击"修改"工具栏中的"延伸"按钮 ⇥。

▼ 功能区：单击"默认"选项卡"修改"面板中的"延伸"按钮 ⇥。

【操作步骤】

命令行提示与操作如下。

命令:EXTEND✓
当前设置:投影=UCS，边=无
选择边界的边...
选择对象或 ＜全部选择＞：（选择边界对象）

此时可以选择对象来定义边界。如果直接按下 Enter 键，则默认选择所有对象作为可能的边界对象。选择边界对象后，命令行将提示如下内容。

选择要延伸的对象，或按住 Shift 键选择要修剪的对象，或[栏选(F)/窗交(C)/投影(P)/边(E)/放弃(U)]:

【选项说明】

（1）系统规定可以用作边界对象的有直线段、射线、双向无限长线、圆弧、圆、椭圆、二维和三维多段线、样条曲线、文本、浮动的视口和区域。

（2）选择对象时，如果按住 Shift 键，系统会自动将"延伸"命令转换为"修剪"命令。

扫码看视频

操作实例——
绘制间歇轮

5.1.5　操作实例——绘制间歇轮

间歇运动机构在机械行业中应用广泛，它将原动件的连续转动转变为从动件周期性运动和停歇的机构，这种机构广泛应用于生产中，如牛头刨转换为床上工件的进给运动、转塔车床上刀具的转位运动，以及装配线上的步进输送运动等。间歇轮是间歇机构的核心零件。本例将绘制图 5-16 所示的间歇轮。操作步骤如下。

（1）打开"图层特性管理器"，新建两个图层，分别命名为"中心线"和"实线层"。将"中心线"图层设置为当前图层，如图 5-17 所示。

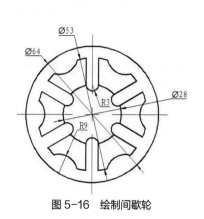

图 5-16　绘制间歇轮

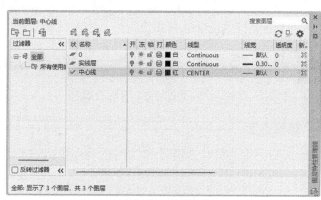

图 5-17　设置图层

（2）单击"默认"选项卡中"绘图"面板的"直线"按钮，绘制十字交叉的直线，绘制结果如图 5-18 所示。

（3）将"实线层"设置为当前图层，单击"默认"选项卡中"绘图"面板的"圆"按钮，以交点为圆心，绘制半径为 32 的圆，结果如图 5-19 所示。

（4）重复圆命令，绘制其余的同心圆，圆的半径分别为 14、26.5、9 和 3，结果如图 5-20 所示。

图 5-18　绘制轴线

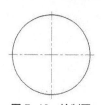

图 5-19　绘制圆

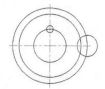

图 5-20　绘制其余的圆

（5）单击"默认"选项卡中"绘图"面板的"直线"按钮，捕捉半径为 3 和半径为 14 的圆的交点作为直线的起点，绘制两条竖直直线，其中每条直线的长度不超过半径为 26.5 的圆，如图 5-21 所示。

（6）单击"默认"选项卡中"修改"面板的"延伸"按钮，延伸直线直至圆的边缘，如图 5-22 所示。命令行提示与操作如下。

```
命令:EXTEND↙
当前设置:投影=UCS，边=无
选择边界的边...
选择对象或 <全部选择>:（选择半径为 26.5 的圆）
```

选择要延伸的对象，或按住 Shift 键选择要修剪的对象，或[栏选(F)/窗交(C)/投影(P)/边(E)/放弃(U)]:（选择竖直直线）

（7）单击"默认"选项卡中"修改"面板的"修剪"按钮，修剪多余的圆弧，结果如图 5-23 所示。

（8）单击"默认"选项卡中"修改"面板的"环形阵列"按钮，对圆弧和直线进行环形阵列。阵列的项目数为 6，以水平和垂直直线的交点为圆心，阵列的角度为 360，结果如图 5-24 所示。

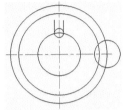
图 5-21　绘制直线

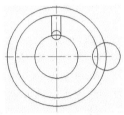
图 5-22　延伸直线

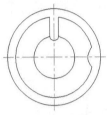
图 5-23　裁剪圆弧

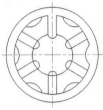
图 5-24　环形阵列

扫码看视频

（9）单击"默认"选项卡中"修改"面板的"修剪"按钮，修剪多余的圆弧，结果如图 5-16 所示。

5.1.6　动手练——绘制螺钉

动手练——绘制螺钉

绘制如图 5-25 所示的螺钉。

思路点拨

（1）利用"直线""偏移"和"修剪"命令绘制基本轮廓。

（2）利用"直线"命令绘制螺纹牙底线。

（3）利用"延伸"命令将螺纹牙底线延伸至倒角斜线上。

（4）利用"镜像"和"图案填充"命令进行最后的完善。

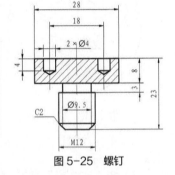
图 5-25　螺钉

5.1.7　"圆角"命令

"圆角"命令用于用指定的半径创建一段平滑的圆弧来连接两个对象。系统规定可以用"圆角"命令连接一对直线段、非圆弧的多段线段、样条曲线、双向无限长线、射线、圆、圆弧和椭圆。在任何时候，都可以利用"圆角命令"连接非圆弧多段线的每个节点。

【执行方式】

▽ 命令行：FILLET。

▽ 菜单栏：选择菜单栏中的"修改"→"圆角"命令。

▽ 工具栏：单击"修改"工具栏中的"圆角"按钮。

▽ 功能区：单击"默认"选项卡"修改"面板中的"圆角"按钮。

【操作步骤】

命令行提示与操作如下。

命令:FILLET↙

当前设置: 模式=修剪，半径=0.0000

选择第一个对象或[放弃(U)/多段线(P)/半径(R)/修剪(T)/多个(M)]:（选择第一个对象或别的选项）

选择第二个对象，或按住 Shift 键选择对象以应用角点或 [半径(R)]:（选择第二个对象）

【选项说明】

（1）多段线(P)：在二维多段线的两段直线段的节点处插入圆滑的弧。选择多段线后，系统会根据指定的圆弧半径，将多段线的各个顶点用圆滑的弧线连接起来。

（2）修剪(T)：决定在圆角连接两条边时，是否修剪这两条边，如图 5-26 所示。

（3）多个(M)：可以同时对多个对象进行圆角编辑，而不必重新启动命令。

（4）按住 Shift 键并选择两条直线，可以快速创建零距离倒角或零半径圆角。

(a) 修剪方式　　b) 不修剪方式

图 5-26　圆角连接

5.1.8　操作实例——绘制挂轮架

本实例中将绘制一个挂轮架，如图 5-27 所示。操作步骤如下。

扫码看视频

操作实例——
绘制挂轮架

（1）设置图层

单击"默认"选项卡中"图层"面板的"图层特性"按钮，创建图层"CSX"和"XDHX"。其中"CSX"的线型为实线，线宽为 0.30mm，其他属性保持默认；"XDHX"线型为 CENTER，线宽为 0.09mm，其他属性保持默认。

（2）将"XDHX"图层设置为当前图层，绘制对称中心线

① 单击"默认"选项卡中"绘图"面板的"直线"按钮，绘制三条线段，其端点分别为{(80,70), (210,70)}、{(140,210), (140,12)}、{（前 2 条线段的交点），(@70<45)}。

② 单击"默认"选项卡中"修改"面板的"偏移"按钮，将水平中心线向上偏移 40、35、50、4，依次以偏移形成的水平对称中心线为偏移对象。

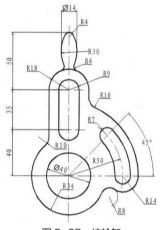

图 5-27　挂轮架

③ 单击"默认"选项卡中"绘图"面板的"圆"按钮，以下部中心线的交点为圆心，绘制半径为 50 的圆心线圆。

④ 单击"默认"选项卡中"修改"面板的"修剪"按钮，修剪圆心线圆。结果如图 5-28 所示。

（3）将"CSX"图层设置为当前图层，绘制挂轮架中部

① 单击"默认"选项卡中"绘图"面板的"圆"按钮，以下部中心线的交点为圆心，绘制半径为 20 和 34 的同心圆。

② 单击"默认"选项卡中"修改"面板的"偏移"按钮，将竖直中心线分别向两侧偏移 9 和 18。

③ 单击"默认"选项卡中"绘图"面板的"直线"按钮，分别捕捉竖直中心线与水平中心线的交点，绘制四条竖直线。

④ 单击"默认"选项卡中"修改"面板的"删除"按钮，删除偏移的竖直对称中心线。结果如图 5-29 所示。

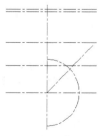

图 5-28　修剪后的图形

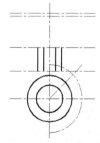

图 5-29　绘制中间的竖直线

⑤ 单击"默认"选项卡的"绘图"面板中的"圆弧"按钮，命令行提示与操作如下。

命令: _arc （绘制 R18 圆弧）

指定圆弧的起点或 [圆心(C)]: C↙

指定圆弧的圆心: _int 于 （捕捉中心线的交点）

指定圆弧的起点: _int 于 （捕捉左侧中心线的交点）

指定圆弧的端点(按住 Ctrl 键以切换方向)或 [角度(A)/弦长(L)]: A↙

指定夹角(按住 Ctrl 键以切换方向): −180↙

⑥ 单击"默认"选项卡中"修改"面板的"圆角"按钮，命令行提示与操作如下。

命令: _fillet （圆角命令，绘制上部 R9 圆弧）

当前设置: 模式=修剪，半径=4.0000

选择第一个对象或 [放弃(U)/多段线(P)/半径(R)/修剪(T)/多个(M)]: （选择中间左侧的竖直线的上部）

选择第二个对象，或按住 Shift 键选择对象以应用角点或 [半径(R)]: （选择中间右侧的竖直线的上部）

同样，绘制下部 R9 圆弧和左端 R10 圆角。

⑦ 单击"默认"选项卡"修改"面板中的"修剪"按钮，修剪 R34 圆。结果如图 5-30 所示。

（4）绘制挂轮架右部

① 单击"默认"选项卡"绘图"面板中的"圆"按钮，捕捉中心线圆弧 R50 与水平中心线的交点为圆心，绘制半径为 7 的圆。

同样，捕捉中心线圆弧 R50 与倾斜中心线的交点为圆心，以 7 为半径绘制圆。

② 单击"默认"选项卡"绘图"面板中的"圆弧"按钮，命令行提示与操作如下。

命令: _arc（绘制 R43 圆弧）

指定圆弧的起点或 [圆心(C)]: C↙

指定圆弧的圆心: _cen 于 （捕捉 R34 圆弧的圆心）

指定圆弧的起点: _int 于 （捕捉下部 R7 圆与水平对称中心线的左交点）

指定圆弧的端点(按住 Ctrl 键以切换方向)或 [角度(A)/弦长(L)]: _int 于 （捕捉上部 R7 圆与倾斜对称中心线的左交点）

命令: _arc （绘制 R57 圆弧）

指定圆弧的起点或 [圆心(C)]: C↙

指定圆弧的圆心: _cen 于 （捕捉 R34 圆弧的圆心）

指定圆弧的起点: _int 于 （捕捉下部 R7 圆与水平对称中心线的右交点）

指定圆弧的端点(按住 Ctrl 键以切换方向)或 [角度(A)/弦长(L)]: _int 于 （捕捉上部 R7 圆与倾斜对称中心线的右交点）

③ 单击"默认"选项卡"修改"面板中的"修剪"按钮，修剪 R7 圆。

④ 单击"默认"选项卡"绘图"面板中的"圆"按钮，以 R34 圆弧的圆心为圆心，绘制半径为 64 的圆。

⑤ 单击"默认"选项卡"修改"面板中的"圆角"按钮，绘制上部 R10 圆角。

⑥ 单击"默认"选项卡"修改"面板中的"修剪"按钮，修剪 R64 圆。

⑦ 单击"默认"选项卡"绘图"面板中的"圆弧"按钮，命令行提示与操作如下。

命令: _arc（绘制下部 R14 圆弧）

指定圆弧的起点或 [圆心(C)]: C↙

指定圆弧的圆心: _cen 于 （捕捉下部 R7 圆的圆心）

指定圆弧的起点: _int 于 （捕捉 R64 圆与水平对称中心线的交点）

指定圆弧的端点(按住 Ctrl 键以切换方向)或 [角度(A)/弦长(L)]: A↙
　指定夹角(按住 Ctrl 键以切换方向): -180

⑧ 单击"默认"选项卡中"修改"面板的"圆角"按钮，绘制下部 R8 的圆角。结果如图 5-31 所示。

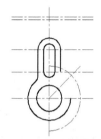
图 5-30　挂轮架中部图形

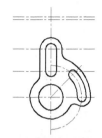
图 5-31　绘制完成挂轮架右部图形

（5）绘制挂轮架上部
① 单击"默认"选项卡"修改"面板中的"偏移"按钮，将竖直对称中心线向右偏移 23。
② 将"0"层设置为当前图层，单击"默认"选项卡"绘图"面板中的"圆"按钮，以第二条水平中心线与竖直中心线的交点为圆心，绘制 R26 的辅助圆。
③ 将"CSX"设置为当前图层，单击"默认"选项卡"绘图"面板中的"圆"按钮，以 R26 圆与偏移的竖直中心线的下交点为圆心，绘制 R30 的圆。结果如图 5-32 所示。
④ 单击"默认"选项卡"修改"面板中的"删除"按钮，分别选择偏移形成的竖直中心线及 R26 圆。
⑤ 单击"默认"选项卡"修改"面板中的"修剪"按钮，修剪 R30 圆。
⑥ 单击"默认"选项卡"修改"面板中的"镜像"按钮，以竖直中心线为镜像轴，对所绘制的 R30 圆弧进行镜像。结果如图 5-33 所示。
⑦ 单击"默认"选项卡"修改"面板中的"圆角"按钮，命令行提示与操作如下。

命令: _fillet　（绘制最上部 R4 圆弧）
当前设置: 模式=修剪，半径=8.0000
选择第一个对象或[放弃(U)/多段线(P)/半径(R)/修剪(T)/多个(M)]: R↙
指定圆角半径 <8.0000>: 4↙
选择第一个对象或[放弃(U)/多段线(P)/半径(R)/修剪(T)/多个(M)]:（选择左侧 R30 圆弧的上部）
选择第二个对象，或按住 Shift 键选择对象以应用角点或 [半径(R)]:（选择右侧 R30 圆弧的上部）
命令: _fillet（绘制左侧 R4 圆角）
当前设置: 模式=修剪，半径=4.0000
选择第一个对象或[放弃(U)/多段线(P)/半径(R)/修剪(T)/多个(M)]: T↙　（更改修剪模式）
输入修剪模式选项 [修剪(T)/不修剪(N)] <修剪>: N↙　（选择修剪模式为不修剪）
选择第一个对象或[放弃(U)/多段线(P)/半径(R)/修剪(T)/多个(M)]:（选择左侧 R30 圆弧的下端）
选择第二个对象，或按住 Shift 键选择对象以应用角点或 [半径(R)]:（选择 R18 圆弧的左侧）
命令: _fillet（绘制右侧 R4 圆角）
当前设置: 模式=不修剪，半径=4.0000
选择第一个对象或[放弃(U)/多段线(P)/半径(R)/修剪(T)/多个(M)]:（选择右侧 R30 圆弧的下端）
选择第二个对象，或按住 Shift 键选择对象以应用角点或 [半径(R)]:（选择 R18 圆弧的右侧）

⑧ 单击"默认"选项卡中的"修改"面板，选择"修剪"按钮，修剪 R30 圆弧。结果如图 5-34 所示。

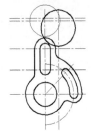
图 5-32 绘制 R30 圆

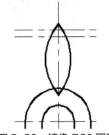
图 5-33 镜像 R30 圆弧

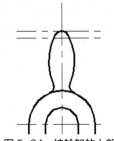
图 5-34 挂轮架的上部

5.1.9 动手练——绘制内六角螺钉

扫码看视频

动手练——绘制
内六角螺钉

绘制图 5-35 所示的内六角螺钉。

💡 **思路点拨**

（1）利用"直线""偏移""圆""正多边形"和"修剪"命令绘制基本形状。

（2）利用"倒圆角"命令进行圆角处理。

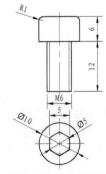
图 5-35 内六角螺钉

5.1.10 "倒角"命令

"倒角"命令用于用斜线连接两个不平行的线型对象。可以用"倒角"命令连接直线段、双向无限长线、射线和多段线。

【执行方式】

✓ 命令行：CHAMFER。

✓ 菜单栏：选择菜单栏中的"修改"→"倒角"命令。

✓ 工具栏：选择"修改"工具栏中的"倒角"按钮 ◢。

✓ 功能区：单击"默认"选项卡"修改"面板中的"倒角"按钮 ◢。

【操作步骤】

命令行提示与操作如下。

命令：CHAMFER✓

（"不修剪"模式）当前倒角距离 1=0.0000，距离 2 =0.0000

选择第一条直线或 [放弃(U)/多段线(P)/距离(D)/角度(A)/修剪(T)/方式(E)/多个(M)]:（选择第一条直线或别的选项）

选择第二条直线，或按住 Shift 键选择直线以应用角点或 [距离(D)/角度(A)/方法(M)]:（选择第二条直线）

【选项说明】

（1）多段线(P)：对多段线的各个交叉点进行倒角编辑。为了获得最佳连接效果，一般设置斜线为相等的值。系统根据指定的斜线距离对多段线的每个交叉点进行斜线连接，连接的斜线成为多段线新添加的组成部分，如图 5-36 所示。

（2）距离(D)：选择倒角的两个斜线距离。斜线距离是指被连接的两个对象可能的交点之间的距离，如图 5-37 所示。这两个斜线距离可以相同也可以不同，若二者均为 0，则系统不绘制连接的斜线，而是将两个对象延伸至相交，并修剪超出的部分。

（3）角度(A)：选择第一条直线的斜距和角度。当采用这种方法进行斜线连接对象时，需要输入两个参数：斜线与一个对象的斜线距离，以及斜线与该对象的夹角，如图 5-38 所示。

 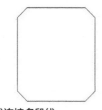  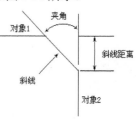

图 5-36 斜线连接多段线　　图 5-37 斜线距离　　图 5-38 斜线距离与夹角

（4）修剪(T)：与圆角连接命令 FILLET 相同，该选项决定连接对象后是否剪切原对象。

（5）方式(E)：决定采用"距离"方式还是"角度"方式来倒角。

（6）多个(M)：同时对多个对象进行倒角编辑。

5.1.11　操作实例——绘制销轴

绘制如图 5-39 所示的销轴。操作步骤如下。

（1）创建图层

新建如下图层。

① 中心线：颜色为红色，线型为 CENTER，线宽为 0.15mm。

② 粗实线：颜色为白色，线型为 Continuous，线宽为 0.30mm。

③ 细实线：颜色为白色，线型为 Continuous，线宽为 0.15mm。

④ 尺寸标注：颜色为白色，线型为 Continuous，线宽为默认。

⑤ 文字说明：颜色为白色，线型为 Continuous，线宽为默认。

（2）绘制中心线

将"中心线"图层设定为当前图层。单击"默认"选项卡"绘图"面板中的"直线"按钮，以坐标点{(135,150),(195,150)}绘制中心线。结果如图 5-40 所示。

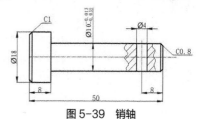

图 5-39 销轴

（3）绘制直线

将"粗实线"图层设定为当前图层。单击"默认"选项卡"绘图"面板中的"直线"按钮，以下列坐标点{(140,150),(140,159),(148,159),(148,150)},{(148,155),(190,155),(190,150)} 依次绘制线段，结果如图 5-41 所示。

图 5-40 绘制中心线　　　　　　　图 5-41 绘制直线

（4）倒角处理

单击"默认"选项卡中"修改"面板的"倒角"按钮，命令行提示与操作如下。

```
命令: _chamfer
当前倒角距离  1=0.0000，距离 2 =0.0000
选择第一条直线或 [放弃(U)/多段线(P)/距离(D)/角度(A)/修剪(T)/方式(E)/多个(M)]: D↙
指定第一个倒角距离 <0.0000>: 1↙
指定第二个倒角距离 <1.0000>:↙
选择第一条直线或 [放弃(U)/多段线(P)/距离(D)/角度(A)/修剪(T)/方式(E)/多个(M)]:（选择最左侧的竖直线）
选择第二条直线，或按住 Shift 键选择直线以应用角点或 [距离(D)/角度(A)/方法(M)]:（选择最上面水平线）
```

以相同的方法，将倒角距离设置为 0.8，并对右端进行倒角，结果如图 5-42 所示。

（5）绘制直线

单击"默认"选项卡中"绘图"面板的"直线"按钮 ，绘制倒角线，结果如图 5-43 所示。

（6）镜像处理

单击"默认"选项卡中"修改"面板的"镜像"按钮 ，以中心线为轴进行镜像处理，结果如图 5-44 所示。

图 5-42　倒角处理　　　　图 5-43　修剪处理　　　　图 5-44　镜像处理

（7）偏移处理

单击"默认"选项卡"修改"面板中的"偏移"按钮 ，将右侧竖直直线向左偏移，距离为 8，并将偏移后的直线两端拉长，修改图层为"中心线"层。结果如图 5-45 所示。

（8）绘制销孔

单击"默认"选项卡"修改"面板中的"偏移"按钮 ，将偏移后的直线继续向两侧偏移，偏移距离为 2，并将偏移后的直线修改为"粗实线"层。然后，单击"默认"选项卡"修改"面板中的"修剪"按钮 ，将多余的线条修剪掉，结果如图 5-46 所示。

（9）绘制局部剖切线

将"细实线"图层设定为当前图层。单击"默认"选项卡"绘图"面板中的"样条曲线拟合"按钮 ，绘制局部剖切线。结果如图 5-47 所示。

（10）绘制剖面线

将"细实线"图层设定为当前图层。单击"默认"选项卡"绘图"面板中的"图案填充"按钮 ，设置填充图案为"ANST31"，图案填充角度为 0，填充图案比例为 0.5。打开状态栏上的"线宽"按钮 ，填充结果如图 5-48 所示。

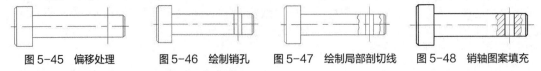

图 5-45　偏移处理　　　图 5-46　绘制销孔　　　图 5-47　绘制局部剖切线　　　图 5-48　销轴图案填充

5.1.12　动手练——绘制传动轴

扫码看视频

动手练——绘制
传动轴

绘制如图 5-49 所示的传动轴。

图 5-49　传动轴

💡 思路点拨

（1）利用"直线"和"偏移"命令绘制传动轴的上半部分。

（2）利用"倒角"命令进行倒角处理。

（3）利用"镜像"命令完成传动轴主体的绘制。

（4）利用"圆""直线"和"修剪"命令绘制键槽。

5.1.13　"拉伸"命令

"拉伸"命令用于拖拉选定的对象，并使其形状发生改变。在拉伸对象时，应指定拉伸的基点和目标点。利用一些辅助工具如捕捉、钳夹功能及相对坐标等可以提高拉伸的精度。

【执行方式】

* 命令行：STRETCH。
* 菜单栏：选择菜单栏中的"修改"→"拉伸"命令。
* 工具栏：单击"修改"工具栏中的"拉伸"按钮 。
* 功能区：单击"默认"选项卡"修改"面板中的"拉伸"按钮 。

【操作步骤】

命令行提示与操作如下。

```
命令:STRETCH↙
以交叉窗口或交叉多边形选择要拉伸的对象...
选择对象: C↙
指定第一个角点:（指定对角点：找到 2 个：采用交叉窗口的方式选择要拉伸的对象）
选择对象: ↙
指定基点或 [位移(D)] <位移>:（指定拉伸的基点）
指定第二个点或 <使用第一个点作为位移>:（指定拉伸的移至点）
```

"拉伸"命令将使完全包含在交叉窗口内的对象不发生拉伸。

【选项说明】

（1）必须采用"窗交(C)"方式选择拉伸对象。

（2）拉伸选择对象时，指定第一个点后，若指定第二个点，则系统将根据这两点确定矢量拉伸对象。若直接按 Enter 键，则系统会将第一个点作为 X 轴和 Y 轴的分量值。

> **高手支招**
>
> STRETCH 仅移动位于交叉选择内的顶点和端点，不更改那些位于交叉选择外的顶点和端点。部分包含在交叉选择窗口内的对象将被拉伸。

5.1.14 操作实例——绘制管式混合器

本实例利用直线和多段线绘制管式混合器符号的基本轮廓，再利用"拉伸"命令细化图形，如图 5-50 所示。操作步骤如下。

（1）单击"默认"选项卡中的"绘图"面板中的"直线"按钮 ，在图形空白位置绘制连续直线，如图 5-51 所示。

（2）单击"默认"选项卡中的"绘图"面板中的"直线"按钮 ，在上一步所绘制的图形左右两侧分别绘制两段竖直直线，如图 5-52 所示。

（3）单击"默认"选项卡的"绘图"面板中的"多段线"按钮 和"直线"按钮 ，绘制如图 5-53 所示的图形。

扫码看视频 操作实例——绘制管式混合器

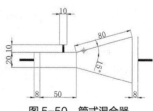

图 5-50 管式混合器

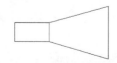

图 5-51 绘制连续直线

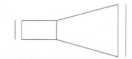

图 5-52 绘制竖直直线

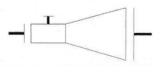

图 5-53 绘制多段线和竖直直线

（4）单击"默认"选项卡中"修改"面板中的"拉伸"按钮，选择右侧的多段线作为拉伸对象，并对其进行拉伸操作。命令行提示与操作如下。

```
命令: _stretch
以交叉窗口或交叉多边形选择要拉伸的对象...
选择对象: C✓
指定第一个角点:
指定对角点:（框选右侧的水平多段线）
选择对象: ✓
指定基点或 [位移(D)] <位移>:（选择水平多段线右端点）
指定第二个点或 <使用第一个点作为位移>:（在水平方向上指定一点）
```

结果如图 5-50 所示。

> **注 意**
>
> 执行 STRETCH 命令时，一定要使用框选方式选择对象。

5.1.15 动手练——绘制螺栓

扫码看视频

动手练——绘制螺栓

绘制如图 5-54 所示的螺栓。

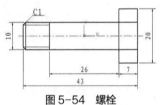

图 5-54 螺栓

> **思路点拨**
>
> （1）利用"直线"和"镜像"等命令绘制基本轮廓。
> （2）利用"拉伸"命令延长螺杆。

5.1.16 "拉长"命令

【执行方式】

- 命令行：LENGTHEN。
- 菜单栏：选择菜单栏中的"修改"→"拉长"命令。
- 功能区：单击"默认"选项卡"修改"面板中的"拉长"按钮。

【操作步骤】

命令行提示与操作如下。

```
命令:LENGTHEN✓
选择要测量的对象或 [增量(DE)/百分比(P)/总计(T)/动态(DY)] <增量(DE)>: DE✓（选择拉长或缩短
的方式为增量方式）
输入长度增量或 [角度(A)] <0.0000>: 10✓（在此输入长度增量数值。如果选择圆弧段，则可输入选
项"A"，给定角度增量）
```

选择要修改的对象或 [放弃(U)]:（选定要修改的对象，进行拉长操作）
选择要修改的对象或 [放弃(U)]:（继续选择，或按 Enter 键结束命令）

【选项说明】

（1）增量(DE)：使用指定的增量来改变对象的长度或角度。

（2）百分数(P)：使用指定的百分数来修改对象的长度占总长度的百分比，从而改变圆弧或直线段的长度。

（3）总计(T)：使用指定的总长度或总角度值来改变对象的长度或角度。

（4）动态(DY)：在此模式下，可以拖动鼠标来动态地改变对象的长度或角度。

5.1.17 操作实例——绘制挂钟

扫码看视频

操作实例——
绘制挂钟

绘制如图 5-55 所示的挂钟，操作步骤如下。

（1）单击"默认"选项卡"绘图"面板中的"圆"按钮⊙，以(100,100)为圆心，绘制半径为 20 的圆形，作为挂钟的外轮廓线。

（2）单击"默认"选项卡中"绘图"面板的"直线"按钮╱，绘制坐标为 {(100,100),(100,117.25)}，{(100,100),(87.25,100)}，{(100,100),(105,94)}的 3 条直线，作为挂钟的指针，如图 5-56 所示。

图 5-55 挂钟   图 5-56 绘制指针

（3）单击"默认"选项卡"修改"面板中的"拉长"按钮╱，将秒针拉长至圆的边缘。命令行提示与操作如下。

命令:_LENGTHEN
选择要测量的对象或 [增量(DE)/百分比(P)/总计(T)/动态(DY)] <总计(T)>: DE
输入长度增量或 [角度(A)] <0.0000>
指定第二点:（用鼠标左键，选择秒针端点及其延长线与圆的交点）
选择要修改的对象或 [放弃(U)]:（选择秒针）

完成的挂钟，如图 5-55 所示。

注 意

"拉伸"和"拉长"的区别如下。

"拉伸"和"拉长"命令都可以改变对象的大小，不同之处在于"拉伸"可以一次性选择多个对象，不仅改变对象的大小，还改变对象的形状；而"拉长"只改变对象的长度，并且不受边界的限制。可以用来拉长的对象包括直线、弧线和样条曲线等。

5.1.18 "打断"命令

【执行方式】

▽ 命令行：BREAK。
▽ 菜单栏：在菜单栏中选择"修改"→"打断"命令。

☑ 工具栏：单击"修改"工具栏中的"打断"按钮凸。

☑ 功能区：单击"默认"选项卡的"修改"面板中的"打断"按钮凸。

【操作步骤】

命令行显示与操作如下。

命令:BREAK↙

选择对象:（选择要打断的对象）

指定第二个打断点或 [第一点(F)]:（指定第二个打断点或输入 F）

【选项说明】

如果选择"第一点(F)"选项，系统将丢弃前面的第一个选择点，重新提示用户指定两个打断点。

另外，"修改"面板中还有"打断于点"按钮凵，指的是在对象上指定一点，将对象在此点拆分成两部分。此命令与打断命令类似，此处不再赘述。

5.1.19 操作实例——绘制 M10 螺母

扫码看视频

操作实例——
绘制 M10 螺母

螺母和螺栓配合组成的螺纹紧固件是机械工业中最常见的连接零件，具有连接方便、承受力强等优点。由于用量巨大，适用场合广泛，现已形成国家标准，对其参数进行了固定。因此，在绘制螺纹零件时，一定要注意不要随意设置参数，严格参照相关的国家标准（如 GB/T 6170—2015），按照规范的参数进行绘制。

M10 螺母的绘制过程分为两步：对于主视图，由多边形和圆构成，可直接进行绘制；对于俯视图，则需要先利用其与主视图的投影对应关系进行定位与绘制，再利用"修剪"命令完成细节处理，最后使用"镜像"命令完成俯视图另一半的绘制，如图 5-57 所示。操作步骤如下。

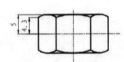

图 5-57　绘制 M10 螺母

（1）设置绘图环境。单击"快速访问"工具栏中的"新建"按钮□，新建一个名称为"M10 螺母.dwg"的文件。

① 用 LIMITS 命令设置图幅：297×210。

② 单击"默认"选项卡"图层"面板中的"图层特性"按钮，创建"CSX""XSX"和"XDHX"图层。其中，"CSX"图层的线型为实线，线宽为 0.30mm，其他保持默认设置；"XDHX"图层的线型为 CENTER，线宽为 0.09mm。

（2）绘制中心线。将"XDHX"图层设置为当前图层，单击"默认"选项卡的"绘图"面板中的"直线"按钮，绘制主视图的中心线，即直线{(100,200),(250,200)}和直线{(173,100),(173,300)}。利用"偏移"命令，将水平中心线向下偏移 30，以绘制俯视图中心线。

（3）将"CSX"图层设置为当前图层，绘制螺母主视图。

① 绘制内外圆环。单击"默认"选项卡的"绘图"面板中的"圆"按钮，在绘图窗口中绘制两个圆，圆心为(173,200)，半径分别为 4.5 和 8。

② 绘制正六边形。单击"默认"选项卡的"绘图"面板中的"多边形"按钮，以点(173,200)为中心点，绘制内切圆半径为 8 的正六边形，命令行提示与操作如下。结果如图 5-58 所示。

命令: _polygon

输入侧面数 <4>: 6↙

指定正多边形的中心点或 [边(E)]: 173,200↙

输入选项 [内接于圆(I)/外切于圆(C)] <I>: C↙（选择外切于圆）

指定圆的半径: 8↙（输入外切圆的半径）

（4）绘制螺母俯视图。

① 绘制竖直参考线。单击"默认"选项卡"绘图"面板中的"直线"按钮 ╱，如图 5-59 所示，通过点 1、2、3、4 绘制竖直参考线。

② 绘制螺母顶面线。单击"默认"选项卡"绘图"面板中的"直线"按钮 ╱，绘制直线 {(160,175),(180,175)}，结果如图 5-60 所示。

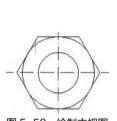

图 5-58　绘制主视图

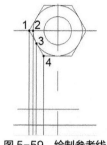

图 5-59　绘制参考线

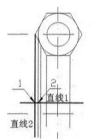

图 5-60　绘制顶面线

③ 倒角处理。单击"默认"选项卡中"修改"面板的"倒角"按钮 ╱，选择直线 1 和直线 2 进行倒角处理，倒角距离为点 1 和点 2 之间的距离，角度为 30°。命令行提示与操作如下。结果如图 5-61 所示。

```
命令: _chamfer
当前倒角距离 1=0.0000，距离 2 =0.0000
选择第一条直线或 [放弃(U)/多段线(P)/距离(D)/角度(A)/修剪(T)/方式(E)/多个(M)]: A↙
指定第一条直线的倒角长度 <0.0000>:（捕捉点 1）
指定第二点:（捕捉点 2）（点 1 和点 2 之间的距离作为直线的倒角长度）
指定第一条直线的倒角角度 <0>: 30↙
选择第一条直线或 [放弃(U)/多段线(P)/距离(D)/角度(A)/修剪(T)/方式(E)/多个(M)]:（直线 1）
选择第二条直线，或按住 Shift 键选择直线以应用角点或 [距离(D)/角度(A)/方法(M)]:（直线 2）
```

 注 意

　　对于在长度和角度模式下进行"倒角"操作时除了可以直接输入数值来指定倒角长度外，还可以使用"对象捕捉"功能通过捕捉两个点之间的距离来确定倒角长度。例如，在本例中，将捕捉点 1 和点 2 之间的距离作为倒角长度。这种方法在某些无法测量或事先未知倒角距离的情况下特别适用。

④ 绘制辅助线。单击"默认"选项卡"绘图"面板中的"直线"按钮 ╱，通过步骤③倒角的左端顶点绘制一条水平直线，结果如图 5-62 所示。

⑤ 绘制圆弧。单击"默认"选项卡"绘图"面板中的"圆弧"按钮 ╱，分别通过点 1、2、3 和点 3、4、5 绘制圆弧，结果如图 5-63 所示。

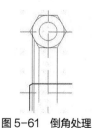

图 5-61　倒角处理

图 5-62　绘制辅助线

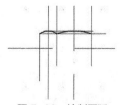

图 5-63　绘制圆弧

⑥ 修剪处理。单击"默认"选项卡"修改"面板中的"修剪"按钮 🗶，修剪图形中的多余线段，结果如图 5-64 所示。

⑦ 删除辅助线。单击"默认"选项卡"修改"面板中的"删除"按钮 ✐，或者在命令行中输入 ERASE 后按 Enter 键，命令行提示与操作如下。结果如图 5-65 所示。

命令: _erase
选择对象:（指定删除对象）
选择对象:（可以按 Enter 键结束命令，也可以继续指定删除对象）

⑧ 镜像处理。单击"默认"选项卡的"修改"面板中的"镜像"按钮 ⚠，以相关线条为对称轴进行两次镜像处理，结果如图 5-66 所示。

图 5-64　修剪处理　　　　图 5-65　删除辅助线　　　　图 5-66　镜像处理

⑨ 绘制内螺纹线。将"XSX"图层设置为当前图层，单击"默认"选项卡"绘图"面板中的"圆弧"按钮 ⌒，绘制圆弧，其 3 个点的坐标分别为(173,205)、(168,200)和(178,200)。

⑩ 单击"默认"选项卡"修改"面板中的"打断"按钮 凸，命令行提示与操作如下。使用相同的方法，删除过长的中心线后，得到的最终结果如图 5-57 所示。

命令:_break
选择对象:（选择要打断的过长中心线）
指定第二个打断点或 [第一点(F)]:（指定第二个打断点）

5.1.20　动手练——修剪盘件中心线

扫码看视频

动手练——修剪
盘件中心线

打开"源文件\原始文件\第 5 章\盘件"图形文件，将图 5-67（a）中显示的过长盘件中心线修剪至如图 5-67（b）所示的长度。

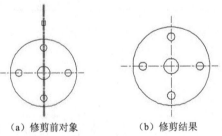

（a）修剪前对象　　　　（b）修剪结果

图 5-67　盘件

 注　意

机械制图相关标准（GB/T 4457.4—2002）中规定，中心线一般超过轮廓线 2～5 毫米。

思路点拨

利用"打断"命令进行修剪。

5.1.21　"分解"命令

【执行方式】

- 命令行：EXPLODE。
- 菜单栏：在菜单栏中选择"修改"→"分解"命令。
- 工具栏：单击"修改"工具栏中的"分解"按钮 🗗。
- 功能区：单击"默认"选项卡"修改"面板中的"分解"按钮 🗗。

【操作步骤】

命令行提示与操作如下。

命令: EXPLODE✓

选择对象:（选择要分解的对象）

选择一个对象后，该对象会被分解。系统继续提示该行信息，允许分解多个对象。

另外，"修改"面板中的"合并"按钮 ➡，可以将直线、圆弧、椭圆弧和样条曲线等独立的对象合并为一个对象。此命令与分解命令作用相反，但操作类似，因此这里不再赘述。

5.1.22　操作实例——绘制圆头平键

扫码看视频

操作实例——绘制
圆头平键

如图 5-68 所示，圆头平键是机械零件中的标准件。尽管其结构非常简单，但在绘制时，一定要遵循《平键 键槽的剖面尺寸》（GB/T 1095—2003）中关于尺寸的相关规定。

本实例中的圆头平键结构很简单。按照以前学习的方法，可以通过"直线"和"圆弧"命令绘制。然而，现在可以使用"倒角"和"圆角"命令取代"直线"和"圆弧"命令来绘制圆头结构这种方法快速且方便。具体操作步骤如下。

（1）新建图层。单击"默认"选项卡中"图层"面板的"图层特性"按钮，创建三个新图层。

① 第一层命名为"粗实线"，线宽属性设置为 0.30mm，其他属性保持默认。

② 第二层命名为"中心线"，颜色为红色，线型为 CENTER，其余属性默认。

图 5-68　绘制圆头平键

③ 第三层命名为"标注"，颜色为绿色，其余属性保持默认。

④ 将线宽显示打开。

（2）绘制中心线。将"中心线"图层设置为当前图层，单击"默认"选项卡"绘图"面板中的"直线"按钮，绘制中心线，端点坐标为{(-5,-21),(@110,0)}。

（3）绘制平键主视图。将"粗实线"图层设置为当前图层，单击"默认"选项卡"绘图"面板中的"矩形"按钮，绘制矩形，两个角点坐标为{(0,0),(@100,11)}。

接着单击"默认"选项卡"绘图"面板中的"直线"按钮，绘制线段，端点坐标为{(0,2),(@100,0)}重复"直线"命令，绘制另一条线段，端点坐标为{(0,9),(@100,0)}。绘制结果如图 5-69 所示。

（4）绘制平键俯视图。单击"默认"选项卡"绘图"面板中的"矩形"按钮，绘制矩形，两角点坐标为{(0,-30),(@100,18)}。然后单击"默认"选项卡"修改"面板中的"偏移"按钮，将绘制的矩形向内偏移 2 个单位绘制结果如图 5-70 所示。

图 5-69　绘制主视图　　　　　　　　　图 5-70　绘制轮廓线

（5）分解矩形。单击"默认"选项卡"修改"面板中的"分解"按钮 🗗，分解矩形。命令行提示与操作如下。

```
命令: _explode
选择对象: ( 框选主视图图形 )
选择对象: ↙
```

这样，主视图中的矩形被分解为 4 条直线。

 思路点拨

"分解"命令可以将矩形分解为线段，以便为下一步的倒角操作做好准备。

（6）倒角处理。单击"默认"选项卡"修改"面板中的"倒角"按钮 /，选择图 5-71 所示的直线绘制倒角，倒角距离为 2，结果如图 5-72 所示。

重复"倒角"命令对其他边倒角，将图形绘制成如图 5-73 所示的样式。

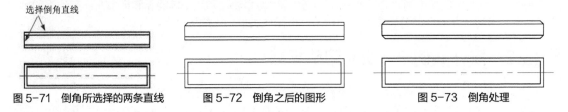

选择倒角直线

图 5-71　倒角所选择的两条直线　　　图 5-72　倒角之后的图形　　　图 5-73　倒角处理

 注 意

倒角需要指定倒角的距离和倒角的对象。如果需要加倒角的两个对象在同一图层，AutoCAD 将在该图层上创建倒角。否则，AutoCAD 将在当前图层上创建倒角线。倒角的颜色、线型和线宽也遵循同样的原则。

（7）圆角处理。单击"默认"选项卡的"修改"面板中的"圆角"按钮 /，对图 5-74 俯视图中的外矩形进行圆角操作，圆角半径设为 9，结果如图 5-75 所示。

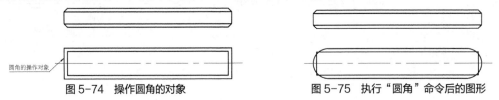

圆角的操作对象

图 5-74　操作圆角的对象　　　　　　　图 5-75　执行"圆角"命令后的图形

重复"圆角"命令，对图 5-74 中的内矩形进行圆角操作，圆角半径设为 7，最终效果如图 5-68 所示。

 注 意

可以为多段线的直线部分添加圆角，这些直线可以是相邻的、不相邻的、相交的或者被其他线段隔开的。如果多段线的线段不相邻，则会进行延伸以适应圆角；如果它们是相交的，则会进行修剪以适应圆角。当图形界限检查功能开启时，要创建圆角，多段线的线段必须在图形界限内收敛，最终生成包含圆角（作为弧线段）的单个多段线。新生成的多段线将继承所选第一条多段线的所有特性（如图层、颜色和线型）。

5.1.23　动手练——绘制槽轮

绘制图 5-76 所示的槽轮。

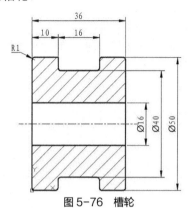

扫码看视频

动手练——绘制
槽轮

图 5-76　槽轮

 思路点拨

（1）利用"直线"和"矩形"命令绘制基本形状。
（2）利用"分解"和"偏移"命令复制图线。
（3）利用"修剪"和"圆角"命令进行完善。
（4）利用"图案填充"命令完成绘制。

5.2　改变位置类命令

改变位置类命令的功能是按照指定要求改变当前图形或图形某部分的位置，主要包括移动、旋转和缩放等命令。

5.2.1　"移动"命令

【执行方式】

▼　命令行：MOVE。
▼　菜单栏：选择菜单栏中的"修改"→"移动"命令。
▼　工具栏：单击"修改"工具栏中的"移动"按钮✛。
▼　功能区：单击"默认"选项卡"修改"面板中的"移动"按钮✛。
▼　快捷菜单：选择要移动的对象，在绘图区右击，在弹出的快捷菜单中选择"移动"命令。

【操作步骤】

命令行提示与操作如下。

命令:MOVE↙
选择对象:（用前面介绍的对象选择方法选择要移动的对象，按 Enter 键结束选择）
指定基点或<位移>:（指定基点或位移）
指定第二个点或 <使用第一个点作为位移>:

5.2.2 操作实例——绘制扳手

扫码看视频

操作实例——
绘制扳手

绘制图 5-77 所示的扳手。操作步骤如下。

（1）单击"默认"选项卡"绘图"面板中的"矩形"按钮 ▭，绘制一个长度为 50、宽度为 10 的矩形。

（2）单击"默认"选项卡"绘图"面板中的"圆"按钮 ⊙，以矩形短边的中心为圆心，绘制一个半径为 10 的圆。

（3）单击"默认"选项卡"绘图"面板中的"多边形"按钮 ⬠，以竖直直线中心点为正多边形的中心点，绘制一个正六边形，如图 5-78 所示。

（4）单击"默认"选项卡"修改"面板中的"镜像"按钮 ⚠，将绘制的多边形和圆进行镜像操作，如图 5-79 所示。

图 5-77 绘制扳手　　　　图 5-78 绘制多边形　　　　图 5-79 镜像图形

（5）单击状态栏中的"极轴追踪"按钮 ∠，选择"正在追踪设置"选项，❶打开如图 5-80 所示的"草图设置"对话框，❷勾选"极轴追踪"选项卡中的❸"启用极轴追踪"复选框，❹将"增量角"设置为 45。然后，单击"默认"选项卡"绘图"面板中的"直线"按钮 ╱，绘制两条斜向直线。

（6）单击"默认"选项卡"修改"面板中的"移动"按钮 ✛，移动多边形，如图 5-81 所示。命令行提示与操作如下。

```
命令: _move
选择对象: （选择多边形）
选择对象: ↙
指定基点或 [位移(D)] <位移>: （以斜向直线的起点为基点）
指定第二个点或 <使用第一个点作为位移>: （以斜向直线和大圆的交点为第二点）
```

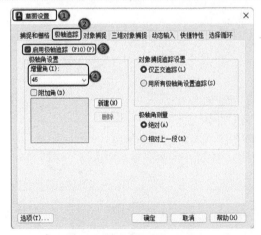

图 5-80 "草图设置"对话框

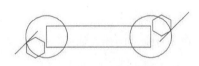

图 5-81 移动多边形

（7）单击"默认"选项卡中"修改"面板的"删除"按钮 ⌫，删除两条斜向直线删除。

（8）修剪对象。单击"默认"选项卡中"修改"面板的"修剪"按钮 ✂，修剪多余的多边形和圆，结果如图 5-77 所示。命令行提示与操作如下。

命令:_trim

当前设置:投影=UCS，边=无

选择剪切边

选择对象或 <全部选择>：（直接单击键盘上的 Enter 键）

选择要修剪的对象或按住 Shift 键选择要延伸的对象，或者[栏选(F)/窗交(C)/投影(P)/边(E)/删除(R)]：（选择多余的多边形和圆）

5.2.3　动手练——绘制耦合器

绘制如图 5-82 所示的耦合器。

扫码看视频

动手练——绘制
耦合器

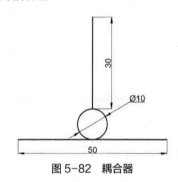

图 5-82　耦合器

 思路点拨

（1）使用"圆"和"直线"命令绘制基本图形。

（2）使用"移动"命令完成绘制。

5.2.4　"旋转"命令

【执行方式】

▼ 命令行：ROTATE。

▼ 菜单栏：选择菜单栏中的"修改"→"旋转"命令。

▼ 工具栏：单击"修改"工具栏中的"旋转"按钮 ⟳。

▼ 功能区：单击"默认"选项卡的"修改"面板中的"旋转"按钮 ⟳。

▼ 快捷菜单：选择要旋转的对象，在绘图区右键单击，在弹出的快捷菜单中选择"旋转"命令。

【操作步骤】

命令行提示与操作如下。

命令:ROTATE↙

UCS 当前的正角方向：ANGDIR=逆时针　ANGBASE=0

选择对象：（选择要旋转的对象）

指定基点：（指定旋转基点，在对象内部指定一个坐标点）

指定旋转角度，或 [复制(C)/参照(R)] <0>：（指定旋转角度或其他选项）

【选项说明】

（1）复制(C)：选择该选项时，在旋转对象的同时，保留原对象，如图 5-83 所示。

（2）参照(R)：采用参照方式旋转对象时，系统的提示与操作如下。

图 5-83　复制旋转

指定参照角 <0>:（指定要参考的角度，默认值为 0）

指定新角度或[点(P)]:（输入旋转后的角度值）

操作完成后，对象被旋转到指定的角度。

5.2.5　操作实例——绘制压紧螺母

绘制图 5-84 所示的压紧螺母。操作步骤如下。

扫码看视频

操作实例——绘制
压紧螺母

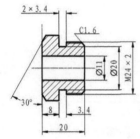
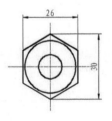

图 5-84　压紧螺母

1. 创建图层

创建如下图层。

（1）中心线：颜色为红色，线型为 CENTER，线宽为 0.15mm。

（2）粗实线：颜色为白色，线型为 Continuous，线宽为 0.30 mm。

（3）细实线：颜色为白色，线型为 Continuous，线宽为 0.15 mm。

（4）尺寸标注：颜色为白色，线型为 Continuous，线宽为默认。

（5）文字说明：颜色为白色，线型为 Continuous，线宽为默认。

2. 绘制左视图

（1）绘制中心线

将"中心线"图层设定为当前图层。单击"默认"选项卡"绘图"面板中的"直线"按钮，以坐标点{(150,150),(190,150)}、{(170,170),(170,130)}绘制中心线，并将线型比例修改为 0.5。结果如图 5-85 所示。

（2）绘制多边形

将"粗实线"图层设定为当前图层。关闭状态栏上的"线宽"按钮，单击"默认"选项卡"绘图"面板中的"多边形"按钮，绘制正六边形。接着，单击"默认"选项卡"修改"面板中的"旋转"按钮，将绘制的正六边形旋转 90。命令行提示与操作如下。

命令: _polygon

输入侧面数 <4>: 6↙

指定正多边形的中心点或 [边(E)]:（选取中心线交点）

输入选项 [内接于圆(I)/外切于圆(C)] <C>: C↙

指定圆的半径: 13↙

命令: _rotate

UCS 当前的正角方向：　ANGDIR=逆时针　ANGBASE=0

选择对象：（选取绘制的正六边形）↙

选择对象：↙

指定基点：（选取中心线交点）

指定旋转角度，或 [复制(C)/参照(R)] <0>: 90↙

结果如图 5-86 所示。

（3）绘制圆

单击"默认"选项卡"绘图"面板中的"圆"按钮 ⊙，以中心线交点为圆心，绘制半径为 13 和 5.5 的圆。结果如图 5-87 所示。

图 5-85　绘制中心线　　　　图 5-86　绘制正六边形　　　　图 5-87　绘制圆

3．绘制主视图

（1）绘制中心线。将"中心线"图层设定为当前图层。单击"默认"选项卡"绘图"面板中的"直线"按钮 ╱，以坐标点{(80,150),(110,150)}和{(85,170),(85,130)}绘制中心线，并将线型比例修改为 0.5。结果如图 5-88 所示。

（2）绘制辅助线。单击"默认"选项卡"绘图"面板中的"直线"按钮 ╱，以图 5-88 中的点 1、2、3 为基准向左侧绘制直线，结果如图 5-89 所示。

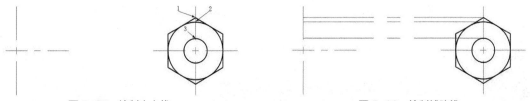

图 5-88　绘制中心线　　　　　　　　　图 5-89　绘制辅助线

（3）绘制图形。将"粗实线"图层设为当前图层。单击"默认"选项卡中"绘图"面板的"直线"按钮 ╱，根据辅助线和尺寸绘制图形。结果如图 5-90 所示。

（4）绘制退刀槽。使用"默认"选项卡中"绘图"面板的"直线"按钮 ╱ 和"默认"选项卡中"修改"面板的"修剪"按钮 ╳，绘制退刀槽。结果如图 5-91 所示。

图 5-90　绘制图形　　　　　　　图 5-91　绘制退刀槽

（5）创建倒角 1。单击"默认"选项卡中的"修改"面板的"倒角"按钮 ╱，以 1.6 为边长创建倒角。结果如图 5-92 所示。

（6）创建倒角 2。打开"极轴追踪"，选择极轴追踪角度为 30，使用"默认"选项卡的"绘图"面板中的"直线"按钮 ╱ 和"默认"选项卡的"修改"面板中的"修剪"按钮 ╳，绘制倒角。结果如图 5-93 所示。

（7）绘制螺纹线。单击"默认"选项卡的"修改"面板中的"偏移"按钮 ⫇，将水平中心线向上偏移，偏移距离为12.5。接着，单击"默认"选项卡的"修改"面板中的"修剪"按钮 ⣶，剪切线段。将剪切后的线段修改为"细实线"图层。结果如图5-94所示。

图5-92　创建倒角　　　　　图5-93　绘制直线　　　　　图5-94　绘制螺纹线

（8）镜像图形。单击"默认"选项卡中"修改"面板里的"镜像"按钮 ⚠，将已绘制好的一半图形镜像到另一侧。结果如图5-95所示。

（9）绘制剖面线。将"细实线"图层设定为当前图层。单击"默认"选项卡中"绘图"面板里的"图案填充"按钮 ▨，设置填充图案为"ANST31"，图案填充角度为0，填充图案比例为1。结果如图5-96所示。

图5-95　镜像图形　　　　　　　　　图5-96　压紧螺母图案填充

扫码看视频

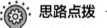
动手练——绘制挡圈

（10）删除多余的辅助线。最后，打开状态栏上的"线宽"按钮 ▤，最终结果如图5-84所示。

5.2.6　动手练——绘制挡圈

绘制如图5-97所示的挡圈。

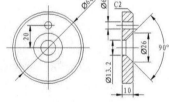

图5-97　挡圈

💡 **思路点拨**

（1）利用"直线"和"圆"命令绘制轴线和主视图。
（2）利用"直线"和"倒角"命令绘制左视图外形。
（3）利用"直线"和"旋转"命令绘制左视图内部线条。
（4）利用"修剪"和"图案填充"命令完成绘制。

5.2.7　"缩放"命令

【执行方式】

☑ 命令行：SCALE。

☑ 菜单栏：选择菜单栏中的"修改"→"缩放"命令。

☑ 工具栏：单击"修改"工具栏中的"缩放"按钮 🔲。

☑ 功能区：单击"默认"选项卡"修改"面板中的"缩放"按钮 🔲。

☑ 快捷菜单：选择要缩放的对象，在绘图区右击，在弹出的快捷菜单中选择"缩放"命令。

【操作步骤】

命令行提示与操作如下。

命令:SCALE↙
选择对象:（选择要缩放的对象）
选择对象:↙
指定基点:（指定缩放基点）
指定比例因子或 [复制(C)/参照(R)]:

【选项说明】

指定参照长度 <1>:（指定参考长度值）
指定新的长度或 [点(P)] <1.0000>:（指定新长度值）

若新长度值大于参考长度值，则放大对象；否则，缩小对象。操作完毕后，系统会按照指定的基点和按指定的比例因子缩放对象。如果选择"点(P)"选项，则指定两点来定义新的长度。

（1）指定比例因子：选择对象并指定基点后，从基点到当前光标位置会出现一条线段，线段的长度即为比例因子。鼠标选择的对象会随着该线段长度的变化动态缩放。按下 Enter 键以确认缩放操作。

（2）复制(C)：选择该选项时，可以复制缩放对象，即在缩放对象的同时，保留原对象，如图 5-98 所示。

图 5-98　复制缩放

（3）参照(R)：在使用参考方向缩放对象时，命令行会提示进行接下来的操作。

5.2.8　操作实例——绘制垫片

绘制如图 5-99 所示的垫片，其操作步骤如下。

（1）新建两个图层，分别命名为"中心线"和"粗实线"图层。各个图层的属性如图 5-100 所示。

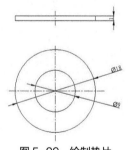

图 5-99　绘制垫片

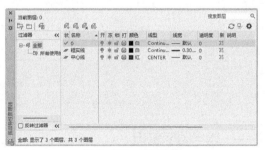

图 5-100　图层属性

扫码看视频

操作实例——
绘制垫片

（2）将"中心线"图层设置为当前图层。单击"默认"选项卡中"绘图"面板的"直线"按钮，绘制十字交叉的辅助线，其中水平直线和垂直直线的长度分别为 24 和 30。

（3）将"粗实线"图层设置为当前图层。单击"默认"选项卡中"绘图"面板的"圆"按钮，绘制半径为 9 的圆，结果如图 5-101 所示。

（4）单击"默认"选项卡中"修改"面板的"缩放"按钮，指定缩放比例为 0.5，对圆进行缩放，结果如图 5-102 所示。命令行提示与操作如下。

命令: _scale
选择对象:（选择圆）

选择对象: ↙

指定基点:（水平直线和竖直直线的交点）

指定比例因子或 [复制(C)/参照(R)]: C↙

缩放一组选定对象。

指定比例因子或 [复制(C)/参照(R)]: 0.5↙（指定缩放的比例）

（5）单击"默认"选项卡中"绘图"面板的"矩形"按钮 ▭，以竖直线的起点为矩形的第一个角点，绘制一个长度为 18、宽度为 1 的矩形。

（6）单击"默认"选项卡"修改"面板中的"移动"按钮 ✛，将矩形向左下侧移动，结果如图 5-103 所示。命令行提示与操作如下。

命令: _move

指定基点或 [位移(D)] <位移>:（指定绘图区的一点为基点）

指定第二个点或 <使用第一个点作为位移>: @-9,-0.4↙（输入相对偏移量）

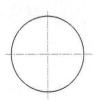

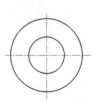

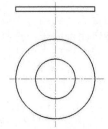

图 5-101　绘制圆　　　　图 5-102　缩放圆　　　　图 5-103　移动矩形

（7）单击"默认"选项卡中"修改"面板的"打断"按钮 ▯，选择垂直直线，对垂直中心线进行打断操作，将其一分为二，如图 5-99 所示。命令行提示与操作如下。

命令: _break

选择对象:（选择竖直直线）

指定第二个打断点或 [第一点(F)]: F↙

指定第一个打断点: from ↙

基点:（选择竖直直线的起点）

<偏移>: @0,24↙

指定第二个打断点: @0,4.4↙

5.2.9　动手练——绘制装饰盘

扫码看视频

动手练——绘制
装饰盘

绘制如图 5-104 中展示的装饰盘。

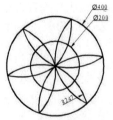

图 5-104　装饰盘

思路点拨

（1）利用"圆弧"和"圆"命令绘制基本图形。
（2）利用"镜像"和"阵列"命令绘制花瓣状图形单元。
（3）利用"缩放"命令绘制内部圆。

扫码看视频

综合演练——
手压阀阀体

5.3 综合演练——绘制手压阀阀体

手压阀阀体平面图的绘制分为三部分：主视图、左视图、俯视图。对于主视图，可以利用直线、圆、偏移、旋转等命令进行绘制；而对于左视图和俯视图，则需要利用它们与主视图的投影对应关系进行定位和绘制，如图 5-105 所示。操作步骤如下。

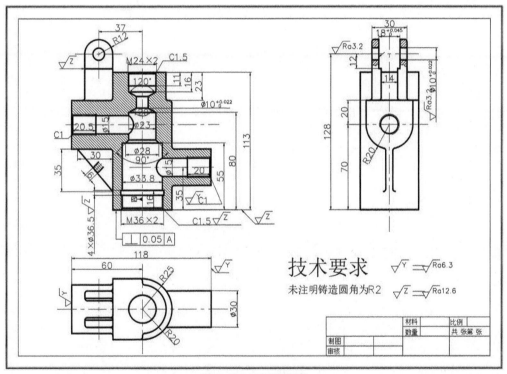

图 5-105 手压阀阀体

5.3.1 配置绘图环境

（1）创建新文件

启动 AutoCAD 2024 应用程序，打开随书电子资料中的"\源文件\原始文件\第 5 章\A3 样板图.dwg"，将其另存为"阀体.dwg"。

（2）创建图层

5.3.2 绘制主视图

（1）绘制中心线

将"中心线"图层设定为当前图层。单击"默认"选项卡的"绘图"面板中的"直线"按钮 ，

以坐标点 {(50,200),(180,200)}、{(115,275),(115,125)}、{(58,258),(98,258)}、{(78,278),(78,238)} 绘制中心线，修改线型比例为 0.5。结果如图 5-106 所示。

（2）偏移中心线

单击"默认"选项卡"修改"面板中的"偏移"按钮 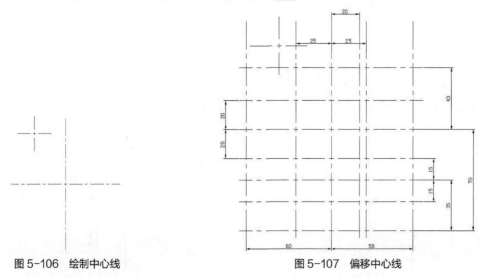，将中心线偏移。结果如图 5-107 所示。

图 5-106 绘制中心线

图 5-107 偏移中心线

（3）修剪图形

单击"默认"选项卡中"修改"面板的"修剪"按钮，对图形进行修剪，并将修剪后的图形修改为"粗实线"图层。结果如图 5-108 所示。

（4）创建圆角

单击"默认"选项卡中"修改"面板的"圆角"按钮，创建半径为 2 的圆角。结果如图 5-109 所示。

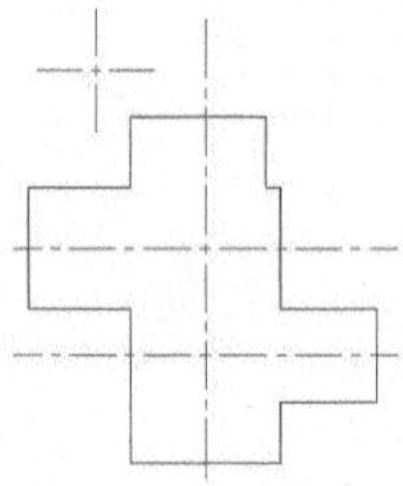

图 5-108 修剪图形

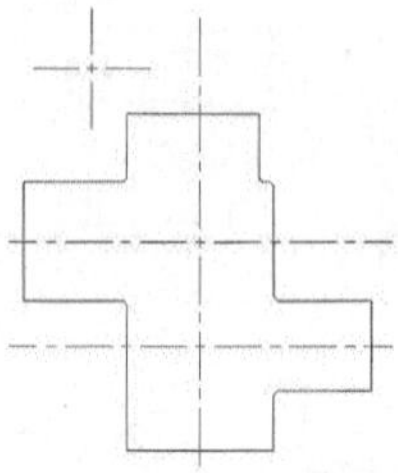

图 5-109 创建圆角

（5）绘制圆

将"粗实线"图层设置为当前图层。单击"默认"选项卡的"绘图"面板中的"圆"按钮，以中心线交点为圆心，绘制半径为 5 和 12 的圆。结果如图 5-110 所示。

（6）绘制直线

单击"默认"选项卡的"绘图"面板中的"直线"按钮，绘制与圆相切的直线。结果如图 5-111 所示。

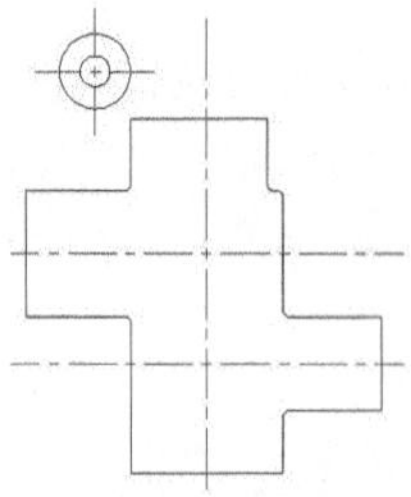

图 5-110 绘制圆

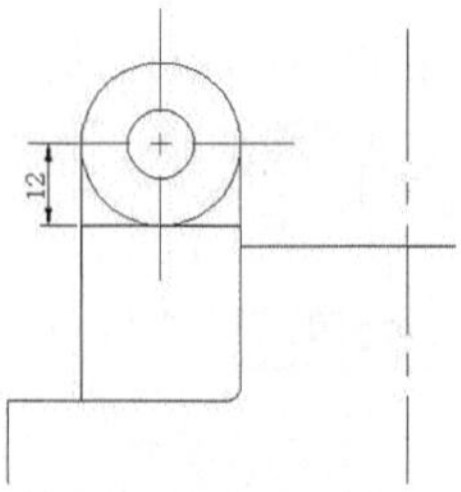

图 5-111 绘制切线

（7）剪切图形

单击"默认"选项卡的"修改"面板中的"修剪"按钮，进行图形剪切，结果如图 5-112 所示。

（8）创建圆角

单击"默认"选项卡的"修改"面板中的"圆角"按钮，创建半径为 2 的圆角。接着，单击"默认"选项卡的"绘图"面板中的"直线"按钮，将缺失的图形补全，结果如图 5-113 所示。

（9）创建水平孔

① 单击"默认"选项卡的"修改"面板中的"偏移"按钮，将水平中心线向两侧偏移，偏移距离为 7.5，结果如图 5-114 所示。

② 单击"默认"选项卡的"修改"面板中的"修剪"按钮，修剪图形，并将剪切后的图形图层修改为"粗实线"，结果如图 5-115 所示。

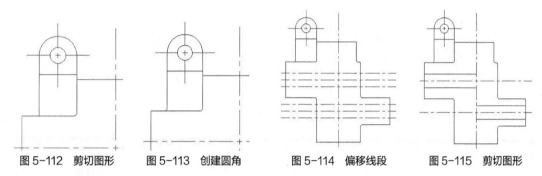

图 5-112　剪切图形　　图 5-113　创建圆角　　图 5-114　偏移线段　　图 5-115　剪切图形

（10）创建竖直孔

① 单击"默认"选项卡"修改"面板中的"偏移"按钮，将竖直中心线向两侧偏移，结果如图 5-116 所示。

② 单击"默认"选项卡"修改"面板中的"偏移"按钮，将底部水平线向上偏移，结果如图 5-117 所示。

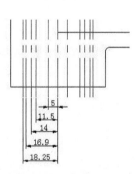

图 5-116　偏移线段

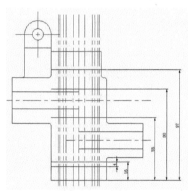

图 5-117　偏移线段

③ 单击"默认"选项卡"修改"面板中的"修剪"按钮，修剪图形，并将剪切后的图形修改图层为"粗实线"。结果如图 5-118 所示。

④ 将"粗实线"图层设定为当前图层。单击"默认"选项卡"绘图"面板中的"直线"按钮，绘制线段，然后单击"默认"选项卡"修改"面板中的"修剪"按钮，修剪图形。结果如图 5-119 所示。

（11）绘制螺纹线

① 单击"默认"选项卡"修改"面板中的"偏移"按钮，偏移线段。结果如图 5-120 所示。

② 单击"默认"选项卡"修改"面板中的"修剪"按钮，剪切图形，并将剪切后的图形修改图层为"细实线"。结果如图 5-121 所示。

（12）创建倒角

① 单击"默认"选项卡"修改"面板中的"偏移"按钮，偏移线段。结果如图 5-122 所示。

② 单击"默认"选项卡"绘图"面板中的"直线"按钮，绘制线段，然后单击"默认"选

项卡"修改"面板中的"修剪"按钮，剪切图形。结果如图 5-123 所示。

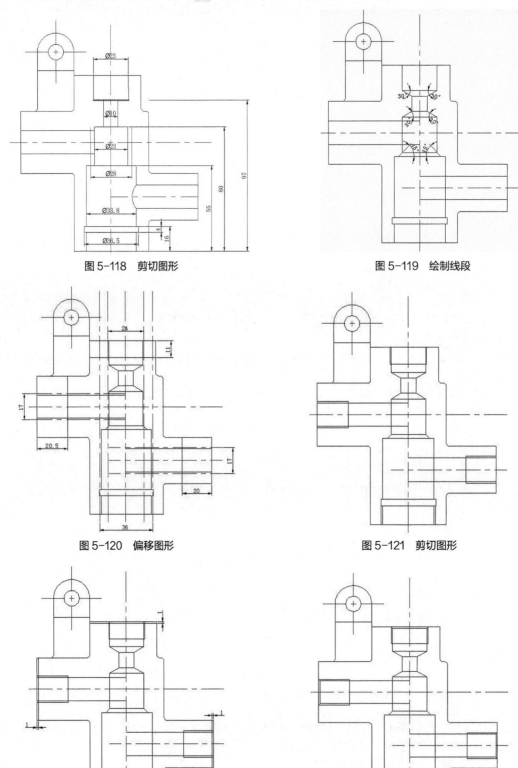

图 5-118　剪切图形　　　　　　　　　　　图 5-119　绘制线段

图 5-120　偏移图形　　　　　　　　　　　图 5-121　剪切图形

图 5-122　偏移图形　　　　　　　　　　　图 5-123　剪切图形

（13）创建孔之间的连接线

单击"默认"选项卡"绘图"面板中的"圆弧"按钮，创建圆弧。然后，单击"默认"选项卡"修改"面板中的"修剪"按钮，剪切图形，结果如图 5-124 所示。

（14）创建加强筋

① 单击"默认"选项卡"修改"面板中的"偏移"按钮，偏移中心线，结果如图 5-125 所示。

② 单击"默认"选项卡"绘图"面板中的"直线"按钮，连接线段的交点，并删除多余的辅助线，结果如图 5-126 所示。

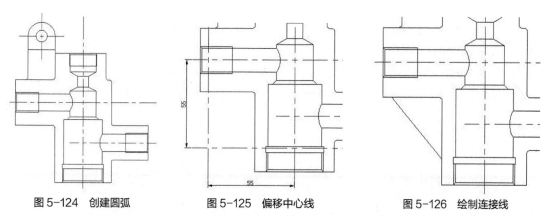

图 5-124　创建圆弧　　　　图 5-125　偏移中心线　　　　图 5-126　绘制连接线

③ 单击"默认"选项卡"绘图"面板中的"直线"按钮，绘制一条与上一步绘制的直线相垂直的线段，并将该线段图层修改为"中心线"，结果如图 5-127 所示。

④ 单击"默认"选项卡"修改"面板中的"偏移"按钮，对线段进行偏移，结果如图 5-128 所示。

⑤ 单击"默认"选项卡"修改"面板中的"修剪"按钮，剪切图形，并将剪切后的图形的图层修改为"粗实线"，结果如图 5-129 所示。

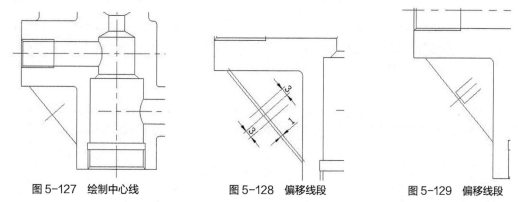

图 5-127　绘制中心线　　　　图 5-128　偏移线段　　　　图 5-129　偏移线段

⑥ 单击"默认"选项卡"修改"面板中的"圆角"按钮，创建半径为 2 的圆角。然后单击"默认"选项卡"修改"面板中的"移动"按钮，将绘制好的加强筋重合剖面图移动到指定位置，结果如图 5-130 所示。

⑦ 单击"默认"选项卡"绘图"面板中的"直线"按钮，绘制辅助线，结果如图 5-131 所示。

（15）绘制剖面线

将"细实线"图层设定为当前图层。单击"默认"选项卡"绘图"面板中的"图案填充"按钮，系统将弹出"图案填充创建"选项卡。单击"图案"面板中的"图案填充图案"按钮，选择填充图案为"ANSI31"图案，设置图案填充角度为 90，填充图案比例为 0.5。在图形中选取填充范围，绘制剖面线，最终完成主视图的绘制，效果如图 5-132 所示。

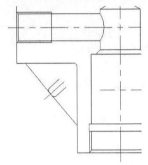

图 5-130　加强筋重合剖面图

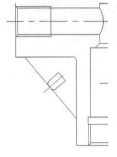

图 5-131　绘制辅助线

（16）删除辅助线

删除辅助线后，结果如图 5-133 所示。

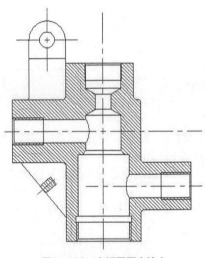

图 5-132　主视图图案填充

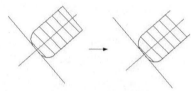

图 5-133　删除辅助线

5.3.3　绘制左视图

（1）绘制中心线

将"中心线"图层设置为当前图层。单击"默认"选项卡的"绘图"面板中的"直线"按钮，首先在如图 5-134 所示的中心线的延长线上绘制一段中心线，然后绘制相互垂直的中心线，结果如图 5-135 所示。

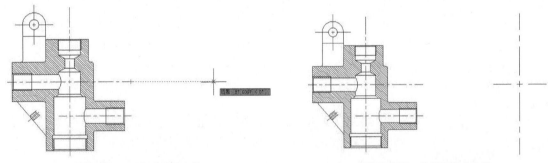

图 5-134　延长水平中心线

图 5-135　绘制垂直中心线

（2）偏移中心线

单击"默认"选项卡中"修改"面板的"偏移"按钮，将绘制的中心线向两侧偏移，结果如图 5-136 所示。

（3）剪切图形

单击"默认"选项卡中"修改"面板的"修剪"按钮，剪切图形，并将剪切后的图形图层修改为"粗实线"。结果如图 5-137 所示。

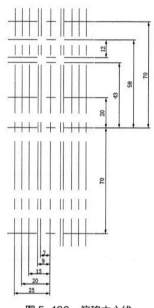

图 5-136　偏移中心线

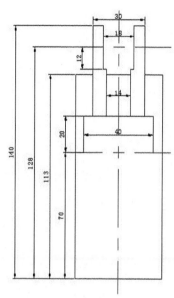

图 5-137　剪切图形

（4）创建圆

将"粗实线"图层设定为当前图层。单击"默认"选项卡"绘图"面板中的"圆"按钮，创建半径为 7.5、8.5 和 20 的圆。然后将半径为 8.5 的圆的图层修改为"细实线"，结果如图 5-138 所示。

（5）旋转中心线

单击"默认"选项卡"修改"面板中的"旋转"按钮，将中心线旋转。命令行提示与操作如下。结果如图 5-139 所示。

```
命令: _rotate
UCS 当前的正角方向:  ANGDIR=逆时针  ANGBASE=0
选择对象: 找到 1 个
选择对象: 找到 1 个，总计 2 个（选取两条中心线）
选择对象: ↙
指定基点:（选取中心线交点）
指定旋转角度，或 [复制(C)/参照(R)] <0>:  C↙
旋转一组选定对象。
指定旋转角度，或 [复制(C)/参照(R)] <0>:  15↙
```

（6）修剪图形

单击"默认"选项卡"修改"面板中的"修剪"按钮，剪切图形，并将多余的中心线删除，结果如图 5-140 所示。

（7）偏移中心线

单击"默认"选项卡"修改"面板中的"偏移"按钮，将绘制的中心线向两侧偏移，结果如图 5-141 所示。

（8）剪切图形

单击"默认"选项卡"修改"面板中的"修剪"按钮，剪切图形，并将剪切后的图形图层修改为"粗实线"，结果如图 5-142 所示。

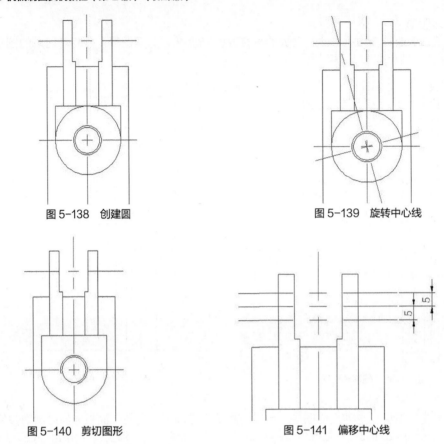

图 5-138　创建圆　　　　　　　　　图 5-139　旋转中心线

图 5-140　剪切图形　　　　　　　　图 5-141　偏移中心线

（9）偏移中心线

单击"默认"选项卡"修改"面板中的"偏移"按钮 ⊏，将中心线偏移，结果如图 5-143 所示。

（10）剪切图形

单击"默认"选项卡"修改"面板中的"修剪"按钮 ⅓，剪切图形，并将剪切后的图形图层修改为"粗实线"。结果如图 5-144 所示。

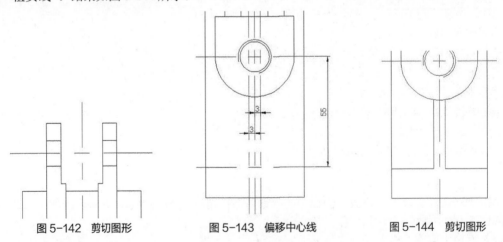

图 5-142　剪切图形　　　　图 5-143　偏移中心线　　　　图 5-144　剪切图形

（11）创建圆角

单击"默认"选项卡中"修改"面板的"圆角"按钮 ⌐，创建半径为 2 的圆角。然后单击"默认"选项卡中"绘图"面板的"直线"按钮 ╱，补全缺失的图形，结果如图 5-145 所示。

（12）绘制局部剖切线

单击"默认"选项卡中"绘图"面板的"样条曲线拟合"按钮 ∿，绘制局部剖切线。结果如

图 5-146 所示。

（13）绘制剖面线

　　将"细实线"图层设置为当前图层。单击"默认"选项卡中"绘图"面板的"图案填充"按钮，弹出"图案填充创建"选项卡。单击"图案"面板中的"图案填充图案"按钮，选择填充图案为"ANSI31"，设置图案填充角度为 0，填充图案比例为 0.5。在图形中选择填充范围，绘制剖面线，最终完成左视图的绘制，效果如图 5-147 所示。

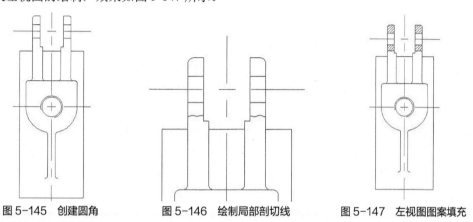

图 5-145　创建圆角　　　　图 5-146　绘制局部剖切线　　　　图 5-147　左视图图案填充

5.3.4　绘制俯视图

（1）绘制中心线

　　将"中心线"图层设置为当前图层。单击"默认"选项卡"绘图"面板中的"直线"按钮，首先在如图 5-148 所示的中心线延长线上绘制一段中心线，然后绘制与其垂直的中心线，结果如图 5-149 所示。

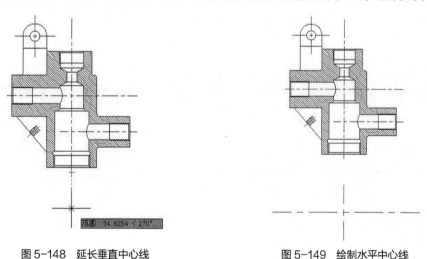

范围: 34.8254 < 270°

图 5-148　延长垂直中心线　　　　　　　图 5-149　绘制水平中心线

（2）偏移中心线

　　单击"默认"选项卡中"修改"面板的"偏移"按钮，将中心线向两侧偏移，结果如图 5-150 所示。

（3）剪切图形

　　单击"默认"选项卡中"修改"面板的"修剪"按钮，剪切图形，并将剪切后的图形图层修改为"粗实线"。结果如图 5-151 所示。

（4）创建圆

　　将"粗实线"图层设定为当前图层。单击"默认"选项卡中"绘图"面板的"圆"按钮，创建半径为 11.5、12、20 和 25 的圆，并将半径为 12 的圆的图层修改为"细实线"，结果如图 5-152 所示。

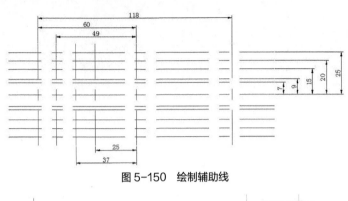

图 5-150 绘制辅助线

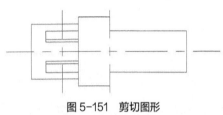

图 5-151 剪切图形

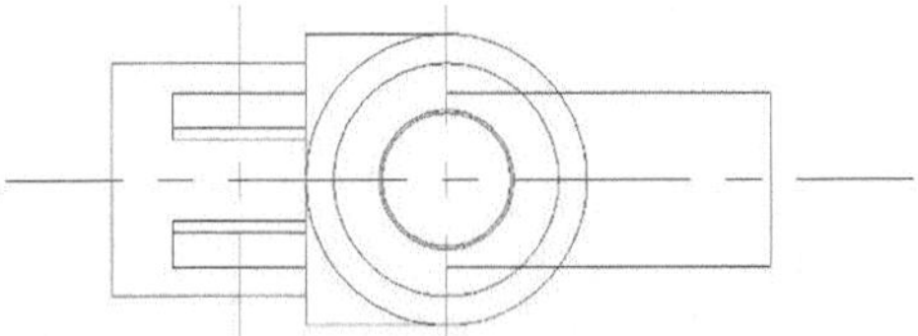

图 5-152 创建圆

（5）旋转中心线

单击"默认"选项卡的"修改"面板中的"旋转"按钮 C，将中心线旋转。命令行提示与操作如下。结果如图 5-153 所示。

```
命令: _rotate
UCS 当前的正角方向: ANGDIR=逆时针   ANGBASE=0
选择对象: 找到 1 个
选择对象: 找到 1 个, 总计 2 个（选取两条中心线）
选择对象: ↙
指定基点:（选取中心线交点）
指定旋转角度, 或 [复制(C)/参照(R)] <0>:  C↙
旋转一组选定对象。
指定旋转角度, 或 [复制(C)/参照(R)] <0>:  15↙
```

（6）修剪图形

单击"默认"选项卡"修改"面板中的"修剪"按钮，剪切图形，并删除多余的中心线，结果如图 5-154 所示。

（7）绘制直线

单击"默认"选项卡"绘图"面板中的"直线"按钮，连接两圆弧的端点，结果如图 5-155 所示。

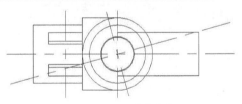

图 5-153 旋转中心线

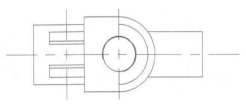

图 5-154 剪切图形

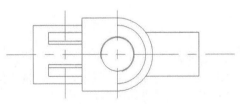

图 5-155 绘制辅助线

（8）创建圆角

单击"默认"选项卡中"修改"面板的"圆角"按钮，设置半径为 2，然后单击"默认"选项卡"绘图"面板中的"直线"按钮 /，将缺失的图形补全，结果如图 5-156 所示。

最终结果如图 5-157 所示。

图 5-156　创建圆角

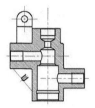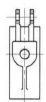

图 5-157　阀体绘制

5.3.5　动手练——绘制深沟球轴承

绘制图 5-158 所示的深沟球轴承。

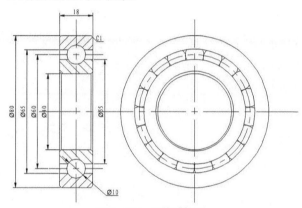

图 5-158　深沟球轴承

扫码看视频

动手练——绘制
深沟球轴承

 思路点拨

（1）首先利用"偏移""修剪"等命令绘制初步轮廓，然后对圆角进行细化处理，再进行镜像操作；最后进行图案填充，完成主视图。

（2）绘制一系列同心圆，然后通过"圆""修剪""阵列"命令绘制滚珠，完成左视图。

5.4　技巧点拨——巧讲绘图

1. 如何用 BREAK 命令在某一点打断对象

执行 BREAK 命令，在提示输入第二点时，可以输入"@"并按 Enter 键，这样即可在第一点打断选定的对象。

2. 怎样用"修剪"命令同时修剪多条线段

竖直线与 4 条平行线相交，现在需要剪切掉竖直线右侧的部分。首先，执行 TRIM 命令，当命令行中显示"选择对象"时，选择直线并按 Enter 键。然后，输入"F"并按 Enter 键。最后，在竖直线右侧画一条直线并按 Enter 键，即可完成修剪。

5.5 上机实验

【练习 1】绘制图 5-159 所示的通气器。

【练习 2】绘制图 5-160 所示的旋钮。

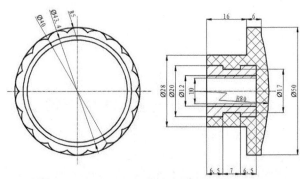

图 5-159　通气器　　　　　图 5-160　旋钮

【练习 3】绘制图 5-161 所示的电磁管压盖螺钉。

【练习 4】创建图 5-162 所示的均布结构。

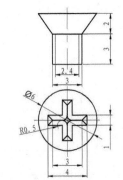
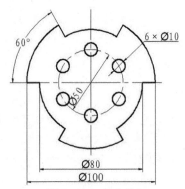

图 5-161　电磁管压盖螺钉　　　　图 5-162　均布结构

【练习 5】绘制图 5-163 所示的轴承座。

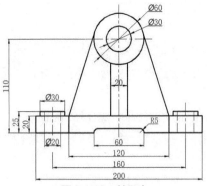

图 5-163　轴承座

第6章

高级绘图和编辑命令

在各种基本绘图和编辑命令的基础上，本章深入讲解 AutoCAD 的高级绘图命令和编辑命令，使读者能够熟练利用 AutoCAD 绘制复杂几何元素，包括多段线和样条曲线，并能够利用相应的对象编辑命令修正图形。

本章教学要求

基本能力： 熟练掌握多段线命令和样条曲线命令的操作方法，了解对象编辑相关功能。
重 难 点： 灵活使用样条曲线命令。

案例效果

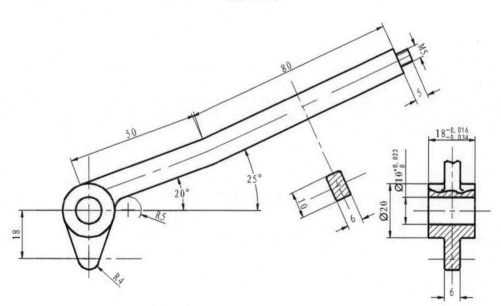

6.1 多段线

多段线是一种由不同线宽的线段和圆弧组合而成的线条。这种线条由于其组合形式的多样性和线宽的变化，弥补了单一直线或圆弧功能的不足，适合绘制各种复杂的图形轮廓，因此得到了广泛的应用。

6.1.1 绘制多段线

【执行方式】

☑ 命令行：PLINE（快捷命令：PL）。
☑ 菜单栏：选择菜单栏中的"绘图"→"多段线"命令。
☑ 工具栏：单击"绘图"工具栏中的"多段线"按钮 ⌐⊃。
☑ 功能区：单击"默认"选项卡"绘图"面板中的"多段线"按钮 ⌐⊃。

【操作步骤】

命令行提示与操作如下。

命令: PLINE↙
指定起点:（指定多段线的起点）
当前线宽为 0.0000
指定下一个点或 [圆弧(A)/半宽(H)/长度(L)/放弃(U)/宽度(W)]:（指定多段线的下一个点）

【选项说明】

多段线主要由连续的不同宽度的线段或圆弧组成。如果在上述提示中选择"圆弧"，则命令行提示与操作如下。

指定圆弧的端点(按住 Ctrl 键以切换方向)或 [角度(A)/圆心(CE)/方向(D)/半宽(H)/直线(L)/半径(R)/第二个点(S)/放弃(U)/宽度(W)]:

绘制圆弧的方法与"圆弧"命令类似。

6.1.2 操作实例——绘制电磁管密封圈

扫码看视频

操作实例——绘制
电磁管密封圈

绘制如图 6-1 所示的电磁管密封圈，操作步骤如下。

（1）新建 3 个图层，分别为"中心线"图层"实体线"图层和"剖面线"图层。其中，"中心线"图层的颜色设置为红色，线型为 CENTER，线宽为默认；"实体线"图层的颜色为白色，线型为 Continuous，线宽为 0.30mm；"剖面线"图层采用软件的默认属性。

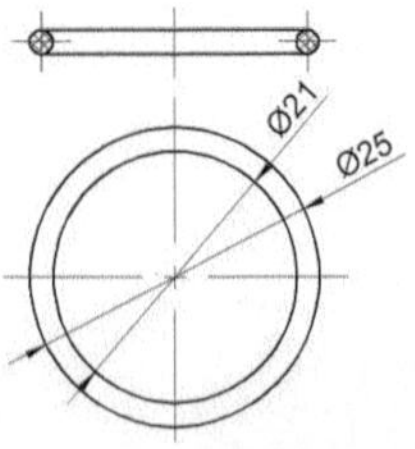

（2）将"中心线"图层设定为当前图层。单击"默认"选项卡中"绘图"面板的"直线"按钮 ╱，绘制长度为 30 的水

图 6-1 电磁管密封圈

平和竖直直线，其交点位于坐标原点。

（3）将"实体线"图层设定为当前图层。单击"默认"选项卡"绘图"面板中的"圆"按钮 ⊙，以十字交叉线的中点为圆心，绘制半径分别为 10.5 和 12.5 的同心圆，结果如图 6-2 所示。

（4）将"中心线"图层设定为当前图层。单击"默认"选项卡"绘图"面板中的"直线"按钮 ╱，

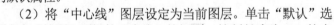

绘制直线，直线的坐标为{(0,16.6),(0,22.6)}、{(-11.5,16.1),(-11.5,22.1)}、{(-14,19.6),(-9,19.6)}、{(11.5,16.1),(11.5,22.1)}、{(14,19.6),(9,19.6)}，如图 6-3 所示。

（5）将"实体线"图层设定为当前图层。单击"默认"选项卡"绘图"面板中的"多段线"按钮 ⌐⌐，绘制多段线，如图 6-4 所示。命令行提示与操作如下。

```
命令: _pline
指定起点: -11.5,18.6↙
当前线宽为 0.0000
指定下一个点或 [圆弧(A)/半宽(H)/长度(L)/放弃(U)/宽度(W)]: 11.5,18.6↙
指定下一点或 [圆弧(A)/闭合(C)/半宽(H)/长度(L)/放弃(U)/宽度(W)]: A↙
指定圆弧的端点(按住 Ctrl 键以切换方向)或[角度(A)/圆心(CE)/闭合(CL)/方向(D)/半宽(H)/直线(L)/半径(R)/第二个点(S)/放弃(U)/宽度(W)]: S↙
指定圆弧上的第二个点: 12.5,19.6↙
指定圆弧的端点: 11.5,20.6↙
指定圆弧的端点(按住 Ctrl 键以切换方向)或[角度(A)/圆心(CE)/闭合(CL)/方向(D)/半宽(H)/直线(L)/半径(R)/第二个点(S)/放弃(U)/宽度(W)]: L↙
指定下一点或 [圆弧(A)/闭合(C)/半宽(H)/长度(L)/放弃(U)/宽度(W)]: -11.5,20.6↙
指定下一点或 [圆弧(A)/闭合(C)/半宽(H)/长度(L)/放弃(U)/宽度(W)]: A↙
指定圆弧的端点(按住 Ctrl 键以切换方向)或[角度(A)/圆心(CE)/闭合(CL)/方向(D)/半宽(H)/直线(L)/半径(R)/第二个点(S)/放弃(U)/宽度(W)]: S↙
指定圆弧上的第二个点: -12.5,19.6↙
指定圆弧的端点(按住 Ctrl 键以切换方向)或[角度(A)/圆心(CE)/闭合(CL)/方向(D)/半宽(H)/直线(L)/半径(R)/第二个点(S)/放弃(U)/宽度(W)]: CL↙
```

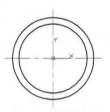

图 6-2　绘制同心圆

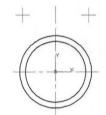

图 6-3　绘制中心线

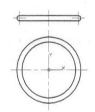

图 6-4　绘制多段线

（6）单击"默认"选项卡中"绘图"面板的"圆弧"按钮 ⌒，绘制半圆弧，如图 6-5 所示。

（7）单击"默认"选项卡中"修改"面板的"镜像"按钮 ⚠，以中间的竖直中心线作为镜像线，对绘制的圆弧进行镜像处理，如图 6-6 所示。

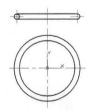

图 6-5　绘制圆弧

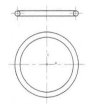

图 6-6　镜像圆弧

（8）将"剖面线"图层设置为当前图层，单击"默认"选项卡中"绘图"面板的"图案填充"按钮 ▦，打开"图案填充创建"选项卡，如图 6-7 所示。选择"ANSI37"图案，填充比例设置为0.2。单击"拾取点"进行填充操作，结果如图 6-1 所示。

图 6-7 "图案填充创建"选项卡

扫码看视频

动手练——绘制
带轮截面

6.1.3　动手练——绘制带轮截面

绘制图 6-8 所示的带轮截面。

思路点拨

利用"多段线"命令完成绘制。

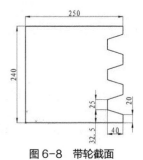

图 6-8　带轮截面

6.1.4　编辑多段线

【执行方式】

▼ 命令行：PEDIT（快捷命令：PE）。

▼ 菜单栏：选择菜单栏中的"修改"→"对象"→"多段线"命令。

▼ 工具栏：单击"修改 II"工具栏中的"编辑多段线"按钮 。

▼ 功能区：单击"默认"选项卡"修改"面板中的"编辑多段线"按钮 。

▼ 快捷菜单：选择要编辑的多段线，在绘图区右击，在弹出的快捷菜单中选择"多段线"→"编辑多段线"命令。

【操作步骤】

命令行提示与操作如下。

命令: PEDIT↙

选择多段线或 [多条(M)]:（选择一条要编辑的多段线）

输入选项 [闭合(C)/合并(J)/宽度(W)/编辑顶点(E)/拟合(F)/样条曲线(S)/非曲线化(D)/线型生成(L)/反转(R)/放弃(U)]:

【选项说明】

"编辑多段线"命令中的选项允许用户进行移动、插入顶点和修改任意两点间的线宽等操作，具体含义如下。

（1）合并(J)：以选中的多段线为主体，合并其他直线段、圆弧或多段线，使其成为一条多段线。能够合并的条件是各段线的端点首尾相连，如图 6-9 所示。

（2）宽度(W)：修改整条多段线的线宽，使其具有统一的线宽，如图 6-10 所示。

（3）拟合(F)：从指定的多段线生成由光滑圆弧连接而成的圆弧拟合曲线，该曲线经过多段线的各个顶点，如图 6-11 所示。

（a）合并前　　　　　　（b）合并后　　　　　　（a）修改前　　　　　　（b）修改后

图 6-9　合并多段线　　　　　　　　　　　图 6-10　修改整条多段线的线宽

（4）样条曲线(S)：以指定的多段线各顶点作为控制点生成 B 样条曲线，如图 6-12 所示。

图 6-11 生成圆弧拟合曲线

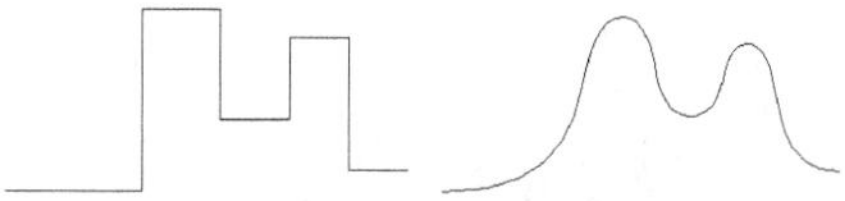

图 6-12 生成 B 样条曲线

（5）线型生成(L)：当多段线的线型为点划线时，控制多段线的线型生成方式的开关。选择此选项后，命令行将提示并进行如下操作。

输入多段线线型生成选项 [开(ON)/关(OFF)] <关>:

选择 ON 时，将在每个顶点处允许以短线开始或结束生成线型，如图 6-13 所示；选择 OFF 时，将在每个顶点处允许以长线开始或结束生成线型。线型生成不能用于包含变宽线段的多段线。如图 6-14 所示，为控制多段线的线型效果。

图 6-13 生成直线

图 6-14 控制多段线的线型（线型为点划线时）

6.2 样条曲线

AutoCAD 可以使用一种特殊的样条曲线，即非均匀有理 B 样条（NURBS）曲线。NURBS 曲线在控制点之间生成一条光滑的样条曲线，如图 6-15 所示。样条曲线可用于创建形状不规则的曲线，例如，用于地理信息系统（GIS）绘图或汽车设计中的轮廓线绘制。

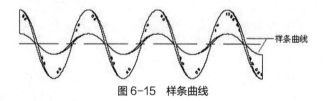

图 6-15 样条曲线

6.2.1 绘制样条曲线

【执行方式】

▼ 命令行：SPLINE。

▼ 菜单栏：选择菜单栏中的"绘图"→"样条曲线"命令。

▼ 工具栏：单击"绘图"工具栏中的"样条曲线"按钮 。

▼ 功能区：单击"默认"选项卡"绘图"面板中的"样条曲线拟合"按钮 或"样条曲线控制点"按钮 。

【操作步骤】

命令行提示与操作如下。

命令: SPLINE↙

当前设置: 方式=拟合 节点=弦

指定第一个点或 [方式(M)/节点(K)/对象(O)]:（指定一点或选择"对象(O)"选项）

输入下一个点或 [起点切向(T)/公差(L)]:（指定第二点）

输入下一个点或 [端点相切(T)/公差(L)/放弃(U)]: （指定第三点）

输入下一个点或 [端点相切(T)/公差(L)/放弃(U)/闭合(C)]:

【选项说明】

（1）对象(O)：将二维或三维的二次或三次样条曲线的拟合多段线转换为等价的样条曲线，然后根据 DelOBJ 系统变量的设置删除该拟合多段线。

（2）起点切向(T)：定义样条曲线的第一点和最后一点的切向。如果在样条曲线的两端都指定切向，可以通过输入一个点或者使用"切点"和"垂足"对象捕捉模式，使样条曲线与已有的对象相切或垂直。如果按 Enter 键，AutoCAD 将计算默认切向。

（3）公差(L)：使用新的公差值将样条曲线重新拟合至现有的拟合点。

（4）闭合(C)：将最后一点定义为与第一点一致，并使其在连接处与样条曲线相切，从而闭合样条曲线。选择该选项后，系统继续提示如下。

指定切向:（指定点或按 Enter 键）

用户可以通过指定一个点来定义切向矢量，或者通过使用"切点"和"垂足"对象捕捉模式，使样条曲线与现有对象相切或垂直。

6.2.2 操作实例——绘制阀杆

扫码看视频

操作实例——
绘制阀杆

绘制图 6-16 所示的阀杆。操作步骤如下。

（1）创建图层

创建"中心线""粗实线""细实线"3 个图层

（2）绘制中心线

将"中心线"图层设定为当前图层。单击"默认"选项卡"绘图"面板中的"直线"按钮 ，以坐标点 {(125,150),(233,150)} 和 {(223,160),(223,140)} 绘制中心线，结果如图 6-17 所示。

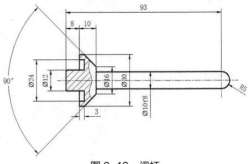

图 6-16 阀杆

（3）绘制直线

将"粗实线"图层设置为当前图层。关闭状态栏上的"线宽"按钮 。单击"默认"选项卡中"绘图"面板的"直线"按钮 ，依次使用以下坐标点绘制线段：{(130,150),(130,156),(138,156),(138,165),(141,165),(148,158),(148,150)}、{(148,155),(223,155)}、{(138,156),(141,156),(141,162),(138,162)}。绘制结果如图 6-18 所示。

图 6-17 绘制中心线　　　　　　　　　　图 6-18 绘制直线

（4）镜像处理

单击"默认"选项卡中"修改"面板的"镜像"按钮 ，以水平中心线为轴进行镜像，命令行提示与操作如下。结果如图 6-19 所示。

命令: _mirror

选择对象:（选择刚绘制的实线）

选择对象:↙

> 指定镜像线的第一点：（在水平中心线上选取一点）
> 指定镜像线的第二点：（在水平中心线上选取另一点）
> 要删除源对象吗？ [是(Y)/否(N)] <否>:↙

（5）绘制圆弧

单击"默认"选项卡"绘图"面板中的"圆弧"按钮，以中心线交点为圆心，以上下水平实线最右端的两个端点为圆弧的两个端点，绘制圆弧，结果如图 6-20 所示。

图 6-19　镜像处理

图 6-20　绘制圆弧

（6）绘制局部剖切线

单击"默认"选项卡"绘图"面板中的"样条曲线拟合"按钮，绘制局部剖切线。命令行提示与操作如下。结果如图 6-21 所示。

> 命令: _SPLINE
> 当前设置: 方式=拟合　　节点=弦
> 指定第一个点或 [方式(M)/节点(K)/对象(O)]: _M
> 输入样条曲线创建方式 [拟合(F)/控制点(CV)] <拟合>: _FIT
> 当前设置: 方式=拟合　　节点=弦
> 指定第一个点或 [方式(M)/节点(K)/对象(O)]:
> 输入下一个点或 [起点切向(T)/公差(L)]:
> 输入下一个点或 [端点相切(T)/公差(L)/放弃(U)]:
> 输入下一个点或 [端点相切(T)/公差(L)/放弃(U)/闭合(C)]:

（7）绘制剖面线

将"细实线"图层设置为当前图层。单击"默认"选项卡的"绘图"面板中的"图案填充"按钮，将填充图案设置为"ANST31"，图案填充角度设置为 0，填充图案比例为 1，并开启状态栏上的"线宽"按钮。结果如图 6-22 所示。

图 6-21　绘制局部剖切线

图 6-22　阀杆图案填充

6.2.3　动手练——绘制螺丝刀

绘制如图 6-23 所示的螺丝刀。

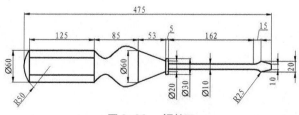

图 6-23　螺丝刀

扫码看视频

动手练——绘制
螺丝刀

💡 **思路点拨**

（1）利用"矩形""直线""圆弧"命令绘制螺丝刀把手。
（2）利用"样条曲线"和"直线"命令绘制螺丝刀中部。
（3）利用"多段线"命令绘制螺丝刀的工作端。

6.3 对象编辑

在编辑图形时，可以对图形对象本身的某些特性进行调整，以便更方便地进行图形绘制。

6.3.1 特性匹配

特性匹配功能可以使目标对象的属性与源对象的属性一致，从而快速修改对象属性，并确保不同对象的属性相同。

【执行方式】

▼ 命令行：MATCHPROP。
▼ 菜单栏：选择菜单栏中的"修改"→"特性匹配"命令。
▼ 工具栏：点击"标准"工具栏中的"特性匹配"按钮🖳。
▼ 功能区：点击"默认"选项卡的"特性"面板中的"特性匹配"按钮🖳。

【操作步骤】

命令行提示与操作如下。

命令: MATCHPROP✓
选择源对象:（选择源对象）
选择目标对象或[设置(S)]:（选择目标对象）

如图 6-24（a）所示，左侧为源对象的圆，右侧为目标对象的矩形。对这两个属性不同的对象进行特性匹配，结果如图 6-24（b）所示。

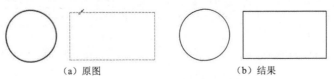

（a）原图   （b）结果

图 6-24 特性匹配

6.3.2 修改对象属性

【执行方式】

▼ 命令行：DDMODIFY 或 PROPERTIES。
▼ 菜单栏：选择菜单栏中的"修改"→"特性"命令，或选择菜单栏中的"工具"→"选项板"→"特性"命令。
▼ 工具栏：单击"标准"工具栏中的"特性"按钮🖳。
▼ 功能区：单击"视图"选项卡中"选项板"面板的"特性"按钮🖳或单击"默认"选项卡

"特性"面板中的"对话框启动器"按钮 ⌐。

⬝ 快捷键：Ctrl+1。

6.3.3　操作实例——绘制彩色蜡烛

绘制图 6-25 所示的彩色蜡烛，操作步骤如下。

（1）单击"默认"选项卡"绘图"面板中的"矩形"按钮 ⌐，绘制蜡烛，如图 6-26 所示。

（2）单击"默认"选项卡"绘图"面板中的"样条曲线拟合"按钮 ∿，绘制烛火，如图 6-27 所示。

 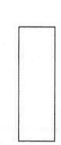 

图 6-25　彩色蜡烛　　　　图 6-26　绘制蜡烛　　　　图 6-27　绘制烛火

（3）选择绘制的图形，在一个夹点上右击，打开快捷菜单，选择其中的"特性"命令，如图 6-28 所示。在"颜色"下拉列表框中选择"绿"，结果如图 6-29 所示。

图 6-28　快捷菜单

（4）单击"默认"选项卡中"修改"面板的"复制"按钮 ⌐，将绘制的蜡烛向右复制，绘制出剩下的两根蜡烛，如图 6-30 所示。

（5）利用"默认"选项卡中"绘图"面板的"样条曲线拟合"按钮 ∿ 和"修改"面板中的"复制"按钮 ⌐，绘制蜡烛下的蜡烛台，最终结果如图 6-31 所示。

（6）选择绘制的第一个图形，在一个夹点上右击，打开快捷菜单，选择"特性"命令，在"颜色"下拉列表框中选择"绿"，如图 6-32 所示。

图 6-29　修改颜色　　　图 6-30　绘制蜡烛　　　图 6-31　绘制蜡烛台　　图 6-32　调整颜色

动手练——绘制花朵

（7）使用相同的方法，将另外两个烛台的颜色也进行调整，结果如图 6-25 所示。

6.3.4　动手练——绘制花朵

绘制如图 6-33 所示的花朵。

图 6-33　花朵

💡 思路点拨

（1）利用"正多边形""圆""圆弧"命令绘制花朵。
（2）利用"多段线"命令绘制叶子。
（3）利用"修改对象属性"命令更改花朵各部分的颜色。

6.4　综合演练——绘制手把

绘制图 6-34 所示的手柄。操作步骤如下。

综合演练——
绘制手把

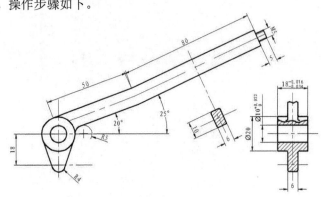

图 6-34　手把

6.4.1　绘制主视图

（1）创建图层
绘制"中心线""粗实线""细实线"3 个图层。
（2）绘制中心线
将"中心线"图层设定为当前图层。单击"默认"选项卡"绘图"面板中的"直线"按钮，以坐标点 {(85,100),(115,100)} 和 {(100,115),(100,80)} 绘制中心线，结果如图 6-35 所示。
（3）绘制圆
将"粗实线"图层设定为当前图层。单击"默认"选项卡"绘图"面板中的"圆"按钮，以中心线交点为圆心，分别以 10 和 5 为半径绘制圆，结果如图 6-36 所示。

（4）偏移中心线

单击"默认"选项卡"修改"面板中的"偏移"按钮 ⟸ ，将水平中心线向下偏移，偏移量为 18，结果如图 6-37 所示。

（5）拉长中心线

选择垂直中心线，利用夹点功能，将其拉长。使用同样的方法，将偏移的水平线左右两端各缩短 5，结果如图 6-38 所示。

图 6-35　绘制中心线　　图 6-36　绘制圆　　　图 6-37　偏移中心线　　图 6-38　拉长中心线

（6）绘制圆

单击"默认"选项卡"绘图"面板中的"圆"按钮 ⊙ ，以中心线交点为圆心，绘制半径为 4 的圆，结果如图 6-39 所示。

（7）绘制直线

首先在状态栏中选择"对象捕捉"按钮并单击鼠标右键，在打开的快捷菜单中选择"对象捕捉设置"选项，系统会弹出"草图设置"对话框。在对话框中，仅勾选"切点"选项，如图 6-40 所示，然后单击"确定"按钮完成设置。接着，单击"默认"选项卡"绘图"面板中的"直线"按钮 ╱ ，绘制与圆相切的直线，结果如图 6-41 所示。

（8）剪切图形

单击"默认"选项卡"修改"面板中的"修剪"按钮 ✂ ，剪切图形，结果如图 6-42 所示。

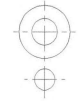

图 6-39　绘制圆　　　　图 6-40　"草图设置"对话框　　　图 6-41　绘制切线　　图 6-42　剪切图形

（9）绘制直线

首先，在状态栏中选择"极轴追踪"按钮，并单击鼠标右键。在打开的快捷菜单中选择"正在追踪设置"选项，系统将弹出"草图设置"对话框。在对话框中输入增量角为 20，如图 6-43 所示。单击"确定"按钮完成设置。然后，单击"默认"选项卡"绘图"面板中的"直线"按钮 ╱ ，以中心线交点为起点绘制夹角为 20°且长度为 50 的直线，结果如图 6-44 所示。

（10）偏移并剪切图形

单击"默认"选项卡"修改"面板中的"偏移"按钮 ⟸ ，将直线向上偏移，偏移距离为 5 和 10。将偏移距离为 5 的线修改为"中心线"图层。接着单击"默认"选项卡"修改"面板中的"修剪"按钮 ✂ ，剪切图形，结果如图 6-45 所示。

（11）绘制直线

首先在状态栏中选择"极轴追踪"按钮，并单击鼠标右键。在打开的快捷菜单中选择"正在追踪设置"选项，系统将弹出"草图设置"对话框。在对话框中输入增量角为 25，如图 6-46 所示。

单击"确定"按钮以完成设置。接下来，单击"默认"选项卡中"绘图"面板的"直线"按钮 ✏，以图 6-45 中的线段端点 1 为起点，绘制一条夹角为 25°且长度为 85 的直线，结果如图 6-47 所示。

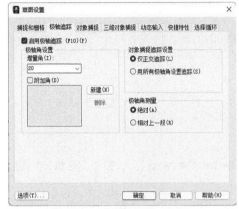

图 6-43 "草图设置"对话框

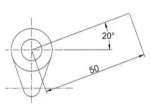

图 6-44 绘制直线

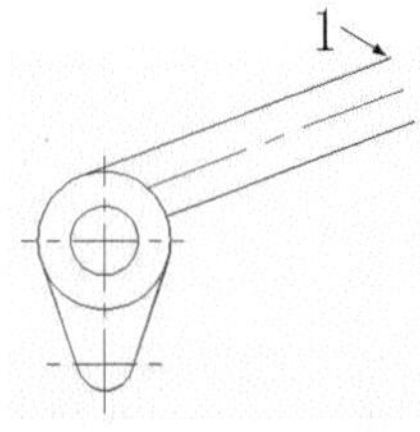

图 6-45 偏移并剪切图形

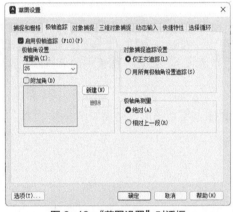

图 6-46 "草图设置"对话框

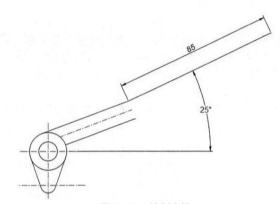

图 6-47 绘制直线

（12）创建直线

首先，单击"默认"选项卡"修改"面板中的"偏移"按钮 ⊑，将上一步绘制的直线向下偏移，偏移距离分别为 5 和 10。将中间的直线修改为"中心线"图层，结果如图 6-48 所示。

（13）放大视图

利用"缩放"工具将刚偏移的线段局部放大，如图 6-49 所示。可以发现，线段没有连接。

（14）延伸直线

单击"默认"选项卡"修改"面板中的"延伸"按钮 ⇥，将线段连接起来。用同样的方法连接另外两条断开的线段，结果如图 6-50 所示。

（15）连接端点

单击"默认"选项卡"绘图"面板中的"直线"按钮 ✏，连接线段的端点，结果如图 6-51 所示。

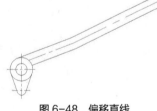

图 6-48 偏移直线

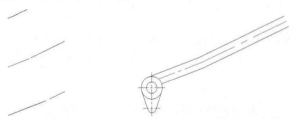

图 6-49 局部放大

图 6-50 延伸直线

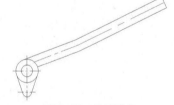

图 6-51 连接端点

（16）偏移线段

首先单击"默认"选项卡"修改"面板中的"偏移"按钮⊂，将连接的线段向左偏移，距离为 5；然后将中心线向两侧偏移，距离分别为 2 和 2.5。将偏移距离为 2 的线段修改为"细实线"图层，将偏移距离为 2.5 的线段修改为"粗实线"图层，结果如图 6-52 所示。

（17）剪切直线

单击"默认"选项卡"修改"面板中的"修剪"按钮✂，剪切图形，结果如图 6-53 所示。图形最终结果如图 6-54 所示。

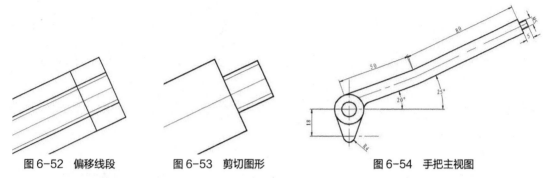

图 6-52　偏移线段　　　　图 6-53　剪切图形　　　　图 6-54　手把主视图

（18）完善主视图

单击"默认"选项卡中"修改"面板的"圆角"按钮⌒，创建半径为 5 的圆角，命令行提示与操作如下。

```
命令: _fillet
当前设置: 模式=修剪, 半径= 0.0000
选择第一个对象或 [放弃(U)/多段线(P)/半径(R)/修剪(T)/多个(M)]: R↙
指定圆角半径 <0.0000>: 5↙
选择第一个对象或 [放弃(U)/多段线(P)/半径(R)/修剪(T)/多个(M)]: （选择大圆）
选择第二个对象，或按住 Shift 键选择对象以应用角点或 [半径(R)]:（选择与大圆相交的三条平行斜
线中最下面的一条）
```

结果如图 6-55 所示。

 注 意

　　在此，初学者容易遇到无法实现倒圆角效果的问题，主要原因是未设置倒圆角半径。后续的倒角操作与此情况类似。

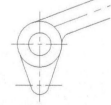

图 6-55　圆角处理

6.4.2　绘制断面图

（1）绘制中心线

将"中心线"图层设定为当前图层。单击"默认"选项卡"绘图"面板中的"直线"按钮╱，首先绘制一条与倾斜角为 25°的中心线相垂直的直线；然后以这条中心线为基准绘制与其垂直的另一条中心线。结果如图 6-56 所示。

（2）偏移中心线

单击"默认"选项卡"修改"面板中的"偏移"按钮⊂，将绘制的中心线向两侧偏移，偏移距离分别为 3 和 5。结果如图 6-57 所示。

（3）剪切图形

单击"默认"选项卡"修改"面板中的"修剪"按钮✂，修剪图形，并将修剪后的图形修改为"粗实线"图层。结果如图 6-58 所示。

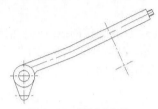

图 6-56　绘制中心线

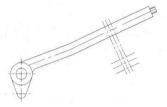

图 6-57　绘制辅助线

（4）创建圆角

单击"默认"选项卡中"修改"面板的"圆角"按钮，创建半径为 1 的圆角。结果如图 6-59 所示。

（5）绘制剖面线

将"细实线"图层设置为当前图层。按照前面所述的方法填充剖面线。结果如图 6-60 所示。

图 6-58　剪切图形

图 6-59　创建圆角

图 6-60　剖视图图案填充

6.4.3　绘制左视图

（1）绘制中心线

将"中心线"图层设置为当前图层。单击"默认"选项卡中"绘图"面板的"直线"按钮，首先在图 6-61 所示的两条中心线的延长线上分别绘制一段中心线，然后绘制与之垂直的中心线，修改线型比例为 0.3，结果如图 6-62 所示。

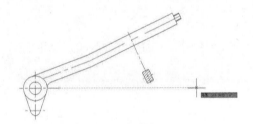

图 6-61　绘制基准

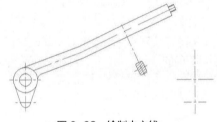

图 6-62　绘制中心线

（2）偏移中心线

单击"默认"选项卡中"修改"面板的"偏移"按钮，将竖直中心线向两侧偏移，偏移距离分别为 3 和 9，结果如图 6-63 所示。

（3）绘制辅助线

单击"默认"选项卡中"绘图"面板的"直线"按钮，根据主视图绘制辅助线，结果如图 6-64 所示。

图 6-63　偏移中心线

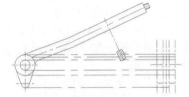

图 6-64　绘制辅助线

（4）剪切图形

单击"默认"选项卡"修改"面板中的"修剪"按钮，剪切图形，并将剪切后的图形修改图层设置为"粗实线"。结果如图 6-65 所示。

（5）创建圆角

单击"默认"选项卡"修改"面板中的"圆角"按钮，创建半径为 1 的圆角，并将多余的线段删除，结果如图 6-66 所示。

（6）绘制局部剖切线

将"细实线"图层设定为当前图层。单击"默认"选项卡"绘图"面板中的"样条曲线拟合"按钮，绘制局部剖切线，然后单击"默认"选项卡"修改"面板中的"修剪"按钮，修剪图形，结果如图 6-67 所示。

（7）绘制剖面线

将"细实线"图层设定为当前图层。单击"默认"选项卡"绘图"面板中的"图案填充"按钮，设置填充图案为 ANST31，填充角度为 0，填充图案比例为 0.5，结果如图 6-68 所示。

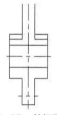 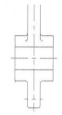 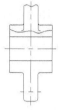 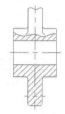

图 6-65　剪切图形　　　　图 6-66　创建圆角　　　图 6-67　绘制局部剖切线　　图 6-68　左视图图案填充

（8）调整线宽

最后，点击状态栏上的"线宽"按钮，最终结果如图 6-34 所示。

6.4.4　动手练——绘制球阀扳手

绘制如图 6-69 所示的球阀扳手。

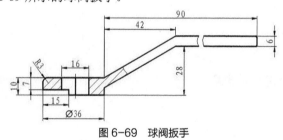

图 6-69　球阀扳手

扫码看视频

动手练——绘制
球阀扳手

 思路点拨

（1）利用"直线"命令以及"多段线"命令绘制主视图扳手轮廓。

（2）利用"偏移"命令绘制孔。

（3）利用"样条曲线"命令绘制打断线。

（4）利用"修剪"以及"圆角"命令完善细节，并通过"图案填充"命令填充剖切部分。

（5）利用相似方法绘制扳手俯视图，注意保持"主俯长对正"的尺寸关系。

6.5　技巧点拨——如何画曲线

1. 怎样绘制曲线

在绘制图样时，经常会遇到画截交线、相贯线及其他曲线的问题。手工绘制此类曲线很麻烦，不仅需要找到特殊点和一定数量的一般点，而且画出的曲线误差较大。在 AutoCAD 中画曲线可以采用以下两种方法。

方法 1：使用"多段线"或 3DPOLY 命令在 2D、3D 图形上通过特殊点画折线，再利用 PEDIT（编辑多段线）命令中的"拟合"选项或"样条曲线"选项，将其变成光滑的平面或空间曲线。

方法 2：使用 SOLIDS 命令创建三维基本实体（如长方体、圆柱、圆锥、球等），然后通过布尔运算，使用交、并、差和干涉等操作，可以获得各种复杂实体。接下来，利用菜单栏中的"视图"→"三维视图"→"视点"命令，选择不同的视点来生成标准视图，从而获得曲线的不同视图投影。

2. 如何将多条直线合并为一条

方法 1：在命令行中输入"GROUP"命令，然后选择直线。

方法 2：执行"合并"命令，然后选择直线。

方法 3：在命令行中输入"PEDIT"命令，然后选择直线。

方法 4：执行"创建块"命令，然后选择直线。

6.6 上机实验

【练习 1】绘制图 6-70 所示的局部视图。

【练习 2】绘制图 6-71 所示的销轴图形。

【练习 3】绘制图 6-72 所示的底座图形。

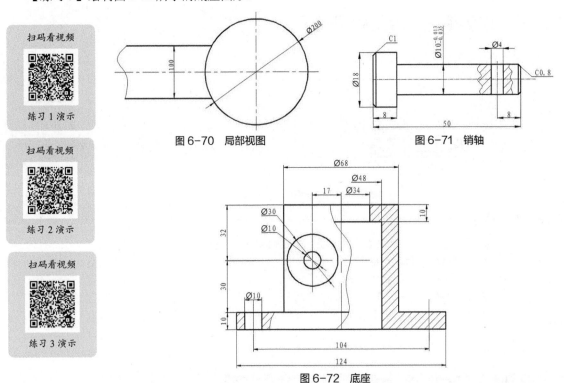

扫码看视频

练习 1 演示

扫码看视频

练习 2 演示

扫码看视频

练习 3 演示

图 6-70 局部视图

图 6-71 销轴

图 6-72 底座

第 **7** 章

文字与表格

文字注释是图形中非常重要的组成部分。在进行各种设计时，通常不仅需要绘制图形，还需要在图形中标注一些文字，如技术要求、注释说明等，以对图形对象进行解释。AutoCAD 提供了多种输入文字的方法。图表在 AutoCAD 图形中也被广泛应用，如明细表、参数表和标题栏等。本章主要内容包括文本样式、文本标注及表格的定义、创建、文字编辑等。

本章教学要求

基本能力： 熟练掌握文本标注和表格绘制的相关功能。
重 难 点： 特殊文本的输入和表格样式的设置。

案例效果

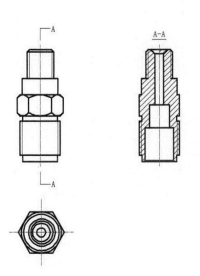

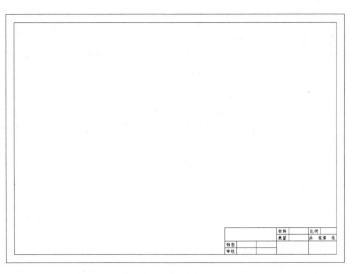

7.1 文本标注

在绘制图形的过程中，文字传递了许多设计信息，它可能是一个复杂的说明，也可能是一个简短的符号。当需要标注的文本不太长时，可以利用 TEXT 命令创建单行文本；当需要标注很长、复杂的文字信息时，可以利用 MTEXT 命令创建多行文本。

7.1.1 文本样式

所有 AutoCAD 图形中的文字都有与其相对应的文本样式。当输入文字对象时，AutoCAD 使用当前设置的文本样式。文本样式是一组用来控制文字基本形状的设置。

【执行方式】

▼ 命令行：STYLE（快捷命令：ST）或 DDSTYLE。

▼ 菜单栏：选择菜单栏中的"格式"→"文字样式"命令。

▼ 工具栏：单击"文字"工具栏中的"文字样式"按钮 **A**。

▼ 功能区：单击"默认"选项卡"注释"面板中的"文字样式"按钮 **A**，或单击"注释"选项卡"文字"面板上的"文字样式"下拉菜单中的"管理文字样式"按钮，或单击"注释"选项卡"文字"面板中的"对话框启动器"按钮 ⤵。

【操作步骤】

执行上述任一操作后，系统将打开"文字样式"对话框，如图 7-1 所示。

【选项说明】

（1）"样式"列表框：列出所有已设定的文字样式名称，供选择使用。单击"新建"按钮，系统打开图 7-2 所示的"新建文字样式"对话框。在该对话框中，可以为新建的文字样式输入名称。从"样式"列表框中选中要改名的文本样式，右击，在弹出的快捷菜单中选择"重命名"命令，如图 7-3 所示，可以为所选文本样式输入新的名称。

图 7-1 "文字样式"对话框

（2）"字体"选项组：用于确定字体样式。文字的字体决定字符的形状。在 AutoCAD 中，除了其固有的 SHX 形状字体文件外，还可以使用 TrueType 字体（如宋体、楷体、italley 等）。一种字体可以设置不同的效果，从而用于多种文本样式，如图 7-4 所示，展示了同一种字体（宋体）的不同样式。

图 7-2 "新建文字样式"对话框

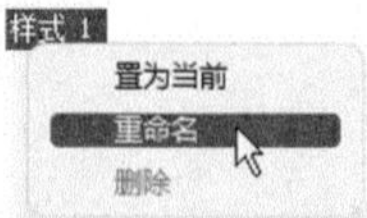

图 7-3 快捷菜单

图 7-4 同一字体的不同样式

（3）"大小"选项组：用于确定文本样式使用的字体文件、字体风格及字高。"高度"文本框用于设置创建文字时的固定字高。在使用 TEXT 命令输入文字时，AutoCAD 不会再提示输入字高参数。如果在此文本框中将字高设置为 0，系统会在每次创建文字时提示输入字高。因此，如果不想固定字高，可以将"高度"文本框中的数值设置为 0。

（4）"效果"选项组。

① "颠倒"复选框：选中该复选框表示将文本倒置标注，如图 7-5（a）所示。

② "反向"复选框：确定是否将文本反向标注，如图 7-5（b）所示的标注效果。

③ "垂直"复选框：用于确定文本是水平标注还是垂直标注。选中该复选框时为垂直标注，否则为水平标注。垂直标注如图 7-6 所示。

④ "宽度因子"文本框：设置宽度系数，确定文本字符的宽高比。当系数为 1 时，表示按字体文件中定义的宽高比标注文字。此系数小于 1 时，文字变窄，反之则变宽。

⑤ "倾斜角度"文本框：用于确定文字的倾斜角度。角度为 0 时不倾斜，正数时向右倾斜，负数时向左倾斜。

图 7-5　文字倒置标注与反向标注	图 7-6　垂直标注文字

（5）"应用"按钮：用于确认对文字样式的设置。当创建新的文字样式或对现有文字样式的某些特征进行修改后，需要单击此按钮，系统才会确认所做的更改。

7.1.2　多行文本标注

【执行方式】

▼ 命令行：MTEXT（快捷命令：T 或 MT）。

▼ 菜单栏：选择菜单栏中的"绘图"→"文字"→"多行文字"命令。

▼ 工具栏：单击"绘图"工具栏中的"多行文字"按钮 A 或单击"文字"工具栏中的"多行文字"按钮 A。

▼ 功能区：单击"默认"选项卡"注释"面板中的"多行文字"按钮 A 或单击"注释"选项卡"文字"面板中的"多行文字"按钮 A。

【操作步骤】

命令行提示与操作如下。

```
命令:MTEXT↙
当前文字样式: "Standard"  文字高度: 1571.5998  注释性: 否
指定第一角点:（指定矩形框的第一个角点）
指定对角点或 [高度(H)/对正(J)/行距(L)/旋转(R)/样式(S)/宽度(W)/栏(C)]:
```

【选项说明】

（1）指定对角点：在绘图区选择两个点作为矩形框的对角点，AutoCAD 以这两个点构成一个矩形区域，其宽度即为将来要标注的多行文本的宽度。第一个点作为第一行文本顶线的起点。选择后 AutoCAD 会打开"文字编辑器"选项卡和"多行文字"编辑器。用户可以利用此编辑器输入多行文本并设置其格式，如图 7-7 所示。

图 7-7　"多行文字"编辑器

（2）对正(J)：用于确定所标注文本的对齐方式。这些对齐方式与 TEXT 命令中的各对齐方式相同。选择一种对齐方式后按 Enter 键，系统会返回到上一级提示。

（3）行距(L)：用于确定多行文本的行间距。这里所说的行间距是指相邻两文本行基线之间的垂直距离。

（4）旋转(R)：用于确定文本行的倾斜角度。

（5）样式(S)：用于确定当前的文字样式。

（6）宽度(W)：用于指定多行文本的宽度。可以在绘图区选择一个点，与前面确定的第一个角点组成一个矩形框的宽度，作为多行文本的宽度；也可以输入一个数值，精确设置多行文本的宽度。

下面对"多行文字"编辑器中各项的含义及编辑器功能进行简要介绍。

（1）"文字高度"下拉列表框：用于确定文本的字符高度。可以在文本编辑器中设置输入新的字符高度，也可以从下拉列表框中选择已设定过的高度值。

（2）"粗体" **B** 和"斜体" *I* 按钮：用于设置加粗或斜体效果。这两个按钮对 TrueType 字体有效。

（3）"删除线"按钮 ：用于在文字上添加水平删除线。

（4）"下划线" U 和"上划线" Ō 按钮：用于设置或取消文字的上下划线。

（5）"堆叠"按钮 ：用于层叠所选的文字，从而创建分数形式。当文本中某处出现"/""^"或"#" 3 种层叠符号之一时，选中需要层叠的文字后，才可进行层叠。两者缺一不可。以符号左边的文字作为分子，右边的文字作为分母进行层叠。

AutoCAD 提供了 3 种分数形式。

① 如果选中"abcd/efgh"后单击该按钮，将得到如图 7-8（a）所示的分数形式。

② 如果选中"abcd^efgh"后单击该按钮，则得到如图 7-8（b）所示的形式，此形式多用于标注极限偏差。

③ 如果选中"abcd#efgh"后单击该按钮，则创建斜排的分数形式，如图 7-8（c）所示。

$$\frac{abcd}{efgh} \qquad \begin{matrix} abcd \\ efgh \end{matrix} \qquad abcd\diagup efgh$$

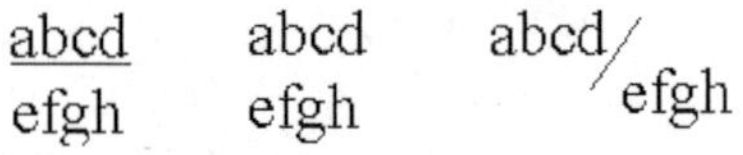

　　　　　(a)　　　　　　(b)　　　　　　(c)

图 7-8　文本层叠

如果选中已经层叠的文本对象后单击该按钮，则恢复到非层叠形式。

（6）"倾斜角度"（*0/*）文本框：用于设置文字的倾斜角度。

高手支招

倾斜角度与斜体效果是两个不同的概念。前者可以设置任意的倾斜角度，而后者是在指定的倾斜角度基础上设置斜体效果，如图 7-9 所示。第一行文字的倾斜角度为 0°，没有斜体效果；第二行文字的倾斜角度为 12°，也没有斜体效果；第三行文字的倾斜角度为 12°，并且具有斜体效果。

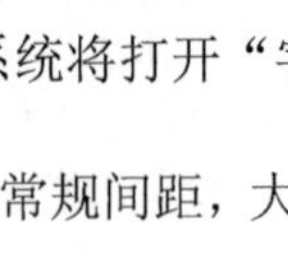

都市农夫
都市农夫
都市农夫

图 7-9　倾斜角度与斜体效果

（7）"符号"按钮 @：用于输入各种符号。单击该按钮，将系统打开符号列表，如图 7-10 所示，用户可以从中选择符号输入文本。

（8）"插入字段"按钮 ：用于插入一些常用或预设字段。单击该按钮，系统将打开"字段"对话框，如图 7-11 所示，用户可以从中选择字段并插入到文本中。

（9）"追踪"下拉列表框 ：用于增大或减小选定字符之间的间距。1.0 表示常规间距，大于 1.0 表示增大间距，小于 1.0 表示减小间距。

（10）"宽度因子"下拉列表框 ：用于扩展或收缩选定字符的宽度。1.0 表示常规宽度，用户可以选择增大该宽度或减小。

（11）"上标" x 按钮：将选定文字转换为上标，即在输入行的上方设置稍小的文字。

（12）"下标" x 按钮：将选定文字转换为下标，即在输入行的下方设置稍小的文字。

（13）"清除格式"下拉列表：用于删除选定字符的字符格式，删除选定段落的段落格式，或删除选定段落中的所有格式。

（14）关闭：选择该选项将从应用了列表格式的选定文字中删除字母、数字和项目符号，但不更改缩进状态。

度数	%%d
正/负	%%p
直径	%%c
几乎相等	\U+2248
角度	\U+2220
边界线	\U+E100
中心线	\U+2104
差值	\U+0394
电相角	\U+0278
流线	\U+E101
恒等于	\U+2261
初始长度	\U+E200
界线	\U+E102
不相等	\U+2260
欧姆	\U+2126
欧米加	\U+03A9
地界线	\U+214A
下标 2	\U+2082
平方	\U+00B2
立方	\U+00B3
不间断空格	Ctrl+Shift+Space
其他…	

图 7-10　符号列表

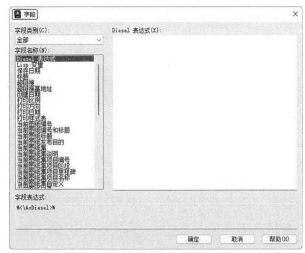

图 7-11　"字段"对话框

（15）编辑器设置：显示"文字格式"工具栏的选项列表。有关详细信息，请参见编辑器设置。

另外，在"默认"选项卡的"注释"面板中还有"单行文字"功能，其操作与"多行文字"类似，因此这里不再赘述。

　高手支招

多行文字是由任意数目的文字行或段落组成的，布满指定的宽度，还可以沿垂直方向无限延伸。

多行文字中，无论行数是多少，单个编辑任务中创建的每个段落集将构成单个对象；用户可对其进行移动、旋转、删除、复制、镜像或缩放操作。

7.1.3　操作实例——标注高压油管接头剖切符号

扫码看视频

操作实例——标注
高压油管接头
剖切符号

标注如图 7-12 所示的高压油管接头的剖切符号。操作步骤如下。

（1）打开文件。单击"快速访问"工具栏中的"打开"按钮 🗁 ，打开"源文件\第 7 章\高压油管接头.dwg"文件。

（2）保存文件。单击"快速访问"工具栏中的"另存为"按钮 💾 ，将文件另存为"标注高压油管接头"。

（3）单击"默认"选项卡"注释"面板中的"文字样式"按钮 A ，❶弹出"文字样式"对话框，❷单击"新建"按钮，❸系统弹出"新建文字样式"对话框，❹输入"长仿宋体"，如图 7-13 所示，❺单击"确定"按钮，返回"文字样式"对话框，设置新样式参数。在"字体名"下拉菜单中❻选择"仿宋"，❼设置"高度"为 2.5，其余参数保持默认，如图 7-14 所示。❽单击"置为当前"按钮，将新建文字样式置为当前样式。

（4）将当前图层设置为"实体线"图层，单击"默认"选项卡"绘图"面板中的"直线"按钮 ／ ，绘制剖切位置线，如图 7-15 所示。

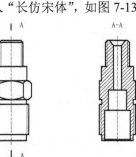

图 7-12　标注高压油管接头

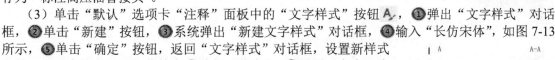　**注　意**

按照国家标准规定，剖切位置线应为短粗实线。

（5）单击"默认"选项卡"注释"面板中的"多行文字"按钮 A ，在空白处单击以指定第一个角点，然后向右下角拖动适当距离，再次左键单击，指定第二点。打开多行文字编辑器和"文字编辑器"选项卡，输入文字 A，如图 7-16 所示。

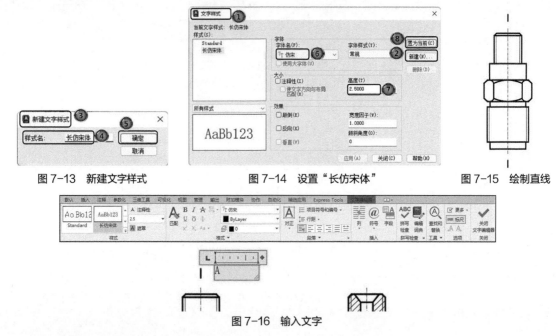

图 7-13　新建文字样式　　　　　图 7-14　设置"长仿宋体"　　　　　图 7-15　绘制直线

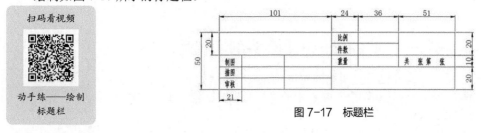

图 7-16　输入文字

使用相同的方法继续绘制图形其他部位的文字，结果如图 7-12 所示。

7.1.4　动手练——绘制标题栏

绘制如图 7-17 所示的标题栏。

扫码看视频

动手练——绘制
标题栏

图 7-17　标题栏

💡 **思路点拨**

（1）使用"矩形""直线""修剪""偏移"等命令绘制标题栏。
（2）使用多行文字命令对绘制的标题栏进行填写。

7.2　表格绘制

在 AutoCAD 2005 及以后的版本中。新增加了"表格"绘图功能，创建表格变得非常容易。用户可以直接插入已设置好样式的表格。随着版本的不断升级，表格功能也在不断优化、日趋完善。

7.2.1　定义表格样式

与文字样式类似，AutoCAD 图形中的所有表格都有相应的表格样式。当插入表格对象时，系统使用当前设置的表格样式。表格样式是一组用于控制表格基本形状和间距的设置。在模板文件

ACAD.DWT 和 ACADISO.DWT 中，定义了名为 Standard 的默认表格样式。

【执行方式】

☑ 命令行：TABLESTYLE。

☑ 菜单栏：选择菜单栏中的"格式"→"表格样式"命令。

☑ 工具栏：单击"样式"工具栏中的"表格样式管理器"按钮⊞。

☑ 功能区：单击"默认"选项卡的"注释"面板中的"表格样式"按钮⊞或单击"注释"选项卡"表格"面板上的"表格样式"下拉菜单中的"管理表格样式"按钮或单击"注释"选项卡"表格"面板中的"对话框启动器"按钮 ↘

【操作步骤】

执行上述任一操作后，系统将打开"表格样式"对话框，如图 7-18 所示。

【选项说明】

（1）"新建"按钮：单击该按钮，系统会打开"创建新的表格样式"对话框，如图 7-19 所示。在输入新的表格样式名后，单击"继续"按钮，系统将打开"新建表格样式"对话框，如图 7-20 所示，可以在其中定义新的表格样式。

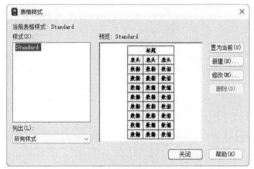

图 7-18　"表格样式"对话框

图 7-19　"创建新的表格样式"对话框

图 7-20　"新建表格样式"对话框

"新建表格样式"对话框的"单元样式"下拉列表框中有三个重要的选项："数据""表头"和"标题"，分别控制表格中数据、列标题和总标题的相关参数，如图 7-21 所示。在"新建表格样式"对话框中有三个重要的选项卡，分别介绍如下。

①"常规"选项卡：用于控制数据栏与标题栏的上下位置关系。

②"文字"选项卡：用于设置文字属性。选择该选项卡，在"文字样式"下拉列表框中可以选择已定义的文字样式并应用于数据文字，还可以单击右侧的▦按钮重新定义文字样式。其中"文字高度""文字颜色"和"文字角度"各选项的参数格式可供用户选择。

③"边框"选项卡：用于设置表格的边框属性。边框线按钮用于控制数据边框线的多种形式，例如绘制所有数据边框线、仅绘制数据边框的外部边框线、仅绘制数据边框的内部边框线、无边框线以及仅绘制底部边框线等。选项卡中的"线宽""线型"和"颜色"下拉列表用于控制边框线的线宽、线型和颜色；选项卡中的"间距"文本框用于调整单元格边界与内容之间的间距。如图 7-22 所示，数据文字样式为"Standard"，文字高度为 4.5，文字颜色为"红色"，对齐方式为"正中"；标题文字样式为"Standard"，文字高度为 6，文字颜色为"蓝色"，对齐方式为"正中"，表格方向为"上"，水平单元边距和垂直单元边距均为 1.5。

标题		
表头	表头	表头
数据	数据	数据
数据	数据	数据
数据	数据	数据
数据	数据	数据
数据	数据	数据
数据	数据	数据

图 7-21 表格样式

数据	数据	数据
数据	数据	数据
数据	数据	数据
数据	数据	数据
数据	数据	数据
数据	数据	数据
数据	数据	数据
标题		

图 7-22 表格示例

（2）"修改"按钮：用于修改当前表格样式，其操作方式与新建表格样式相同。

7.2.2 创建表格

在设置好表格样式后，用户可以利用 TABLE 命令创建表格。

【执行方式】

☑ 命令行：TABLE。
☑ 菜单栏：选择菜单栏中的"绘图"→"表格"命令。
☑ 工具栏：单击"绘图"工具栏中的"表格"按钮▦。
☑ 功能区：单击"默认"选项卡"注释"面板中的"表格"按钮▦或单击"注释"选项卡"表格"面板中的"表格"按钮▦。

【操作步骤】

执行上述任一操作后，系统会打开"插入表格"对话框，如图 7-23 所示。

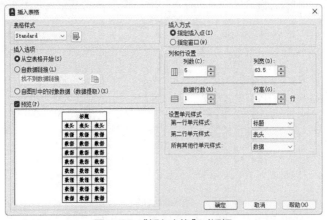

图 7-23 "插入表格"对话框

【选项说明】

（1）"表格样式"选项组：可以在"表格样式"下拉列表框中选择一种表格样式。
（2）"插入选项"选项组：指定插入表格的方式。
①"从空表格开始"单选按钮：创建可手动填充数据的空表格。
②"自数据链接"单选按钮：通过启动数据链接管理器创建表格。

③ "自图形中的对象数据"单选按钮：通过启动"数据提取"向导创建表格。

（3）"插入方式"选项组。

① "指定插入点"单选按钮：指定表格左上角的位置。可以使用定点设备，也可以在命令行中输入坐标值。如果表格样式将表格的方向设置为由下而上读取，则插入点位于表格的左下角。

② "指定窗口"单选按钮：指定表格的大小和位置。可以使用定点设备，也可以在命令行中输入坐标值。选中该单选按钮时，行数、列数、列宽和行高取决于窗口的大小以及列和行的设置。

（4）"列和行设置"选项组：指定列和数据行的数量以及列宽与行高。

（5）"设置单元样式"选项组：指定"第一行单元样式""第二行单元样式"和"所有其他行单元样式"分别为标题、表头或者数据样式。

> **高手支招**
>
> 在"插入方式"选项组中选择"指定窗口"单选按钮后，列与行设置的两个参数中只能指定一个，另一个参数将根据指定窗口的大小自动等分来确定。

在"插入表格"对话框中进行相应设置后，单击"确定"按钮，系统会在指定的插入点或窗口中自动插入一个空表格，并显示"文字编辑器"选项卡，用户可以逐行逐列输入相应的文字或数据。

7.2.3 表格文字编辑

【执行方式】

☑ 命令行：TABLEDIT。

☑ 快捷菜单：选择表中一个或多个单元格后右击，在弹出的快捷菜单中选择"编辑文字"命令。

☑ 定位设备：在表单元格内双击。

7.2.4 操作实例——绘制齿轮参数表

扫码看视频

操作实例——绘制
齿轮参数表

绘制图 7-24 所示的齿轮参数表的操作步骤如下。

（1）设置表格样式。单击"默认"选项卡中"注释"面板的"表格样式"按钮，打开"表格样式"对话框。

（2）单击"修改"按钮，系统将打开"修改表格样式"对话框，如图 7-25 所示。在该对话框中进行以下设置：数据、表头和标题的文字样式为"Standard"，文字高度为 4.5，文字颜色为"ByBlock"，填充颜色为"无"，对齐方式为"居中"。在"边框特性"选项组中，点击"颜色"按钮，将网格颜色设置为"洋红"。"表格方向"选择"向下"，水平单元格边距和垂直单元格边距均设为 1.5。

68	20	30
齿数	Z	24
模数	m	3
压力角	α	30°
公差等级及配合类别	6H-GE	T3478.1-1995
作用齿槽宽最小值	E_{Vmin}	4.7120
实际齿槽宽最大值	E_{max}	4.8370
实际齿槽宽最小值	E_{min}	4.7590
作用齿槽宽最大值	E_{Vmax}	4.7900

图 7-24 齿轮参数表

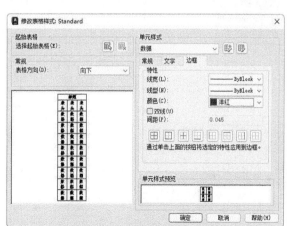

图 7-25 "修改表格样式"对话框

（3）设置好文字样式后，确认并退出。

（4）创建表格。单击"默认"选项卡"注释"面板中的"表格"按钮▦，系统将打开"插入表格"对话框。设置"插入方式"为"指定插入点"，将第一行和第二行的单元格样式指定为"数据"，行数和列数设置为 6 行 3 列，"列宽"为 48，"行高"为 1，如图 7-26 所示。

图 7-26　"插入表格"对话框

确定后，在绘图平面指定插入点，插入空表格，并显示多行文字编辑器。不输入文字，直接在多行文字编辑器中单击"确定"按钮退出。

（5）单击第一列的某个单元格，出现夹点后，将右边的夹点向右拉，使列宽大约变为 68。同样的方法，将第二列和第三列的列宽分别调整为约 15 和 30。结果如图 7-27 所示。

（6）双击单元格，重新打开多行文字编辑器，在各单元格中输入相应的文字或数据，最终结果如图 7-24 所示。

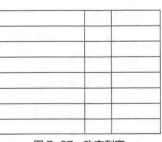

图 7-27　改变列宽

7.2.5　动手练——绘制明细表

绘制图 7-28 所示的明细表。

动手练——绘制
明细表

序号	代号	名称	数量	备注
11	hu11	橡胶密封圈	1	
10	hu10	橡胶密封圈	1	
9	hu9	卡环	1	
8	hu8	卡环	1	
7	hu7	离合器压板	1	
6	hu6	外齿摩擦片	7	
5	hu5	弹簧	20	
4	hu4	离合器活塞	1	
3	hu3	CNL离合器缸体	1	
2	hu2	弹簧座总成	1	
1	hu1	内齿摩擦片总成	7	

图 7-28　明细表

思路点拨

（1）设置表格样式。

（2）绘制表格。

7.3　综合演练——绘制 A3 样板图

7.3.1　操作步骤详解

绘制好的 A3 样板图如图 7-29 所示。其操作步骤如下。

👁 **手把手教你学** ----------------------------------

> 所谓样板图，就是将绘制图形通用的一些基本内容和参数事先设置好，并绘制出来，以".dwt"格式保存。对于本实例中的 A3 图纸，可以绘制好图框、标题栏，设置好图层、文字样式、标注样式等，然后将其作为样板图保存。以后需要绘制 A3 幅面的图形时，可以打开此样板图，在此基础上进行绘图。

（1）新建文件。点击"快速访问"工具栏中的"新建"按钮 □，系统会弹出"选择样板"对话框。在"打开"按钮的下拉菜单中选择"无样板公制"命令，以新建一个空白文件。

（2）设置图层。点击"默认"选项卡的"图层"面板中的"图层特性"按钮 ◈，新增以下两个图层。

① 图框层：颜色为白色，其他参数保持默认。

② 标题栏层：颜色为白色，其他参数保持默认。

（3）绘制图框。将"图框层"设为当前图层。点击"默认"选项卡的"绘图"面板中的"矩形"按钮 □，指定矩形的顶点分别为{(0,0),(420,297)}和{(10,10),(410,287)}，分别作为图纸边缘和图框。绘制结果如图 7-30 所示。

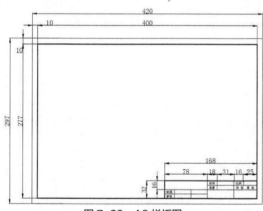

图 7-29　A3 样板图

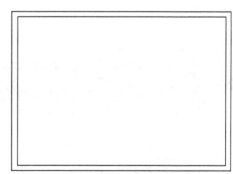

图 7-30　绘制的边框

（4）绘制标题。将"标题栏层"图层设置为当前图层。

① 单击"默认"选项卡中"注释"面板的"文字样式"按钮 **A**，系统将弹出"文字样式"对话框。新建"长仿宋体"样式，在"字体名"下拉列表框中选择"仿宋"选项，设置"高度"为4，其余参数保持默认。单击"置为当前"按钮，将新建的文字样式设为当前样式。

② 单击"默认"选项卡中"注释"面板的"表格样式"按钮 ▦，系统将弹出"表格样式"对话框。

③ 单击"修改"按钮，系统将弹出"修改表格样式"对话框。在"单元样式"下拉列表框中选择"数据"选项。接着在下面的"文字"选项卡中，单击"文字样式"下拉列表框右侧的 ⋯ 按钮，弹出"文字样式"对话框，选择"长仿宋体"。然后打开"常规"选项卡，将"页边距"选项组中的"水平"和"垂直"都设置为1，"对齐"设置为"正中"。

 注　意 ─────────────────────────────

> 表格的行高=文字高度+2×垂直页边距，此处设置为 3+2×1=5。

④ 单击"确定"按钮，系统将返回"表格样式"对话框，单击"关闭"按钮退出。

⑤ 单击"默认"选项卡中"注释"面板的"表格"按钮▦，❶系统将弹出"插入表格"对话框，❷在"列和行设置"选项组中，将"列数"设置为 28，"列宽"设置为 5、❸"数据行数"设置为 2（加上标题行和表头行共 4 行），"行高"设置为 1（即为 10）；❹在"设置单元样式"选项组中，将"第一行单元样式""第二行单元样式"和"所有其他行单元样式"都设置为"数据"，如图 7-31 所示。

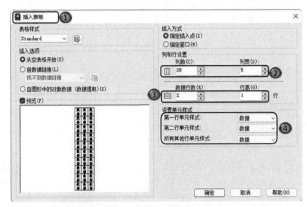

图 7-31 "插入表格"对话框

⑥ 在图框线右下角附近指定表格位置，系统生成表格，不输入文字，如图 7-32 所示。

⑦ 单击表格中的任一单元格，系统显示其编辑夹点，右击，在弹出的快捷菜单中❶选择"特性"命令，如图 7-33 所示。❷系统弹出"特性"选项板，❸将"单元格高度"参数改为 8，如图 7-34 所示，这样该单元格所在行的高度就统一改为 8。用同样方法将其他行的高度改为 8，如图 7-35 所示。

图 7-32 生成表格

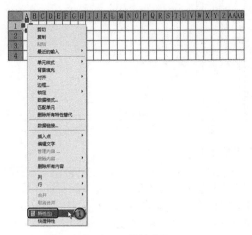

图 7-33 快捷菜单

图 7-34 "特性"选项板

⑧ 选择 A1 单元格，按住 Shift 键，同时选择右侧的 12 个单元格以及下方的 13 个单元格，右键单击，在弹出的快捷菜单中选择"合并"→"全部"命令，如图 7-36 所示。这些单元格合并后的效果如图 7-37 所示。

用同样的方法合并其他单元格，结果如图 7-38 所示。

⑨ 在单元格处双击鼠标左键，将字体设置为"仿宋"，字号设置为 4，在单元格中输入文字，如图 7-39 所示。

用同样的方法，输入其他单元格的文字，结果如图 7-40 所示。

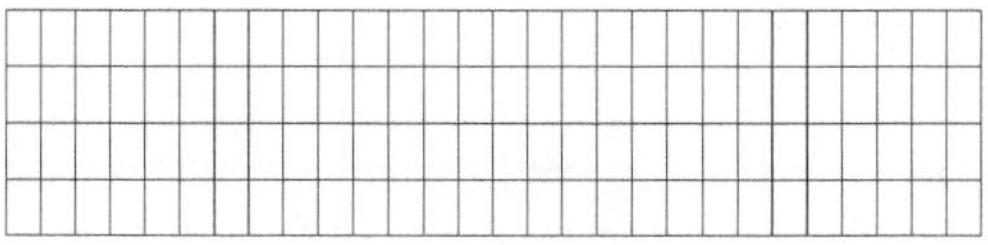

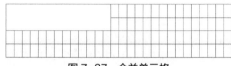

图 7-35　修改表格高度

图 7-36　快捷菜单

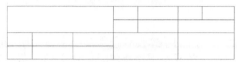

图 7-37　合并单元格

图 7-38　完成表格绘制

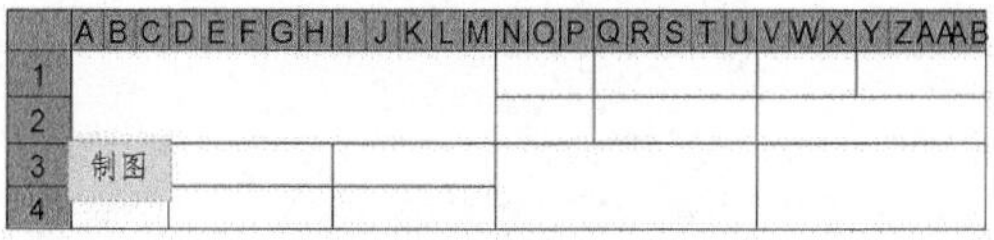

图 7-39　输入文字

图 7-40　输入标题栏文字

（5）移动标题栏。单击"默认"选项卡"修改"面板中的"移动"按钮 ✛，将刚生成的标题栏准确地移动到与图框的确定相对位置，最终如图 7-29 所示。

（6）保存样板图。单击"快速访问"工具栏中的"保存"按钮 💾，输入名称为"A3 样板图"，保存绘制好的图形。

7.3.2　动手练——绘制 A3 图纸模板

绘制如图 7-41 所示的 A3 图纸模板。

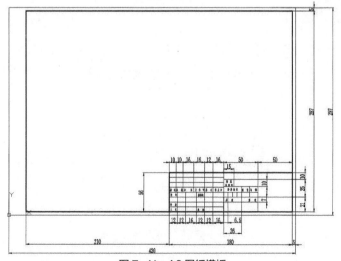

图 7-41　A3 图纸模板

扫码看视频

动手练——绘制 A3
图纸模板

思路点拨

（1）用"直线""表格"命令绘制图框和标题栏。

（2）用"文字"和"表格"等命令输入文字。

7.4 技巧点拨——细说文本

1. 在标注文字时，使用多行文字编辑命令标注上下标的方法

上标：输入 2^，然后选中 2^，单击 x^2 按钮即可。

下标：输入 ^2，然后选中 ^2，按 a/b 键即可。

上下标：输入 2^2，然后选中 2^2，按 a/b 键即可。

2. 为什么不能显示汉字或输入的汉字变成了问号

原因可能有以下 3 种。

（1）对应的字体没有使用汉字字体，如 HZTXT、SHX 等。

（2）当前系统中没有汉字字体文件，应将所需的字体文件复制到 AutoCAD 的字体目录中（一般为 "..\fonts\"）。

（3）对于某些符号，如希腊字母等，同样必须使用对应的字体字型文件，否则会显示成"？"。

3. 为什么输入的文字高度无法改变

当字型的高度值不为 0 时，使用 DTEXT 命令书写文本时，系统不会提示输入高度。这导致写出的文本高度是固定的，包括使用该字型进行的尺寸标注。

4. 如何改变已经存在的字体格式

如果想改变已有文字的大小、字体、高宽比例、间距、倾斜角度、插入点等，最简单的方法是使用"特性（DDMODIFY）"命令。选择"特性"命令后，系统会打开"特性"选项板。单击"选择对象"按钮 ✛，选中要修改的文字，按 Enter 键，然后在"特性"选项卡中选择要修改的项目进行修改即可。

7.5 上机实验

练习 1 演示

【练习 1】标注图 7-42 所示的技术要求。

1. 当无标准齿轮时，允许检查下列三项代替检查径向综合公差和一齿径向综合公差。

　a. 齿圈径向跳动公差 Fr 为 0.056。

　b. 齿形公差 ff 为 0.016。

　c. 基节极限偏差 $\pm f_{pb}$ 为 0.018。

2. 未注倒角 C1。

图 7-42 技术要求

练习 2 演示

【练习 2】在"练习 1"标注的技术要求中加入图 7-43 所示文字。

3. 尺寸为 $\phi30^{+0.05}_{-0.06}$ 的孔抛光处理。

图 7-43 练习 2 文字

【练习 3】绘制图 7-44 所示的变速箱装配图明细表。

14	端盖	1	HT150	
13	端盖	1	HT150	
12	定距环	1	Q235A	
11	大齿轮	1	40	
10	键16x70	1	Q275	GB 1095-2003
9	轴	1	45	
8	轴承	2		30208
7	端盖	1	HT200	
6	轴承	2		30211
5	轴	1	45	
4	键8x50	1	Q275	GB 1095-2003
3	端盖	1	HT200	
2	调整垫片	2组	08F	
1	减速器箱体	1	HT200	
序号	名　称	数量	材料	备注

图 7-44　变速箱组装图明细表

扫码看视频

练习 3 演示

第 **8** 章

尺寸标注

尺寸标注是绘图设计过程中极其重要的一个环节。图形的主要作用是体现物体的形状，而物体各部分的真实大小和各部分之间的确切位置只能通过尺寸标注来表达。因此，没有正确的尺寸标注，绘制出的图样对于加工制造而言就没有意义。AutoCAD提供了方便、准确的尺寸标注功能，本章将对此进行详细介绍。

本章教学要求

基本能力： 熟练掌握尺寸标注相关功能。
重 难 点： 引线标注和公差标注。

案例效果

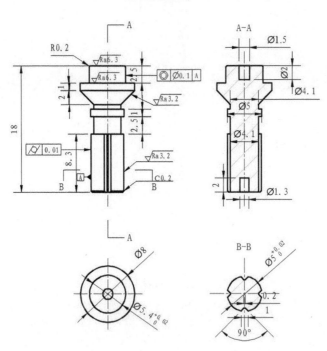

8.1　尺寸样式

尺寸标注的呈现形式取决于当前使用的尺寸标注样式。标注样式决定了尺寸标注的各个方面，包括尺寸线、尺寸界线、尺寸箭头和中心标记的形式，以及尺寸文本的位置和特性等。在 AutoCAD 2024 中，用户可以通过"标注样式管理器"对话框轻松设置所需的尺寸标注样式。

8.1.1　新建或修改尺寸样式

在进行尺寸标注之前，需要先创建尺寸标注样式。如果用户不创建尺寸样式而直接进行标注，系统将使用默认名称为"Standard"的样式。用户如果发现使用的标注样式中的某些设置不合适，也可以修改。

【执行方式】

☑ 命令行：DIMSTYLE（快捷命令：D）。

☑ 菜单栏：选择菜单栏中的"格式"→"标注样式"命令或"标注"→"标注样式"命令。

☑ 工具栏：单击"标注"工具栏中的"标注样式"按钮 。

☑ 功能区：单击"默认"选项卡"注释"面板中的"标注样式"按钮 或单击"注释"选项卡"标注"面板中的"标注样式"下拉菜单中的"管理标注样式"按钮，或单击"注释"选项卡"标注"面板中的"对话框启动器"按钮 。

【操作步骤】

执行上述任一操作后，系统将打开"标注样式管理器"对话框，如图 8-1 所示。通过该对话框，用户可以方便直观地定制和浏览尺寸标注样式。操作包括创建新的标注样式、修改现有的标注样式、设置当前尺寸标注样式、重命名样式以及删除已有的标注样式等。

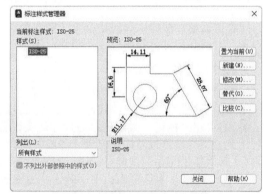

图 8-1　"标注样式管理器"对话框

【选项说明】

（1）"置为当前"按钮：单击该按钮，可以将"样式"列表框中选择的样式设置为当前标注样式。

（2）"新建"按钮：用于创建新的尺寸标注样式。单击该按钮，系统将打开"创建新标注样式"对话框，如图 8-2 所示。利用该对话框，可以创建一个新的尺寸标注样式，各项功能说明如下。

①"新样式名"文本框：用于为新的尺寸标注样式命名。

②"基础样式"下拉列表框：用于选择创建新样式所基于的标注样式。单击"基础样式"下拉列表框，会打开当前已有的样式列表，从中选择一个作为定义新样式的基础。新的样式是在所选样式的基础上修改一些特性得到的。

③"用于"下拉列表框：用于指定新样式应用的尺寸类型。单击该下拉列表框，打开尺寸类型列表。如果新建样式应用于所有尺寸，则选择"所有标注"选项；如果新建样式只应用于特定的尺寸标注（例如只在标注直径时使用此样式），则选择相应的尺寸类型。

④"继续"按钮：各选项设置好以后，单击该按钮，系统将打开"新建标注样式"对话框，如图 8-3 所示。利用该对话框，可以对新标注样式的各项特性进行设置。该对话框中各部分的含义和功能将在后面介绍。

（3）"修改"按钮：用于修改一个已存在的尺寸标注样式。单击该按钮，系统将打开"修改标注样式"对话框。该对话框中的各选项与"新建标注样式"对话框中完全相同，可以对已有标注样式进行修改。

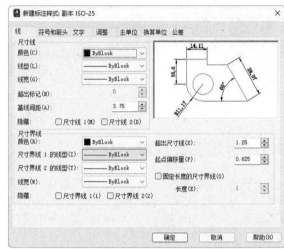

图 8-2 "创建新标注样式"对话框   图 8-3 "新建标注样式"对话框

（4）"替代"按钮：用于设置临时覆盖尺寸标注样式。单击该按钮，系统会打开"替代当前样式"对话框。该对话框中的各项选项与"新建标注样式"对话框中的选项完全相同，用户可以更改这些选项，以覆盖原有设置。但这种修改仅对指定的尺寸标注有效，而不影响其他当前尺寸标注的设置。

8.1.2 线

在"新建标注样式"对话框中，第一个选项卡是"线"选项卡，如图 8-3 所示。该选项卡用于设置尺寸线和尺寸界线的形式及特性。该选项卡中的各选项说明如下。

1."尺寸线"选项组

"尺寸线"选项组用于设置尺寸线的特性，其中各选项的含义如下。

（1）"颜色"（"线型""线宽"）下拉列表框：用于设置尺寸线的颜色、线型和线宽。

（2）"超出标记"微调框：当尺寸箭头设置为短斜线、短波浪线等，或尺寸线上无箭头时，可利用此微调框设置尺寸线超出尺寸界线的距离。

（3）"基线间距"微调框：用于设置以基线方式标注尺寸时，相邻两尺寸线之间的距离。

（4）"隐藏"复选框组：用于确定是否隐藏尺寸线及相应的箭头。选中"尺寸线 1（二）"复选框，表示隐藏第一（二）段尺寸线。

2."尺寸界线"选项组

"尺寸界线"选项组用于确定尺寸界线的形式，其中各选项的含义如下。

（1）"颜色"（"线宽"）下拉列表框：用于设置尺寸界线的颜色、线宽。

（2）"尺寸界线 1(2)的线型"下拉列表框：用于设置第一条或第二条尺寸界线的线型（DIMLTEX1系统变量）。

（3）"超出尺寸线"微调框：用于确定尺寸界线超出尺寸线的距离。

（4）"起点偏移量"微调框：用于确定尺寸界线的实际起始点相对于指定尺寸界线起始点的偏移量。

（5）"隐藏"复选框组：用于确定是否隐藏尺寸界线。

（6）"固定长度的尺寸界线"复选框：选中该复选框后，系统将以固定长度的尺寸界线标注尺寸。可以在其下面的"长度"文本框中输入长度值。

3. 尺寸样式显示框

尺寸样式显示框位于"新建标注样式"对话框的右上方，用于以例子的形式展示用户设置的尺寸样式。

8.1.3　符号和箭头

在"新建标注样式"对话框中，第二个选项卡是"符号和箭头"选项卡，如图 8-4 所示。该选项卡用于设置箭头、圆心标记、折断标注、弧长符号、半径折弯标注和线性折弯标注的形式和特性。该选项卡中的主要选项的说明如下。

1. "箭头"选项组

"箭头"选项组用于设置尺寸箭头的样式。AutoCAD 提供了多种箭头形状，列在"第一个"和"第二个"下拉列表框中。此外，还允许使用用户自定义的箭头形状。两个尺寸箭头可以采用相同的样式，也可以采用不同的样式。

（1）"第一个"和"第二个"下拉列表框：用于设置第一个和第二个尺寸箭头的样式。单击此下拉列表框，打开各种箭头样式，其中列出了各类箭头的形状及名称。一旦选择了第一个箭头的类型，第二个箭头会自动与其匹配如果希望第二个箭头采用不同的形状，可以在"第二个"下拉列表框中设定。

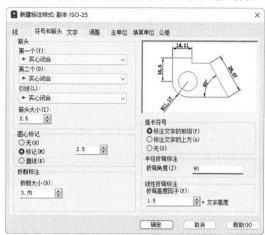

图 8-4　"符号和箭头"选项卡

如果在列表框中选择了"用户箭头"选项，系统会打开"选择自定义箭头块"对话框。可以事先将自定义的箭头存成一个图块，在该对话框中输入该图块名即可。

（2）"引线"下拉列表框：用于确定引线箭头的样式，与"第一个"设置类似。

（3）"箭头大小"微调框：用于设置尺寸箭头的大小。

2. "圆心标记"选项组

"圆心标记"选项组用于设置半径标注、直径标注及中心标注中的中心标记和中心线形式。各项含义如下。

（1）"无"单选按钮：选中该单选按钮，不产生中心标记，也不产生中心线。

（2）"标记"单选按钮：选中该单选按钮，中心标记为一个点记号。

（3）"直线"单选按钮：选中该单选按钮，中心标记采用中心线的形式。

（4）大小微调框：用于设置中心标记和中心线的大小、粗细。

8.1.4　文字

在"新建标注样式"对话框中，第三个选项卡是"文字"选项卡，如图 8-5 所示。该选项卡用于设置尺寸文本的样式、布局、对齐方式等。选项卡中的各选项的说明如下。

1. "文字外观"选项组

（1）"文字样式"下拉列表框：用于选择当前尺寸文本的文字样式。

（2）"文字颜色"下拉列表框：用于设置尺寸文本的颜色。

（3）"填充颜色"下拉列表框：用于设置标注中文字背景的颜色。

（4）"文字高度"微调框：用于设置尺寸文本的字高。如果选用的文本样式中已设置了具体的字高（非 0 值），则此处的设置无效；如果文本样式

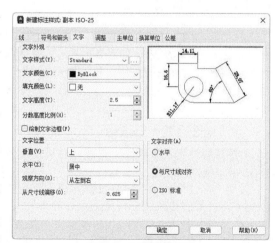

图 8-5　"文字"选项卡

中设置的字高为 0，则以此处设置为准。

（5）"分数高度比例"微调框：用于确定尺寸文本的比例系数。

（6）"绘制文字边框"复选框：选中该复选框，AutoCAD 会在尺寸文本的周围加上边框。

2."文字位置"选项组

（1）"垂直"下拉列表框：用于确定尺寸文本相对于尺寸线在垂直方向的对齐方式，如图 8-6 所示。

图 8-6 尺寸文本在垂直方向的放置

（2）"水平"下拉列表框：用于确定尺寸文本相对于尺寸线和尺寸界线在水平方向的对齐方式。单击此下拉列表框，可从中选择的对齐方式有五种：居中、第一条尺寸界线、第二条尺寸界线、第一条尺寸界线上方、第二条尺寸界线上方，如图 8-7（a）～图 8-7（e）所示。

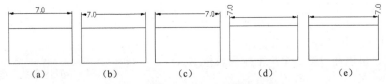

图 8-7 尺寸文本在水平方向的放置

（3）"观察方向"下拉列表框：用于控制标注文字的观察方向（可用 DIMTXTDIRECTION 系统变量设置）。

（4）"从尺寸线偏移"微调框：当尺寸文本放在断开的尺寸线中间时，该微调框用于设置尺寸文本与尺寸线之间的距离。

3."文字对齐"选项组

该选项组用于控制尺寸文本的排列方向。

（1）"水平"单选按钮：选中该单选按钮后，尺寸文本沿水平方向放置。无论标注什么方向的尺寸，尺寸文本始终保持水平。

（2）"与尺寸线对齐"单选按钮：选中该单选按钮后，尺寸文本沿尺寸线方向放置。

（3）"ISO 标准"单选按钮：选中该单选按钮后，当尺寸文本在尺寸界线之间时，沿尺寸线方向放置；在尺寸界线之外时，沿水平方向放置。

8.1.5 主单位

在"新建标注样式"对话框中，第五个选项卡是"主单位"选项卡，如图 8-8 所示。该选项卡用于设置尺寸标注的主单位和精度，并可为尺寸文本添加固定的前缀或后缀等。该选项卡中的主要选项说明如下。

1."线性标注"选项组

"线性标注"选项组用于设置标注长度尺寸时采用的单位和精度。

（1）"单位格式"下拉列表框：用于确定标注尺寸时使用的单位制（角度型尺寸除外）。在其下拉列表框中 AutoCAD 2024 提供了"科学""小数""工程""建筑""分数"和"Windows 桌面"6 种单位制，可根据需要选择。

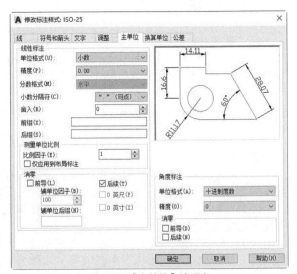

图 8-8 "主单位"选项卡

（2）"精度"下拉列表框：用于确定标注尺寸时的精度，也就是精确到小数点后几位。

（3）"分数格式"下拉列表框：用于设置分数的显示形式。AutoCAD 2024 提供了"水平""对角"和"非堆叠"三种形式供用户选择。

（4）"小数分隔符"下拉列表框：用于确定十进制单位（Decimal）的分隔符。AutoCAD 2024 提供了句点（.）、逗点（,）和空格三种形式。

（5）"舍入"微调框：用于设置除角度之外的尺寸测量圆整规则。在文本框中输入一个值。如果输入"1"，则所有测量值均为整数。

（6）"前缀"文本框：用于为尺寸标注设置固定前缀。可以输入文本，也可以使用控制符生成特殊字符，这些文本将被加在所有尺寸文本之前。

（7）"后缀"文本框：用于为尺寸标注设置固定后缀。

2. "测量单位比例"选项组

"测量单位比例"选项组用于确定 AutoCAD 在自动测量尺寸时的比例因子。其中，"比例因子"微调框用于设置除角度之外所有尺寸测量的比例因子。例如，如果用户将比例因子设置为 2，则 AutoCAD 会将实际测量为 1 的尺寸标注为 2。如果勾选"仅应用到布局标注"复选框，则设置的比例因子只适用于布局标注。

8.1.6　公差

　　在"新建标注样式"对话框中，第七个选项卡是"公差"选项卡，如图 8-9 所示。该选项卡用于确定标注公差的方式。该选项卡中的主要选项说明如下。

1. "公差格式"选项组

"公差格式"选项组用于设置公差的标注方式。

（1）"方式"下拉列表框：用于设置公差标注的方式。AutoCAD 提供了五种标注公差的方式，分别是"无""对称""极限偏差""极限尺寸"和"基本尺寸"，其中"无"表示不标注公差。其余四种标注方式如图 8-10 所示。

（2）"精度"下拉列表框：用于确定公差标注的精度。

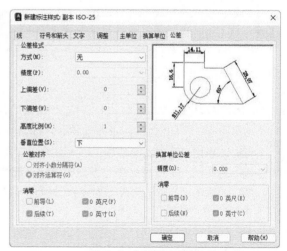

图 8-9　"公差"选项卡

（3）"上（下）偏差"微调框：用于设置尺寸的上（下）偏差。

（4）"高度比例"微调框：用于设置公差文本的高度比例，即公差文本的高度与一般尺寸文本的高度之比。

（5）"垂直位置"下拉列表框：用于控制"对称"和"极限偏差"形式的公差标注的文本对齐方式，如图 8-11 所示。

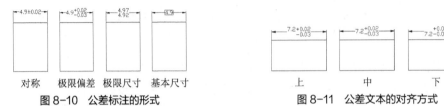

图 8-10　公差标注的形式　　　　　　　图 8-11　公差文本的对齐方式

2."公差对齐"选项组

"公差对齐"选项组用于在堆叠时，控制上偏差值和下偏差值的对齐。

（1）"对齐小数分隔符"单选按钮：选中该单选按钮，通过小数分隔符对齐堆叠值。

（2）"对齐运算符"单选按钮：选中该单选按钮，通过运算符对齐堆叠值。

3."换算单位公差"选项组

"换算单位公差"选项组用于设置几何公差标注的替换单位，各项的设置方法与上面相同。

其他选项卡一般很少进行调整，因此这里不再赘述。

8.2　标注尺寸

正确进行尺寸标注是设计绘图工作中一个非常重要的环节。AutoCAD 2024 提供了方便快捷的尺寸标注方法，可以通过执行命令实现，也可以利用菜单或工具按钮实现。本节重点介绍如何对各种类型的尺寸进行标注。

8.2.1　线性标注

【执行方式】

▼ 命令行：DIMLINEAR（缩写名：DIMLIN）。

▼ 菜单栏：选择菜单栏中的"标注"→"线性"命令。

▼ 工具栏：单击"标注"工具栏中的"线性"按钮├┤。

▼ 功能区：单击"默认"选项卡"注释"面板中的"线性"按钮├┤或单击"注释"选项卡"标注"面板中的"线性"按钮├┤。

▼ 快捷键：D+L+I。

【操作步骤】

命令行提示与操作如下。

```
命令: DIMLINEAR↙
指定第一个尺寸界线原点或<选择对象>:
指定尺寸线位置或 [多行文字(M)/文字(T)/角度(A)/水平(H)/垂直(V)/旋转(R)]:
```

【选项说明】

（1）指定尺寸线位置：用于确定尺寸线的位置。用户可以移动鼠标选择合适的尺寸线位置，然后按 Enter 键或单击，AutoCAD 会自动测量要标注线段的长度，并标注出相应的尺寸。

（2）多行文字(M)：使用多行文本编辑器来确定尺寸文本。

（3）文字(T)：用于在命令行提示下输入或编辑尺寸文本。

（4）角度(A)：用于确定尺寸文本的倾斜角度。

（5）水平(H)：用于水平标注尺寸，无论标注什么方向的线段，尺寸线始终保持水平放置。

（6）垂直(V)：用于垂直标注尺寸，无论标注什么方向的线段，尺寸线始终保持垂直放置。

（7）旋转(R)：输入尺寸线旋转的角度值，以旋转标注尺寸。

8.2.2 半径标注

【执行方式】

▼ 命令行：DIMRADIUS（快捷命令：DRA）。

▼ 菜单栏：选择菜单栏中的"标注"→"半径"命令。

▼ 工具栏：单击"标注"工具栏中的"半径"按钮⌒。

▼ 功能区：单击"默认"选项卡"注释"面板中的"半径"按钮⌒或单击"注释"选项卡"标注"面板中的"半径"按钮⌒。

【操作步骤】

命令行提示与操作如下。

命令: dimradius↙
选择圆弧或圆:（选择要标注半径的圆或圆弧）
指定尺寸线位置或 [多行文字(M)/文字(T)/角度(A)]:（确定尺寸线的位置或选择某一选项）

【选项说明】

用户可以选择"多行文字""文字"或"角度"选项来输入、编辑尺寸文本或确定尺寸文本的倾斜角度，还可以直接确定尺寸线的位置，以标注出指定圆或圆弧的半径。

对于"默认"选项卡"注释"面板中的"直径"命令，其操作与"半径"命令类似，因此这里不再赘述。

8.2.3 操作实例——标注垫片尺寸

标注图 8-12 所示的垫片尺寸。操作步骤如下。

（1）打开"源文件\原始文件\第 8 章\垫片"图形文件。

（2）新建图层。创建"尺寸标注"的图层，选择默认属性，并将其设置为当前图层。

（3）设置标注样式。单击"默认"选项卡中"注释"面板的"标注样式"按钮⊶，系统弹出图 8-13 所示的❶"标注样式管理器"对话框。❷单击"新建"按钮，在弹出的"创建新标注样式"对话框中将❸"新样式名"设置为"机械制图"，如图 8-14所示。❹单击"继续"按钮，系统弹出"新建标注样式：机械制图"对话框。

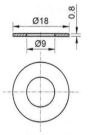

图 8-12 垫片

在图 8-15 所示的❺"线"选项卡中，❻设置"基线间距"为 2，❼"超出尺寸线"为 1.25，❽"起点偏移量"为 0.625，其他设置保持默认。在图 8-16 所示的❾"符号和箭头"选项卡中，❿设置箭头为"实心闭合"，⓫"箭头大小"为 2，其他设置保持默认。在图 8-17 所示的⓬"文字"选项卡中，⓭设置"文字高度"为 2，其他设置保持默认。在图 8-18 所示的⓮"主单位"选项卡中，⓯将"精度"设置为 0.0，⑯"小数分隔符"设置为"句点"，其他设置保持默认。完成后⑰单击"确定"按钮退出。在"标注样式管理器"对话框中，将"机械制图"样式设置为当前样式，单击"关闭"按钮退出。

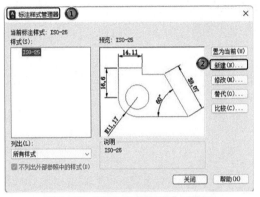

图 8-13 "标注样式管理器"对话框

图 8-14 "创建新标注样式"对话框

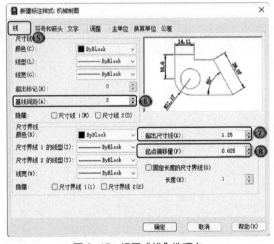

图 8-15 设置"线"选项卡

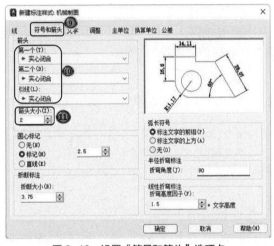

图 8-16 设置"符号和箭头"选项卡

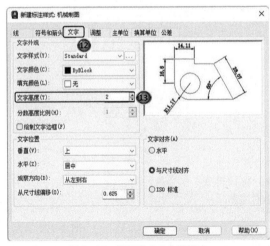

图 8-17 设置"文字"选项卡

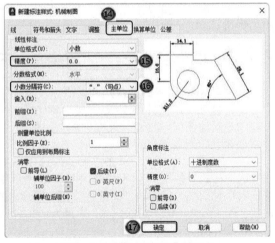

图 8-18 设置"主单位"选项卡

（4）标注尺寸。单击"注释"选项卡中"标注"面板的"线性"按钮，对图形进行尺寸标注。命令行提示与操作如下所示。

命令: _dimlinear（标注厚度尺寸"0.8"）
指定第一个尺寸界线原点或 <选择对象>：（指定第一条尺寸边界线位置）
指定第二条尺寸界线原点：（指定第二条尺寸边界线位置）
指定尺寸线位置或[多行文字(M)/文字(T)/角度(A)/水平(H)/垂直(V)/旋转(R)]：（选取尺寸放置位置）
标注文字= 0.8
命令: _dimlinear（标注直径尺寸"Φ18"）
指定第一个尺寸界线原点或 <选择对象>：（指定第一条尺寸边界线位置）
指定第二条尺寸界线原点：（指定第二条尺寸边界线位置）
指定尺寸线位置或[多行文字(M)/文字(T)/角度(A)/水平(H)/垂直(V)/旋转(R)]：t↙
输入标注文字 <18>：%%c18↙
指定尺寸线位置或[多行文字(M)/文字(T)/角度(A)/水平(H)/垂直(V)/旋转(R)]：（选取尺寸放置位置）
标注文字= 18

以相同的方法标注 Ø9 尺寸，最终结果如图 8-12 所示。

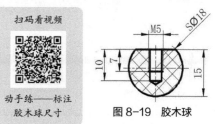

图 8-19 胶木球

8.2.4 动手练——标注胶木球尺寸

请打开"源文件\原始文件\第 8 章\胶木球"图形文件，并按照图 8-19 的示例标注胶木球的尺寸。

 思路点拨

（1）设置尺寸标注样式。
（2）使用"线性标注"和"直径标注"命令进行标注。

8.2.5 角度型尺寸标注

【执行方式】

▽ 命令行：DIMANGULAR（快捷命令：DAN）。
▽ 菜单栏：选择菜单栏中的"标注"→"角度"命令。
▽ 工具栏：单击"标注"工具栏中的"角度"按钮△。
▽ 功能区：单击"默认"选项卡"注释"面板中的"角度"按钮△或单击"注释"选项卡"标注"面板中的"角度"按钮△。

【操作步骤】

命令行提示与操作如下。

命令: DIMANGULAR↙
选择圆弧、圆、直线或 <指定顶点>：

【选项说明】

（1）选择圆弧：标注圆弧的中心角。
（2）选择圆：标注圆上某段圆弧的中心角。
（3）选择直线：标注两条直线间的夹角。

（4）指定顶点：直接按 Enter 键，命令行提示与操作如下。

指定角的顶点：（指定顶点）

指定角的第一个端点：（输入角的第一个端点）

指定角的第二个端点：（输入角的第二个端点）

创建了无关联的标注

指定标注弧线位置或 [多行文字(M)/文字(T)/角度(A) /象限点(Q)]：（输入一点作为角的顶点）

给定尺寸线的位置，AutoCAD 可以根据用户指定的三点标注出角度，如图 8-20 所示。此外，用户还可以选择"多行文字""文字"或"角度"选项，编辑尺寸文本或指定文本的倾斜角度。

① 指定标注弧线位置：指定尺寸线的位置并确定绘制延伸线的方向。指定位置后，DIMANGULAR 命令将结束。

② 多行文字(M)：在指定位置显示文字编辑器，可以用它来编辑标注文字。如果需要添加前缀或后缀，需要在生成的测量值前后输入相应的前缀或后缀。

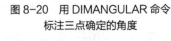

图 8-20 用 DIMANGULAR 命令
标注三点确定的角度

③ 文字(T)：自定义标注文字，生成的标注测量值显示在尖括号 "<>" 中。输入标注文字，或按 Enter 键接受生成的测量值。如果要包括生成的测量值，请用尖括号 "<>" 表示生成的测量值。

④ 角度(A)：修改标注文字的角度。

⑤ 象限点(Q)：指定标注应锁定到的象限。启用象限行为后，将标注文字放置在角度标注处时，尺寸线会延伸超过延伸线。

8.2.6 操作实例——标注压紧螺母尺寸

扫码看视频

操作实例——标注
压紧螺母尺寸

标注图 8-21 所示的压紧螺母尺寸。操作步骤如下。

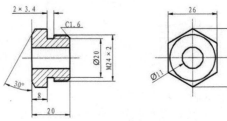

图 8-21 压紧螺母

（1）打开"源文件\第 8 章\原始文件\压紧螺母"图形文件。

（2）设置标注样式。将"尺寸标注"图层设定为当前图层，并按照 8.1.1 节的方法设置标注样式。

（3）标注线性尺寸。单击"默认"选项卡中"注释"面板的"线性"按钮，标注线性尺寸，结果如图 8-22 所示。

（4）标注直径尺寸。单击"默认"选项卡中"注释"面板的"直径"按钮，标注直径尺寸，结果如图 8-23 所示。

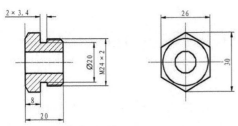

图 8-22 线性尺寸标注

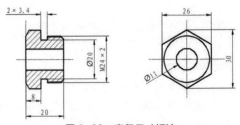

图 8-23 直径尺寸标注

（5）设置角度标注尺寸样式。单击"默认"选项卡"注释"面板中的"标注样式"按钮，在系统弹出的"标注样式管理器"对话框的"样式"列表中，选择已经设置的"机械制图"样式。然后单击"新建"按钮，在弹出的"创建新标注样式"对话框中的❶"用于"下拉列表中选择"角度标注"，如图 8-24 所示。❷单击"继续"按钮，系统将弹出❸"新建标注样式"对话框，在"文字"选项卡的"文字对齐"选项组❹选择"水平"单选按钮，其他选项保持默认设置，如图 8-25 所示。❺单击"确定"按钮，回到"标注样式管理器"对话框，"样式"列表中❻新增了"机械制图"样式下的"角度"标注样式，如图 8-26 所示。❼单击"关闭"按钮，"角度"标注样式被设置为当前标注样式，并仅对角度标注有效。

注意

在机械制图国家标准（GB/T 4458.4—2003）中规定，角度的尺寸数字必须水平放置，因此需要对角度尺寸的标注样式进行重新设置。

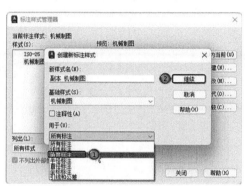

图 8-24　新建标注样式

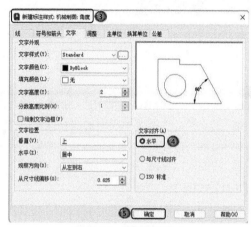

图 8-25　设置标注样式

（6）标注角度尺寸。单击"默认"选项卡中"注释"面板的"角度"按钮，对图形进行角度尺寸标注。命令行提示与操作如下。结果如图 8-27 所示。

```
命令: _dimangular
选择圆弧、圆、直线或 <指定顶点>:（选择主视图上倒角的斜线）
选择第二条直线:（选择主视图最左端竖直线）
指定标注弧线位置或 [多行文字(M)/文字(T)/角度(A)/象限点(Q)]:（选择合适位置）
标注文字= 30
```

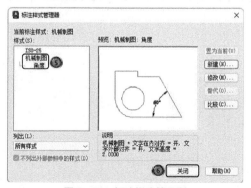

图 8-26　标注样式管理器

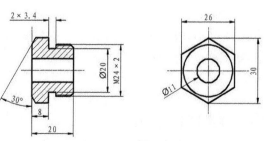

图 8-27　角度尺寸标注

（7）标注倒角尺寸 C1.6。该尺寸的标注方法将在下一节中讲述，最终结果如图 8-21 所示。

8.2.7 动手练——标注挂轮架尺寸

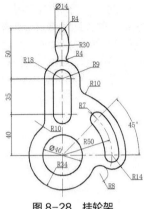

扫码看视频

动手练——标注
挂轮架尺寸

打开"源文件\第 8 章\原始文件\挂轮架"图形文件，并为图 8-28 所示的挂轮架添加尺寸标注。

💡 **思路点拨**

（1）设置尺寸标注样式。

（2）利用"线性标注""半径标注""直径标注"和"角度标注"命令进行标注。

图 8-28 挂轮架

8.2.8 基线标注

基线标注用于产生一系列基于同一尺寸基准线的尺寸标注，适用于长度尺寸、角度尺寸和坐标标注。在使用基线标注方式之前，应该先标注出一个相关的尺寸作为基准线标准。

【执行方式】

- ☑ 命令行：DIMBASELINE（快捷命令：DBA）。
- ☑ 菜单栏：选择菜单栏中的"标注"→"基线"命令。
- ☑ 工具栏：单击"标注"工具栏中的"基线"按钮⊢┤。
- ☑ 功能区：单击"注释"选项卡"标注"面板中的"基线"按钮⊢┤。

【操作步骤】

命令行提示与操作如下。

命令：DIMBASELINE↙
指定第二个尺寸界线原点或[选择(S)/放弃(U)] <选择>:

【选项说明】

（1）指定第二个尺寸界线原点：直接确定另一尺寸的第二条尺寸界线的起点。AutoCAD 将以上次标注的尺寸为基准，标注出相应尺寸。

（2）选择(S)：在上述提示下直接按 Enter 键。

8.2.9 连续标注

连续标注又称为尺寸链标注，用于生成一系列连续的尺寸标注。后一个尺寸标注将前一个标注的第二条尺寸界线作为它的第一条尺寸界线。连续标注适用于长度型尺寸、角度型尺寸和坐标标注。在使用连续标注方式之前，应先标注出一个相关的尺寸。

【执行方式】

- ☑ 命令行：DIMCONTINUE（快捷命令：DCO）。
- ☑ 菜单栏：选择菜单栏中的"标注"→"连续"命令。
- ☑ 工具栏：单击"标注"工具栏中的"连续"按钮├┼┼┤。
- ☑ 功能区：单击"注释"选项卡"标注"面板中的"连续"按钮├┼┼┤。

【操作步骤】

命令行提示与操作如下。

命令: DIMCONTINUE↙

选择连续标注:

指定第二个尺寸界线原点或 [放弃(U)/选择(S)] <选择>:

此提示下的各选项与基线标注中的选项完全相同，在此不再赘述。

扫码看视频

操作实例——标注
阀杆尺寸

8.2.10　操作实例——标注阀杆尺寸

标注图 8-29 所示的阀杆尺寸。操作步骤如下。

（1）打开"源文件\第 8 章\原始文件\阀杆"图形文件。

（2）设置标注样式。将"尺寸标注"图层设定为当前图层。按照 8.1.1 节的
方法设置标注样式。

（3）标注线性尺寸。单击"默认"选项卡"注释"面
板中的"线性"按钮，标注线性尺寸，结果如图 8-30
所示。

（4）标注半径尺寸。单击"默认"选项卡"注释"面
板中的"半径"按钮，标注圆弧尺寸，结果如图 8-31
所示。

（5）设置角度标注样式。按照 8.2.5 节的方法设置角度
标注样式。

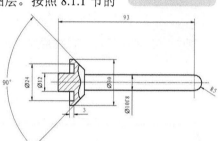

图 8-29　阀杆

图 8-30　标注线性尺寸

图 8-31　标注半径尺寸

（6）标注角度尺寸。单击"默认"选项卡"注释"面板中的"角度"按钮，对图形进行角度
尺寸标注，结果如图 8-32 所示。

（7）标注基线尺寸。首先，单击"默认"选项卡"注释"面板中的"线性"按钮，标注线性尺寸 93
然后，单击"注释"选项卡"标注"面板中的"基线"按钮，标注基线尺寸 8。命令行提示与操作如下。
选择刚标注的基线标注，利用"钳夹"功能将尺寸线移动到合适的位置，结果如图 8-33 所示。

命令: _dimbaseline

指定第二个尺寸界线原点或 [放弃(U)/选择(S)] <选择>:（选择尺寸界线）

标注文字= 8

指定第二个尺寸界线原点或 [放弃(U)/选择(S)] <选择>:↙

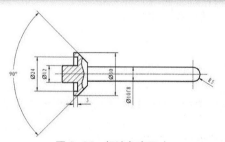

图 8-32　标注角度尺寸

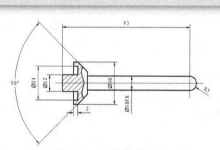

图 8-33　标注基线尺寸

（8）标注连续尺寸。单击"注释"选项卡中"标注"面板的"连续"按钮，标注连续尺寸
10，命令行提示与操作如下。

```
命令: _dimcontinue
指定第二个尺寸界线原点或 [放弃(U)/选择(S)] <选择>:（选择尺寸界线）
标注文字=10
指定第二个尺寸界线原点或 [放弃(U)/选择(S)] <选择>:✓
```

最终结果如图 8-29 所示。

8.2.11 动手练——标注内六角螺钉尺寸

扫码看视频

动手练——标注内
六角螺钉尺寸

打开"源文件\第 8 章\原始文件\内六角螺钉"图形文件，标注如图 8-34 所示的内六角螺钉尺寸。

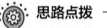 **思路点拨**

（1）设置尺寸标注样式。
（2）使用"线性标注""半径标注""直径标注""角度标注"和"连续标注"命令进行标注。

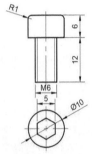

图 8-34 内六角螺钉

8.2.12 对齐标注

【执行方式】

☑ 命令行：DIMALIGNED。
☑ 菜单栏：选择菜单栏中的"标注"→"对齐"命令。
☑ 工具栏：单击"标注"工具栏中的"对齐""标注"按钮✎。

【操作步骤】

命令行提示与操作如下。

```
命令: DIMALIGNED✓
指定第一个尺寸界线原点或 <选择对象>:
```

这种命令标注的尺寸线与所标注的轮廓线平行，表示的是起始点到终点之间的距离尺寸。

8.2.13 操作实例——标注手柄尺寸

扫码看视频

操作实例——标注
手柄尺寸

标注图 8-35 所示的手柄尺寸，操作步骤如下。
（1）打开"源文件\第 8 章\原始文件\手把"图形文件。
（2）设置标注样式。将"尺寸标注"图层设定为当前图层。按 8.1.1 节方法设置标注样式。
（3）标注线性尺寸。单击"默认"选项卡"注释"面板中的"线性"按钮⊢，标注线性尺寸，结果如图 8-36 所示。
（4）标注半径尺寸。单击"默认"选项卡"注释"面板中的"半径"按钮⟨，标注圆弧尺寸，结果如图 8-37 所示。
（5）设置角度标注样式。按照 8.2.5 节的方法设置角度标注样式。
（6）标注角度尺寸。单击"默认"选项卡"注释"面板中的"角度"按钮△，对图形进行角度尺寸标注，结果如图 8-38 所示。

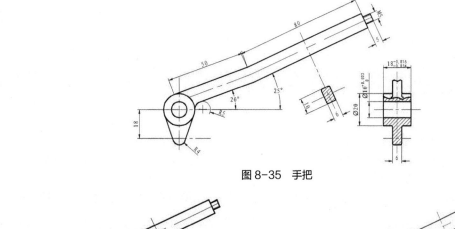

图 8-35　手把

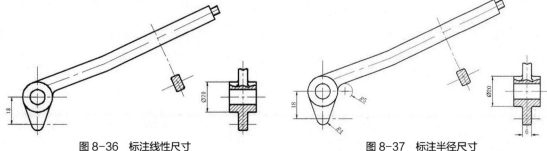

图 8-36　标注线性尺寸　　　　　　　　　　图 8-37　标注半径尺寸

（7）标注对齐尺寸。单击"默认"选项卡中"注释"面板的"对齐"按钮，对图形进行对齐尺寸标注，命令行提示与操作如下。用相同的方法标注其他对齐尺寸，结果如图 8-39 所示。

```
命令: _dimaligned
指定第一个尺寸界线原点或 <选择对象>:（选择合适的标注起始位置点）
指定第二条尺寸界线原点:（选择合适的标注终止位置点）
指定尺寸线位置或[多行文字(M)/文字(T)/角度(A)]:（指定合适的尺寸线位置）
标注文字= 50
```

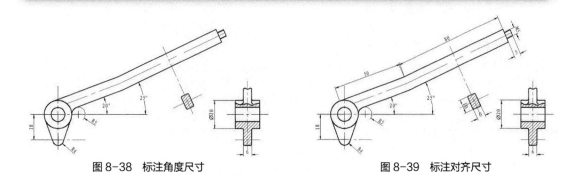

图 8-38　标注角度尺寸　　　　　　　　　　图 8-39　标注对齐尺寸

（8）设置公差尺寸标注样式。单击"默认"选项卡中"注释"面板的"标注样式"按钮，在系统弹出的"标注样式管理器"对话框中，在"样式"列表中选择已设置的"机械制图"样式，单击"替代"按钮，打开"替代当前样式：机械制图"对话框，❶在"公差"选项卡中，❷选择"方式"为"极限偏差"，❸将"精度"设为 0.000，❹在"上偏差"文本框中输入 0.022，❺在"下偏差"文本框中输入 0，❻在"高度比例"文本框中输入 0.5，❼并在"垂直位置"下拉列表框中选择"中"，如图 8-40 所示。❽然后，打开"主单位"选项卡，❾在"前缀"文本框中输入"%%c"，如图 8-41 所示。❿单击"确定"按钮，退出"替代当前样式：机械制图"对话框，再单击"关闭"按钮，退出"标注样式管理器"对话框。

注 意

（1）"上（下）偏差"文本框中的数值不能随意填写，应该查阅相关工程手册中的标准公差数值。本例标注的是基准尺寸为 10 的孔，公差系列为 H8 的尺寸。查阅相关手册，上偏差为+22（即 0.022），下偏差为 0。因此，每次标注新的不同公差值时，需要重新设置一次替代标注样式，这样做相对烦琐。当然，也可以采取另一种相对简单的方法，后面会讲述。

（2）系统默认在下偏差数值前加一个"–"号。如果下偏差为正值，一定要在"下偏差"文本框中输入一个负值。

（3）"精度"一定要选择为 0.000，即小数点后三位数字，否则显示的偏差会出错。

（4）"高度比例"文本框中一定要输入 0.5，这样竖直堆放在一起的两个偏差数字的总高度就和前面的基准数值高度相近，符合相关标准。

（5）在"垂直位置"下拉列表框中选择"中"，可以使偏差数值与前面的基准数值对齐，相对美观，也符合相关标准。

（6）在"主单位"选项卡的"前缀"文本框中输入%%c 的目的是标注线性尺寸的直径符号 φ。这里不能采用标注普通不带偏差值的线性尺寸的处理方式，因为重新输入文字时输入上下偏差值处理起来非常烦琐，一般读者很难掌握，因此这里不再介绍了。

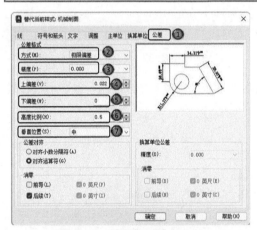

图 8-40 设置"公差"选项卡

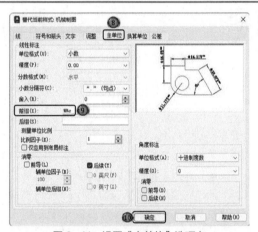

图 8-41 设置"主单位"选项卡

（9）标注公差尺寸。单击"默认"选项卡中"注释"面板的"线性"按钮，标注公差尺寸，结果如图 8-42 所示。

（10）修改偏差值。单击"默认"选项卡中"修改"面板的"分解"按钮，将刚标注的公差尺寸分解。用鼠标左键双击分解后的尺寸数字，系统会打开"文字编辑器"选项卡和"文字编辑器"，如图 8-43 所示。选择偏差数字，此时，文字格式编辑器上的"堆叠"按钮处于可用状态。单击该按钮，将公差数值展开，并用空格键代替"-"号，如图 8-44 所示。再次选择展开后的公差数字，单击"堆叠"按钮，结果如图 8-45 所示。

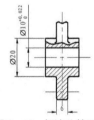

图 8-42 标注公差尺寸

图 8-43 "文字编辑器"选项卡和"文字编辑器"

注　意

　　从图 8-42 可以看出，下偏差标注的值是-0。这是因为系统默认在下偏差前添加一个负号，而机械制图国家标准中规定偏差 0 前不添加符号。因此需要对其进行修改。在修改时不能直接去掉负号，那样会导致上下偏差数值无法对齐，从而不符合国家标准。

　　（11）再次单击"默认"选项卡"注释"面板中的"线性"按钮⊢，标注另一个公差尺寸，结果如图 8-46 所示。这个公差尺寸有两个地方不符合实际情况：一是前面多了一个直径符号∅，二是公差数值不符合实际公差系列中查阅的数值。因此需要对其进行修改。

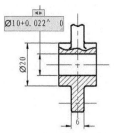　　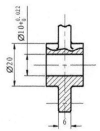　　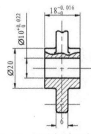

图 8-44　修改公差数字　　　图 8-45　完成公差数字修改　　　图 8-46　再次标注公差尺寸

　　（12）修改尺寸数字。使用与步骤（10）相同的方法，分解尺寸，打开"文字编辑器"，如图 8-47 所示，将公差数字展开去掉前面的直径符号∅，修改公差值，并将尺寸线移动到图形右侧，结果如图 8-48 所示。

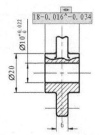　　　　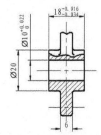

图 8-47　修改尺寸数字　　　　　　　图 8-48　修改结果

最终结果如图 8-35 所示。

8.2.14　动手练——标注球阀扳手尺寸

　　打开"源文件\第 8 章\原始文件\球阀扳手"图形文件，按照图 8-49 所示，标注球阀扳手的尺寸。

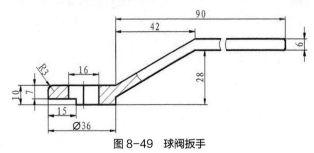

图 8-49　球阀扳手

扫码看视频

动手练——标注球阀扳手尺寸

思路点拨

　　（1）设置尺寸标注样式。
　　（2）使用"线性标注""直径标注""半径标注"和"基线标注"命令进行标注。

8.2.15 几何公差

为了方便机械设计工作，AutoCAD 提供了标注形状公差和位置公差的功能。在新版机械制图国家标准中，形位公差被改为"几何公差"。几何公差的标注形式如图 8-50 所示，主要包括指引线、特征符号、公差值和附加符号、基准代号及附加符号。本章主要介绍几何公差的使用方法。

【执行方式】

- ☑ 命令行：TOLERANCE（快捷命令：TOL）。
- ☑ 菜单栏：选择菜单栏中的"标注"→"公差"命令。
- ☑ 工具栏：单击"标注"工具栏中的"公差"按钮 ⊞。
- ☑ 功能区：单击"注释"选项卡"标注"面板中的"公差"按钮 ⊞。

【选项说明】

执行上述操作后，会弹出如图 8-51 所示的"形位公差"对话框。可以通过此对话框对形位公差标注进行设置。

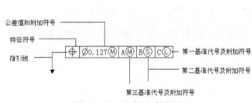

图 8-50 几何公差标注

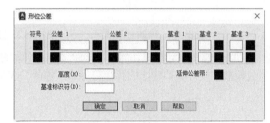

图 8-51 "形位公差"对话框

（1）符号：用于设定或更改公差代号。单击下面的黑块，系统将打开如图 8-52 所示的"特征符号"列表框，用户可以从中选择所需的公差代号。

（2）公差 1/2：用于生成第 1/2 个公差的公差值及"附加符号"。白色文本框左侧的黑块用于控制是否在公差值之前添加一个直径符号。单击黑块，将出现一个直径符号；再次单击，符号将消失。白色文本框用于输入具体的公差值。右侧的黑块用于插入"包容条件"符号。单击黑块，系统将打开如图 8-53 所示的"附加符号"列表框，用户可以从中选择所需的符号。

图 8-52 "特征符号"列表框

图 8-53 "附加符号"列表框

（3）基准 1/2/3：用于确定第 1/2/3 个基准代号及材料状态符号。在白色文本框中输入一个基准代号。单击其右侧的黑块，系统将打开"包容条件"列表框，可从中选择适当的"包容条件"符号。

（4）"高度"文本框：用于确定标注复合形位公差的高度。

（5）延伸公差带：单击该黑块，在复合公差带后面加上一个复合公差符号，如图 8-54（d）所示。其他几何公差标注如图 8-54 所示。

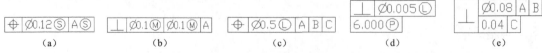

图 8-54 几何公差标注举例

（6）"基准标识符"文本框：用于生成一个标识符，用一个字母表示。

高手支招

　　在"形位公差"对话框中，有两行可以同时设置形位公差，从而实现复合形位公差的标注。如果两行中输入的公差代号相同，则会得到如图 8-53（e）所示的形式。

8.3　引线标注

　　AutoCAD 提供了引线标注功能，利用该功能不仅可以标注特定的尺寸，如圆角、倒角等，还可以在图中添加多行旁注和说明。在引线标注中，指引线可以是折线或曲线；指引线的端部可以有箭头，也可以没有箭头。

8.3.1　一般引线标注

　　使用 LEADER 命令可以创建灵活多样的引线标注形式。可以根据需要将指引线设置为折线或曲线，指引线可带箭头或不带箭头。注释文本可以是多行文本或几何公差，还可以从图形其他部分复制，或者是一个图块。

【执行方式】

　　▼ 命令行：LEADER。

【操作步骤及选项说明】

　　（1）指定下一点：直接输入一点，AutoCAD 根据前面的点画出折线作为指引线。
　　（2）注释(A)：输入注释文本，这是默认选项。在上述提示下直接按 Enter 键，系统会提示如下操作。

　　输入注释文字的第一行或 <选项>:

　　① 输入注释文本的第一行：在此提示下，输入第一行文本后按 Enter 键，可继续输入第二行文本，如此反复执行，直到输入全部注释文本，然后在此提示下直接按 Enter 键，AutoCAD 会在指引线终端标注出所输入的多行文本，并结束 LEADER 命令。
　　② 直接按 Enter 键：如果在上述提示下直接按 Enter 键，系统将提示并操作如下。

　　输入注释选项 [公差(T)/副本(C)/块(B)/无(N)/多行文字(M)] <多行文字>:

　　选择一个注释选项或直接按 Enter 键选择默认的"多行文字"选项。各选项的含义如下。
　　▼ 公差(T)：标注几何公差。
　　▼ 副本(C)：将已由 LEADER 命令创建的注释复制到当前指引线末端。
　　执行该选项后，系统将提示并引导操作如下。

　　选择要复制的对象:

　　在此提示下选择一个已创建的注释文本，AutoCAD 会将其复制到当前指引线的末端。
　　▼ 块(B)：插入块，将已经定义好的图块插入到指引线的末端。
　　执行该选项时，系统提示与操作如下。

　　输入块名或 [?]:

　　在此提示下输入一个已定义的图块名称，则 AutoCAD 将该图块插入指引线的末端。或者输入"？"

以列出当前已有的图块，用户可以从中选择。

　　☑ 无(N)：不进行注释，没有注释文本。

　　☑ 多行文字(M)：使用多行文本编辑器标注注释文本并设置文本格式，为默认选项。

　　（3）格式(F)：确定指引线的形式。选择该选项后，系统提示与操作如下。

> 输入引线格式选项 [样条曲线(S)/直线(ST)/箭头(A)/无(N)] <退出>:
> 选择指引线形式，或直接按 Enter 键回到上一级提示

　　① 样条曲线(S)：将指引线设置为样条曲线。

　　② 直线(ST)：将指引线设置为直线。

　　③ 箭头(A)：在指引线的起始位置绘制箭头。

　　④ 无(N)：在指引线的起始位置不绘制箭头。

　　⑤ 退出：此选项为默认选项，选择该选项可退出"格式"选项，返回"指定下一点或[注释(A)/格式(F)/放弃(U)] <注释>:"提示，指引线形式将按默认方式设置。

8.3.2　快速引线标注

　　利用 QLEADER 命令可以快速生成指引线及注释，并可通过优化对话框进行用户自定义，从而来消除不必要的命令行提示，达到最高的工作效率。

　　【执行方式】

　　☑ 命令行：QLEADER。

　　【操作步骤】

　　命令行提示与操作如下。

> 命令: QLEADER✓
> 指定第一个引线点或 [设置(S)] <设置>:

　　【选项说明】

　　（1）指定第一个引线点：在上述提示下确定一点，作为引线的第一点。命令行提示与操作如下。

> 指定下一点:（输入指引线的第二点）
> 指定下一点:（输入指引线的第三点）

　　AutoCAD 提示用户输入点的数量由"引线设置"对话框确定。输入引线的点后，命令行提示与操作如下。

> 指定文字宽度 <0.0000>:（输入多行文本的宽度）
> 输入注释文字的第一行 <多行文字(M)>:

　　此时，有两种命令输入选择，含义如下。

　　① 输入注释文字的第一行：在命令行输入第一行文本。

　　② 多行文字(M)：打开多行文字编辑器，输入编辑多行文字。直接按 Enter 键，结束 QLEADER 命令，并把多行文本标注在指引线的末端附近。

　　（2）设置(S)：直接按 Enter 键或输入"S"，打开"引线设置"对话框，允许对引线标注进行设置。该对话框包含"注释""引线和箭头""附着"3 个选项卡，下面分别进行介绍。

　　①"注释"选项卡：用于设置引线标注中注释文本的类型、多行文本的格式，并确定注释文本是否需要多次使用，如图 8-55 所示。

②"引线和箭头"选项卡：用于设置引线标注中引线和箭头的形式。其中，"点数"选项组用于设置执行 QLEADER 命令时 AutoCAD 提示用户输入点的数量。例如，若设置"点数"为 3，当用户执行 QLEADER 命令，在提示下指定 3 个点后，AutoCAD 会自动提示用户输入注释文本。请注意，设置的点数应比用户希望的引线段数多 1，可以通过微调框进行设置。如果选中"无限制"复选框，AutoCAD 会一直提示用户输入点，直到用户连续按两次 Enter 键为止。"角度约束"选项组用于设置第一段和第二段引线的角度约束，如图 8-56 所示。

③"附着"选项卡：用于设置注释文本和指引线的

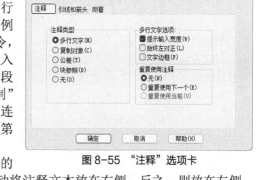

图 8-55 "注释"选项卡

相对位置。如果最后一段指引线指向右边，系统会自动将注释文本放在右侧；反之，则放在左侧。利用该选项卡的左侧和右侧的单选按钮，可以分别设置左侧和右侧的注释文本与最后一段指引线的相对位置，这两者可以相同也可以不相同。如图 8-57 所示。

图 8-56 "引线和箭头"选项卡　　　　　图 8-57 "附着"选项卡

8.3.3　操作实例——标注出油阀座尺寸

标注图 8-58 所示的出油阀座。操作步骤如下。

（1）打开"源文件\第 8 章\原始文件\出油阀座"图形文件。

（2）将"尺寸标注"图层设定为当前图层，并设置标注样式。单击"注释"面板中的"标注样式"按钮，系统弹出"标注样式管理器"对话框。单击"新建"按钮，系统弹出"修改标注样式：ISO-25"对话框，设置"新样式名"为"机械制图"，单击"继续"按钮，系统弹出"新建标注样式：机械制图"对话框。在"线"选项卡中，设置"基线间距"为 2，"超出尺寸线"为 1.25，"起点偏移量"为 0.625，其他设置保持默认。在"符号和箭头"选项卡中，设置箭头为"实心闭合""箭头大小"为 1，其他设置保持默认。在"文字"选项卡中，设置"文字高度"为 1，其他设置保持默认。在"主单位"选项卡中，设置"精度"为 0.0，"小数分隔符"为句点，其他设置保持默认。完成后单击"确定"按钮退出。在"标注样式管理器"对话框中将"机械制图"样式设置为当前样式，单击"关闭"按钮退出。

（3）标注线性尺寸。单击"默认"选项卡"注释"面板中的"线性"按钮，标注主视图中的线性尺寸为 1、2、2.5、8.3、18，如图 8-59 所示。

（4）使用 QLEADER 命令标注主视图中的圆角和倒

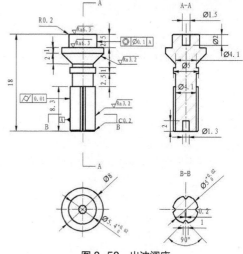

图 8-58　出油阀座

角。圆角半径为 0.2，倒角距离为 0.2。命令行提示与操作如下。

命令: QLEADER↙
　　指定第一个引线点或 [设置(S)] <设置>:输入 S↙（系统打开"引线设置"对话框，分别按图 8-60、图 8-61 设置，最后"确定"退出）
　　指定第一个引线点或 [设置(S)] <设置>:（指定销轴左上倒角点）
　　指定下一点:（适当指定下一点）
　　指定下一点:（适当指定下一点）
　　指定文字宽度 <0>:3↙
　　输入注释文字的第一行 <多行文字(M)>: C0.2↙
　　输入注释文字的下一行:

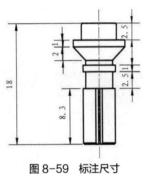

图 8-59　标注尺寸

图 8-60　"注释"选项卡

（5）以相同的方法标注 R0.2，结果如图 8-62 所示。

图 8-61　"引线和箭头"选项卡

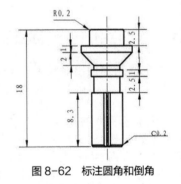

图 8-62　标注圆角和倒角

（6）标注主视图几何公差。在命令行中输入"QLEADER"命令，命令行提示与操作如下所示。

命令: QLEADER↙
　　指定第一个引线点或 [设置(S)] <设置>: S↙（在系统弹出的"引线设置"对话框中，设置各个选项卡，如图 8-60 和图 8-61 所示。设置完成后，单击"确定"按钮）
　　指定第一个引线点或 [设置(S)] <设置>:（捕捉主视图尺寸 2.5 竖直直线上的一点）
　　指定下一点:（向右移动鼠标，在适当位置处单击，弹出"形位公差"对话框，对其进行设置，如图 8-63 所示。单击"确定"按钮，结果如图 8-62 所示。）

（7）利用相同的方法标注下侧的几何公差，结果如图 8-64 所示。

（8）绘制基准符号 1。单击"默认"选项卡"绘图"面板中的"多边形"按钮 ⬡，绘制等边三角形，边长为 0.7，命令行提示与操作如下。

命令: _polygon

输入侧面数 <4>: 3

指定正多边形的中心点或 [边(E)]: E

指定边的第一个端点:（在尺寸线为 8.3 的竖直直线上点取一点为起点）

指定边的第二个端点: 0.7（指定三角形的边长为 0.7）

（9）绘制基准符号的第 2 部分。单击"默认"选项卡中"绘图"面板的"直线"按钮 ／ 和"矩形"按钮 ▢，绘制长度为 0.5 的水平直线和边长为 1.25 的矩形，如图 8-65 所示。

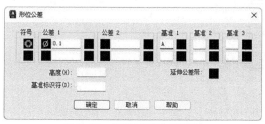

图 8-63　"形位公差"对话框

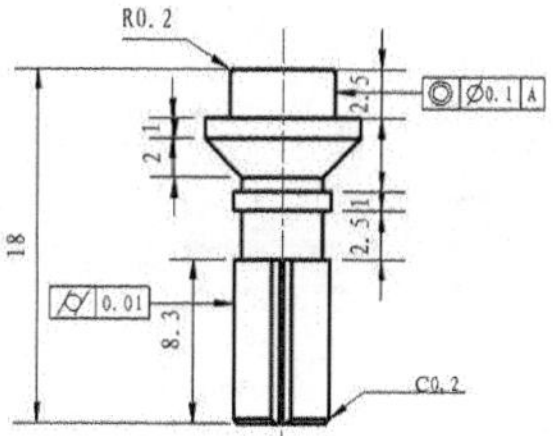

图 8-64　标注形位公差 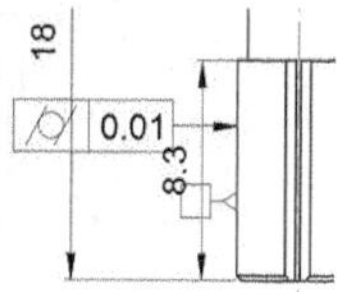　　图 8-65　绘制直线和矩形

（10）填充基准符号。单击"默认"选项卡中"绘图"面板的"图案填充"按钮 ▨，选择 solid 图案进行填充，结果如图 8-66 所示。

（11）添加基准符号。单击"默认"选项卡中"注释"面板的"多行文字"按钮 A，输入基准符号 A，如图 8-67 所示。

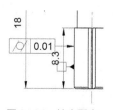

图 8-66　填充图案

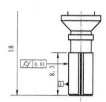

图 8-67　标注基准符号

（12）标注粗糙度符号。单击"默认"选项卡的"修改"面板中的"复制"按钮 ％，复制引线，然后单击"默认"选项卡的"绘图"面板中的"直线"按钮 ／ 和"多行文字"按钮 A，绘制粗糙度符号，并标注粗糙度数值，如图 8-68 所示。

（13）使用相同的方法绘制剩余部位的粗糙度符号，结果如图 8-69 所示。标注主视图后，观察绘制的图形，可以发现标注的文字高度与图形不太协调。因此，单击"默认"选项卡的"修改"面板中的"缩放"按钮 ▢，将除尺寸以外的标注缩放为原来的 0.8 倍，结果如图 8-70 所示。

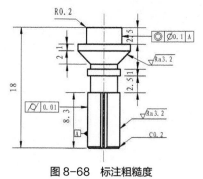

图 8-68　标注粗糙度

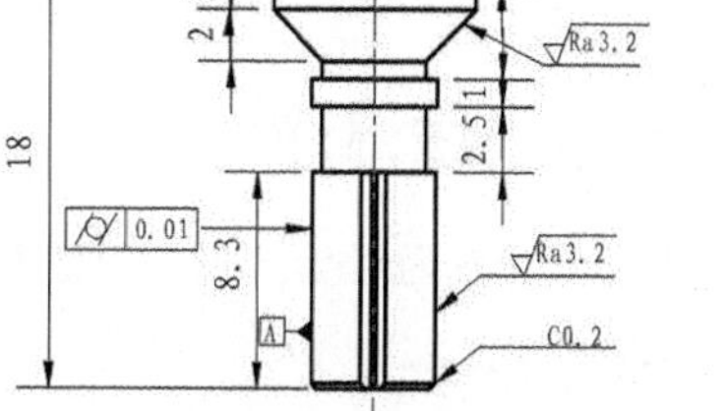

图 8-69　标注其余粗糙度符号

（14）绘制剖切符号。单击"默认"选项卡的"绘图"面板中的"直线"按钮 ／，绘制剖切符号。直线的长度可以设置为 2.5，如图 8-71 所示。

（15）标注直径。单击"默认"选项卡中"注释"面板的"直径"按钮 ◎，标注俯视图中的直

径尺寸 Ø8 和 Ø5.4。然后双击 Ø5.4，输出"+0.02^ 0"，标注极限偏差数值。结果如图 8-72 所示。

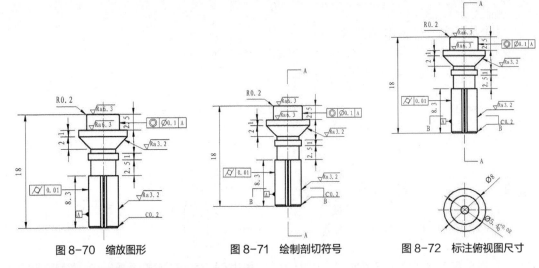

图 8-70　缩放图形　　　　图 8-71　绘制剖切符号　　　　图 8-72　标注俯视图尺寸

使用相同的方法标注剖面图的尺寸，结果如图 8-58 所示。

8.3.4　动手练——标注止动垫圈尺寸

打开"源文件\第 8 章\原始文件\止动垫圈"图形文件，标注图 8-73 所示的止动垫圈尺寸。

扫码看视频

动手练——标注止
动垫圈尺寸

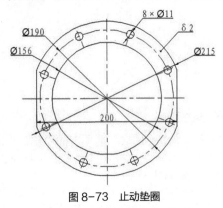

图 8-73　止动垫圈

 思路点拨

（1）设置尺寸标注样式。
（2）使用"线性标注""直径标注"和"引线标注"命令进行标注。

8.3.5　多重引线标注

多重引线可以设置为箭头优先、引线基线优先或内容优先。

【执行方式】

- 命令行：MLEADER。
- 菜单栏：选择菜单栏中的"标注"→"多重引线"命令。
- 工具栏：单击"标注"工具栏中的"多重引线"按钮 。
- 功能区：单击"注释"选项卡中"引线"面板的"多重引线样式"下拉菜单中的"管理多

重引线样式"按钮 ，或单击"注释"选项卡"引线"面板中的"对话框启动器"按钮 ⌐ 。

【操作步骤】

执行上述任一操作后，系统会打开"多重引线样式管理器"对话框。利用该对话框可方便、直观地定制和浏览多重引线样式，包括创建新的多重引线样式、修改已存在的多重引线样式、设置当前多重引线样式等。

【选项说明】

（1）引线箭头位置：用于指定多重引线对象箭头的位置。

（2）引线基线优先(L)：用于指定多重引线对象的基线位置。如果先前绘制的多重引线对象是基线优先，则后续的多重引线也将先创建基线（除非另有指定）。

（3）内容优先(C)：用于指定与多重引线对象相关联的文字或块的位置。如果先前绘制的多重引线对象是内容优先，则后续的多重引线对象也将先创建内容（除非另有指定）。

（4）选项(O)：用于指定放置多重引线对象的选项。系统提示与操作如下：

> 输入选项 [引线类型(L)/引线基线(A)/内容类型(C)/最大节点数(M)/第一个角度(F)/第二个角度(S)/退出选项(X)] <退出选项>：

① 引线类型(L)：用于指定要使用的引线类型。

> 选择引线类型 [直线(S)/样条曲线(P)/无(N)] <直线>：

② 内容类型(C)：用于指定要使用的内容类型。

> 选择内容类型 [块(B)/多行文字(M)/无(N)] <多行文字>：

③ 最大节点数(M)：用于指定新引线的最大节点数量。

> 输入引线的最大节点数 <2>：

④ 第一个角度(F)：用于限定新引线中第一个点的角度。

> 输入第一个角度约束 <0>：

⑤ 第二个角度(S)：用于约束新引线中第二个点的角度。

> 输入第二个角度约束 <0>：

⑥ 退出选项(X)：用于返回到第一个 MLEADER 命令提示。

8.3.6 操作实例——标注销轴尺寸

本实例利用源文件中的"销轴"图形，新建标注样式，并利用"线性""分解"等命令，为图形添加尺寸标注。标注图如图 8-74 所示的销轴尺寸。操作步骤如下。

（1）打开"源文件\第 8 章\原始文件\销轴"图形文件。

（2）设置标注样式。将"尺寸标注"图层设定为当前图层。按照 8.1.1 节的方法设置标注样式。

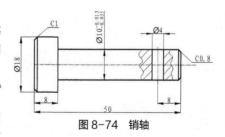

图 8-74 销轴

扫码看视频

操作实例——标注
销轴尺寸

（3）标注线性尺寸。单击"默认"选项卡中"注释"面板的"线性"按钮 ⊢⊣，标注线性尺寸，结果如图 8-75 所示。

（4）设置公差尺寸标注样式。按照第 8.2.10 节的方法设置公差尺寸标注样式。

（5）标注公差尺寸。单击"默认"选项卡中"注释"面板的"线性"按钮 ⊢⊣，标注公差尺寸，结果如图 8-76 所示。

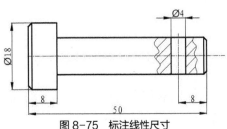

图 8-75 标注线性尺寸

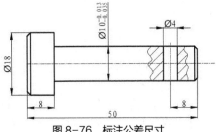

图 8-76 标注公差尺寸

（6）使用 QLEADER 命令标注销轴左端倒角，结果如图 8-77 所示。单击"默认"选项卡中"修改"面板的"分解"按钮 ⊡，将引线标注分解；然后单击"默认"选项卡中"修改"面板的"移动"按钮 ✛，将倒角数值 C1 移动到合适的位置，结果如图 8-78 所示。

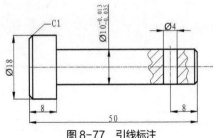

图 8-77 引线标注

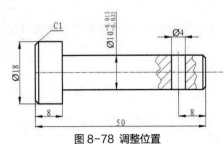

图 8-78 调整位置

（7）单击菜单栏中"标注"下的"多重引线"命令，标注销轴右端的倒角，命令行提示与操作如下。

命令: _mleader
指定引线箭头的位置或 [引线基线优先(L)/内容优先(C)/选项(O)] <选项>：（指定销轴右上倒角点）
指定引线基线的位置：（适当指定下一点）

系统打开多行文字编辑器，输入倒角文字 C0.8，完成多重引线标注。单击"默认"选项卡中"修改"面板的"分解"按钮 ⊡，将引线标注分解。接着单击"默认"选项卡中"修改"面板的"移动"按钮 ✛，将倒角数值 C0.8 移动到合适位置。最终结果如图 8-73 所示。

注 意

对于 45° 倒角，可以标注为 C*，例如，C1 表示 1×1 的 45° 倒角。如果倒角角度不是 45，则必须按照常规尺寸标注的方法进行标注。

8.3.7 动手练——标注齿轮轴套尺寸

扫码看视频

动手练——标注齿轮轴套尺寸

打开"源文件\第 8 章\原始文件\齿轮轴套"图形文件，标注如图 8-79 中所示的齿轮轴套尺寸。

思路点拨

（1）设置尺寸标注样式。
（2）利用"线性标注""直径标注""半径标注"和"引线标注"命令进行标注。

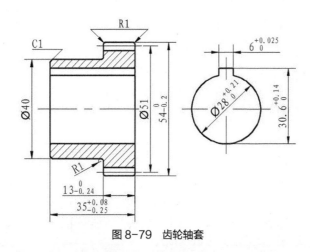

图 8-79　齿轮轴套

8.4　综合演练——绘制与标注底座

8.4.1　绘制视图

底座绘制过程分为两个步骤对于左视图，它由多边形和圆形构成，可以直接进行绘制；而对于主视图，则需要利用其与左视图的投影对应关系进行定位和绘制，如图 8-80 所示。具体操作步骤如下。

（1）设置图层。

（2）绘制左视图。

① 将"中心线"图层设置为当前图层。单击"默认"选项卡"绘图"面板中的"直线"按钮 ，以{(200,150),(300,150)}和{(250,200),(250,100)}为坐标点绘制中心线，修改线型比例为 0.5，效果如图 8-81 所示。

② 将"粗实线"图层设置为当前图层。关闭状态栏上的"线宽"按钮 ，单击"默认"选项卡中"绘图"面板的"多边形"按钮 ，绘制外切于圆且直径为 50 的正六边形。接着单击"默认"选项卡中"修改"面板的"旋转"按钮 ，将绘制的正六边形旋转 90°。效果如图 8-82 所示。

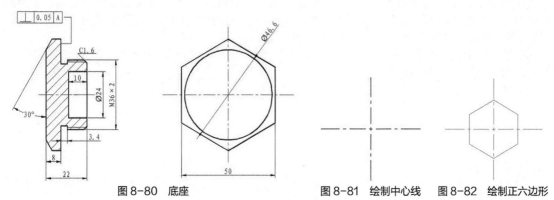

图 8-80　底座　　　　图 8-81　绘制中心线　图 8-82　绘制正六边形

③ 单击"默认"选项卡"绘图"面板中的"圆"按钮 ，以中心线交点为圆心，绘制半径为 23.3 的圆，效果如图 8-83 所示。

（3）绘制主视图。

① 将"中心线"图层设置为当前图层。单击"默认"选项卡"绘图"面板中的"直线"按钮 ，

以{(130,150),(170,150)}和{(140,190),(140,110)}为坐标点绘制中心线，修改线型比例为 0.5，效果如图 8-84 所示。

② 单击"默认"选项卡"绘图"面板中的"直线"按钮，以图 8-83 中的点 1 和点 2 为基准向左侧绘制直线，效果如图 8-85 所示。

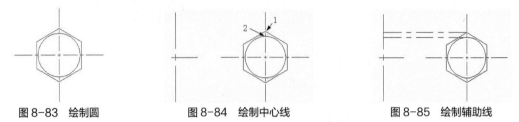

图 8-83　绘制圆　　　　　图 8-84　绘制中心线　　　　　图 8-85　绘制辅助线

③ 将"粗实线"图层设置为当前图层。单击"默认"选项卡中"绘图"面板的"直线"按钮，根据辅助线和尺寸绘制图形，效果如图 8-86 所示。

④ 单击"默认"选项卡中"绘图"面板的"直线"按钮和"修改"面板的"修剪"按钮，绘制退刀槽，效果如图 8-87 所示。

⑤ 单击"默认"选项卡中"修改"面板的"倒角"按钮，以 1.6 为边长创建倒角，效果如图 8-88 所示。

⑥ 选择极轴追踪角度为 30°，打开"极轴追踪"，然后单击"默认"选项卡中"绘图"面板的"直线"按钮和"修改"面板中的"修剪"按钮，绘制倒角，效果如图 8-89 所示。

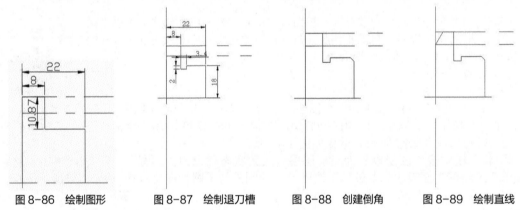

图 8-86　绘制图形　　　图 8-87　绘制退刀槽　　　图 8-88　创建倒角　　　图 8-89　绘制直线

⑦ 单击"默认"选项卡"修改"面板中的"偏移"按钮，将水平中心线向上偏移，偏移距离为 16.9。接着单击"默认"选项卡"修改"面板中的"修剪"按钮，剪切线段，并将剪切后的线段图层修改为"细实线"，效果如图 8-90 所示。

⑧ 将"粗实线"图层设置为当前图层。单击"默认"选项卡"绘图"面板中的"直线"按钮，绘制螺纹线，效果如图 8-91 所示。

⑨ 单击"默认"选项卡"修改"面板中的"镜像"按钮，将绘制好的一半图形镜像到另一侧，效果如图 8-92 所示。

图 8-90　修剪线段　　　图 8-91　绘制螺纹线　　　图 8-92　镜像图形

⑩ 将"细实线"图层设置为当前图层。单击"默认"选项卡中"绘图"面板的"图案填充"按钮 ▨，将填充图案设置为 ANSI31，角度为 0，比例为 1，效果如图 8-93 所示。

⑪ 删除多余的辅助线，并使用"打断"命令修剪过长的中心线。最后，打开状态栏上的"线宽"按钮 ▤，最终效果如图 8-94 所示。

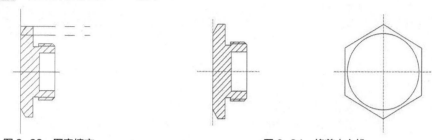

图 8-93　图案填充　　　　　　　　　　图 8-94　修剪中心线

8.4.2　标注底座尺寸

绘制思路：首先标注一般尺寸，然后标注倒角尺寸，最后标注几何公差。

（1）将"尺寸标注"图层设置为当前图层。设置标注的"箭头大小"为 1.5，字体为"仿宋"，"字体大小"为 4，其他保持默认值。

（2）单击"默认"选项卡"注释"面板中的"线性"按钮 ⊢，标注线性尺寸，效果如图 8-95 所示。

（3）单击"默认"选项卡"注释"面板中的"直径"按钮 ◌，标注直径尺寸，效果如图 8-96 所示。

（4）单击"默认"选项卡"注释"面板中的"角度"按钮 △，对图形进行角度尺寸标注，效果如图 8-97 所示。

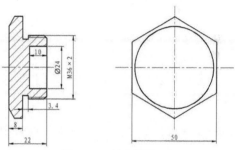

图 8-95　标注线性尺寸

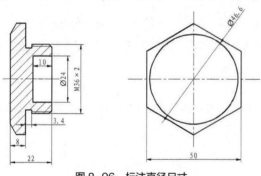

图 8-96　标注直径尺寸

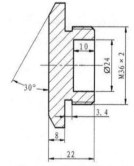

图 8-97　标注角度尺寸

（5）首先使用 QLEADER 命令设置引线，然后使用 LEADER 命令绘制引线。弹出"引线设置"对话框，在"引线和箭头"选项卡中选择箭头为"无"，结果如图 8-98 所示。

（6）单击"注释"选项卡中"标注"面板的"公差"按钮 ⊞，打开"形位公差"对话框。单击"符号"黑框，打开"特征符号"对话框，选择 ⊥ 所需符号。在"公差 1"文本框中输入 0.05，在"基准 1"文本框中输入字母 A，然后单击"确定"按钮。在图形的合适位置放置几何公差，如图 8-99 所示。

（7）再次使用 QLEADER 命令设置引线，然后使用 LEADER 命令绘制引线。命令行提示与操作如下。

```
命令: QLEADER↙
指定第一个引线点或 [设置(S)]<设置>: ↙
```

弹出"引线设置"对话框，在"引线和箭头"选项卡中选择箭头类型为"实心闭合"。命令行提示与操作如下。

```
命令: LEADER↙
指定引线起点:（适当指定一点）
指定下一点:（适当指定一点）
指定下一点或 [注释(A)/格式(F)/放弃(U)] <注释>:（适当指定一点）
指定下一点或 [注释(A)/格式(F)/放弃(U)] <注释>:（适当指定一点）
指定下一点或 [注释(A)/格式(F)/放弃(U)] <注释>:↙
输入注释文字的第一行或 <选项>:↙
输入注释选项 [公差(T)/副本(C)/块(B)/多行文字(M)]<多行文字>:↙
```

系统打开文字格式编辑器后，不输入文字，单击"确定"按钮，效果如图8-100所示。

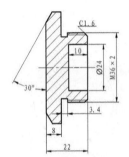
图8-98 标注引线尺寸

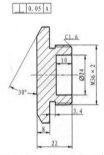
图8-99 放置几何公差

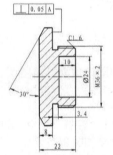
图8-100 绘制引线

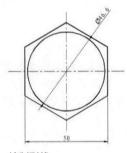

（8）利用"直线""矩形"和"多行文字"等命令绘制基准符号。最终结果如图8-80所示。

 注 意

> 基准符号上面的短横线是"粗实线"，其他图线是"细实线"，要注意设置线宽或转换图层。

8.4.3 动手练——标注球阀阀盖尺寸

请打开"源文件\第8章\原始文件\球阀阀盖"图形文件，按照图8-101所示，标注球阀阀盖的尺寸。

扫码看视频

动手练——标注
球阀阀盖尺寸

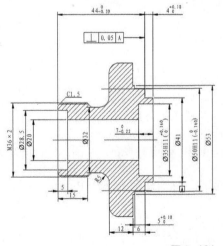

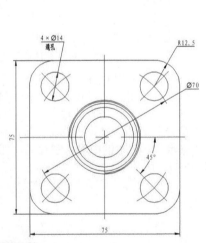

图8-101 球阀阀盖

思路点拨

（1）设置尺寸标注样式。
（2）利用各种标注命令进行标注。

8.5　技巧点拨——跟我学标注

1．如何修改尺寸标注的比例

方法 1：DIMSCALE 决定尺寸标注的比例，其值为整数，默认为 1。当图形经过一定比例缩放时最好将其改为缩放比例。

方法 2：单击"默认"选项卡的"注释"面板中的"标注样式"按钮，选择要修改的标注样式，单击"修改"按钮。在弹出的对话框中选择"主单位"选项卡，设置"比例因子"，这样图形大小保持不变，标注结果按比例发生变化。

2．如何修改尺寸标注的关联性

改为关联：选择需要修改的尺寸标注，执行 DIMREASSOCIATE 命令。
改为不关联：选择需要修改的尺寸标注，执行 DIMDISASSOCIATE 命令。

3．标注样式的操作技巧

用户可以利用 DWT 模板文件创建统一的文字及标注样式，以便在下次制图时直接调用，而无须重复设置样式。用户还可以从 CAD 设计中心查找所需的标注样式，并直接将其导入新建的图纸中，以完成调用。

4．如何设置标注与图的间距

执行 DIMEXO 命令，然后输入数字以调整距离。

5．如何将图中所有 STANDADN 样式的标注文字改为 SIMPLEX 样式

可以在 ACAD.LSP 文件中加入一行：（vl-cmdf ".style" "standadn" "simplex.shx"）。

8.6　上机实验

【练习 1】标注如图 8-102 所示的卡槽尺寸。
【练习 2】标注如图 8-103 所示的齿轮轴尺寸。

扫码看视频
练习 1 演示

扫码看视频
练习 2 演示

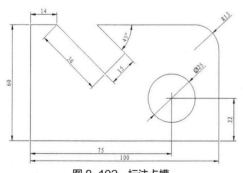
图 8-102　标注卡槽

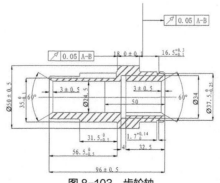
图 8-103　齿轮轴

第 9 章

快速绘图工具

在设计绘图过程中，经常会遇到一些重复出现的图形（如机械设计中的螺钉、螺帽，建筑设计中的桌椅、门窗等）。如果每次都重新绘制这些图形，不仅会造成大量的重复工作，还会占据相当大的磁盘空间来储存这些图形及其信息。AutoCAD 提供了一些快速绘图工具来解决这一问题。本章主要介绍图块工具、设计中心与工具选项板等内容。

本章教学要求

基本能力： 熟练掌握图块相关功能，了解设计中心和工具选项板的相关功能。
重 难 点： 灵活运用动态块功能和属性功能。

案例效果

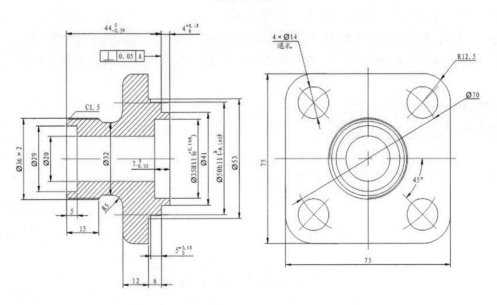

9.1　图块

图块又称为块，它是由一组图形对象组成的集合。一组对象一旦被定义为图块，它们将成为一个整体，选中图块中的任意一个图形对象即可选中构成图块的所有对象。AutoCAD 将一个图块视为一个对象进行编辑、修改等操作，用户可以根据绘图需要将图块插入到图中的指定位置。在插入时还可以指定不同的缩放比例和旋转角度。如果需要对组成图块的单个图形对象进行修改，还可以利用"分解"命令将图块炸开，使图块分解成若干个对象。用户还可以重新定义图块，一旦图块被重新定义，整个图中基于该块的对象都将随之改变。

9.1.1　定义图块

【执行方式】

- ▼　命令行：BLOCK（快捷命令：B）。
- ▼　菜单栏：选择菜单栏中的"绘图"→"块"→"创建"命令。
- ▼　工具栏：单击"绘图"工具栏中的"创建块"按钮 🖫 。
- ▼　功能区：单击"默认"选项卡的"块"面板中的"创建"按钮 🖫 或单击"插入"选项卡的"块定义"面板中的"创建块"按钮 🖫 。

【操作步骤】

执行上述任一操作后，系统将打开图 9-1 所示的"块定义"对话框。利用该对话框可以定义图块并为其命名。

图 9-1　"块定义"对话框

【选项说明】

（1）"基点"选项组：用于确定图块的基点。默认值为(0,0,0)。可以在下面的 X、Y、Z 文本框中输入块的基点坐标值。单击"拾取点"按钮 🖫 ，系统会临时切换到绘图区。在绘图区中选择一点后，返回到"块定义"对话框，并将选择的点作为图块的放置基点。

（2）"对象"选项组：用于选择制作图块的对象，并设置图块对象的相关属性。如图 9-2 所示，将图 9-2（a）中的正五边形定义为图块。图 9-2（b）显示了选中"删除"单选按钮的结果，图 9-2（c）为显示了选中"保留"单选按钮的结果。

（3）"设置"选项组：用于指定从 AutoCAD 设计中心拖动图

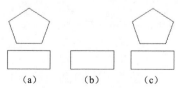

图 9-2　设置图块对象

块时测量图块的单位，以及缩放、分解和超链接等设置。

（4）"在块编辑器中打开"复选框：选中该复选框，可以在块编辑器中定义动态块。后面将详细介绍该内容。

（5）"方式"选项组：用于指定块的行为。"注释性"复选框用于指定在图纸空间中块参照的方向与布局方向匹配；"按统一比例缩放"复选框用于指定是否阻止块参照不按统一比例缩放；"允许分解"复选框用于指定块参照是否可以被分解。

9.1.2 图块的保存和插入

使用 BLOCK 命令可将定义的图块保存在其所属的图形中，该图块只能在该图形中插入，不能插入到其他图形中。然而，有些图块需要在多个图形中频繁使用，这时可以使用 WBLOCK 命令将图块以图形文件的形式（后缀为.dwg）保存到磁盘上。然后，可以使用 INSERT 命令将图形文件插入到任意图形中。

【执行方式】

▼ 命令行：WBLOCK（快捷命令：W）。

▼ 功能区：单击"插入"选项卡的"块定义"面板中的"写块"按钮。

【操作步骤】

执行上述任一操作后，系统将打开"写块"对话框，如图 9-3 所示。

【选项说明】

（1）"源"选项组：用于确定要保存为图形文件的图块或图形对象。选择"块"单选按钮，单击右侧的下拉列表框，从其展开的列表中选择一个图块，将其保存为图形文件；选择"整个图形"单选按钮，则将当前的整个图形保存为图形文件；选择"对象"单选按钮，则将不属于图块的图形对象保存为图形文件。对象的选择通过"对象"选项组来完成。

图 9-3 "写块"对话框

（2）"基点"选项组：用于选择图形的基点。

（3）"目标"选项组：用于指定图形文件的名称、保存路径和插入单位。

9.1.3 操作实例——定义并保存"螺栓"图块

扫码看视频

操作实例——定义
并保存"螺栓"图块

将图 9-4 所示的图形定义为图块，命名为"螺栓"，并保存。操作步骤如下。

（1）打开"源文件\原始文件\第 9 章\定义保存'螺栓'图块\螺栓.dwg"文件，单击"默认"选项卡"块"面板中的"创建"按钮，❶打开"块定义"对话框，如图 9-5 所示。

（2）在"名称"下拉列表框中❷输入"螺栓"。

（3）❸单击"拾取点"按钮，系统切换到绘图区，选择上端中心点作为插入基点，然后返回"块定义"对话框。

（4）❹单击"选择对象"按钮，系统切换到绘图区，选择图 9-4 所示的对象后，按 Enter 键返回"块定义"对话框。

（5）❺单击"确定"按钮，关闭对话框。

（6）在命令行中输入"WBLOCK"命令，按 Enter 键，系统❶打开"写块"对话框，如图 9-6 所示。在"源"选项组中❷选中"块"单选按钮，在右侧的下拉列表框中❸选择"螺栓"图块。❹单击"确定"按钮，即完成"螺栓"图块的保存。

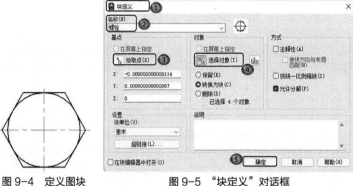 

图 9-4 定义图块	图 9-5 "块定义"对话框	图 9-6 "写块"对话框

9.1.4　图块的插入

在 AutoCAD 绘图过程中，可以根据需要随时将已经定义好的图块或图形文件插入到当前图形的任意位置。在插入的同时，还可以改变图块的大小、旋转一定角度，或者将图块炸开。插入图块的方法有多种，本节将逐一进行介绍。

【执行方式】

　　 命令行：INSERT（快捷命令：I）。

　　 菜单栏：选择菜单栏中的"插入"→"块"命令。

　　 工具栏：单击"插入"工具栏中的"插入块"按钮或单击"绘图"工具栏中的"插入块"按钮。

　　 功能区：单击"默认"选项卡"块"面板中的"插入"按钮或单击"插入"选项卡"块"面板中的"插入"按钮。

【操作步骤】

执行上述任一操作后，系统会打开"插入"下拉菜单，如图 9-7 所示。可以单击并放置显示在功能区库中的块。该库显示当前图形中的所有块定义。其他两个选项（即"使用的块"和"其他图形的块"）会将"块"选项板打开到相应的选项卡，如图 9-8 所示。从选项卡中可以指定要插入的图块及其插入位置。

【选项说明】

（1）"当前图形"选项卡：用于显示当前图形中可用块定义的预览或列表。

（2）"最近使用的项目"选项卡：用于显示当前和上一个任务中最近插入或创建的块定义的预览或列表。这些块可能来自各种图形。

注 意

可以删除"最近使用"选项卡中显示的块（方法是在其上右键单击，并选择"从最近列表中删除"选项）。若要删除"最近使用"选项卡中显示的所有块，可将 BLOCKMRULIST 系统变量设置为 0。

（3）"其他图形"选项卡：用于显示单个指定图形中块定义的预览或列表。可以将图形文件作为块插入当前图形中。单击选项卡顶部的"..."按钮，以浏览其他图形文件。

注 意

可以创建一个存储所有相关块定义的"块库图形"。如果使用此方法，在插入块库图形时，选择面板中的"分解"选项，可以防止图形本身在预览区域中显示或列出。

（4）"插入选项"下拉列表：

① "插入点"复选框：用于指定插入点。插入图块时，该点与图块的基点重合。可以在右侧的文本框中输入坐标值，勾选复选框后，可以在绘图区指定该点。

② "比例"复选框：用于指定插入图块的缩放比例。图 9-9（a）所示为被插入的图块；X 轴方向和 Y 轴方向的比例系数可以取不同值，如图 9-9（d）所示，插入的图块 X 轴方向的比例系数为 1，Y 轴方向的比例系数为 1.5。另外，比例系数还可以是一个负数，当为负数时，表示插入图块的镜像，其效果如图 9-10 所示。单击比例后的三角形箭头，选择"统一比例"，可以按照相同的比例缩放图块。图 9-9（b）所示为按比例系数 1.5 插入该图块的结果；图 9-9（c）所示为按比例系数 0.5 插入该图块的结果。如果选中该复选框，将可以在绘图区调整比例。

③ "旋转"复选框：用于指定插入图块时的旋转角度。当图块被插入当前图形中时，可以绕其基点旋转一定的角度。角度可以是正数（表示沿逆时针方向旋转），也可以是负数（表示沿顺时针方向旋转）。图 9-11（a）所示为直接插入图块的效果，图 9-11（b）所示为图块旋转 45° 后插入的效果，图 9-11（c）所示为图块旋转-45° 后插入的效果。

如果选中"旋转"复选框，系统将切换到绘图区。在绘图区选择一点，AutoCAD 会自动测量插入点与该点连线和 X 轴正方向之间的夹角，并将其作为图块的旋转角度。也可以在"角度"文本框中直接输入插入图块时的旋转角度。

④ "重复放置"复选框：用于控制是否自动重复插入图块。如果选中该选项，系统将自动提示输入其他插入点，直到按 Esc 键取消命令为止。如果取消选中该选项，则只插入指定的图块一次。

⑤ "分解"复选框：选中此复选框时，插入图块的同时将其分解。插入图形中的组成块对象将不再是一个整体，可以对每个对象单独进行编辑操作。

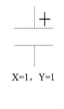

图 9-7 "插入"下拉菜单

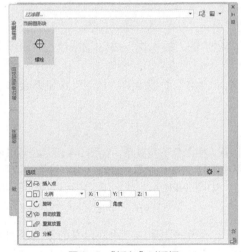

图 9-8 "插入"对话框

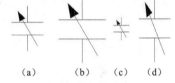

图 9-9 取不同比例系数
插入图块的效果

X=1，Y=1　　　X=−1，Y=1　　　X=1，Y=−1　　　X=−1，Y=−1

图 9-10 取比例系数为负值插入图块的效果

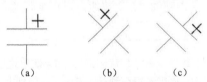

（a）　　　（b）　　　（c）

图 9-11 以不同旋转角度插入图块的效果

9.1.5 操作实例——标注阀盖表面粗糙度

标注图 9-12 所示阀盖的表面粗糙度符号。操作步骤如下。

（1）单击"快速访问"工具栏中的"打开"按钮 🗁，打开"源文件\原始文件\
第 9 章\标注阀盖表面粗糙度\标注阀盖.dwg"文件，如图 9-13 所示。

（2）单击"默认"选项卡"绘图"面板中的"直线"按钮，在空白处绘制表
面粗糙度符号，绘制结果如图 9-14 所示。

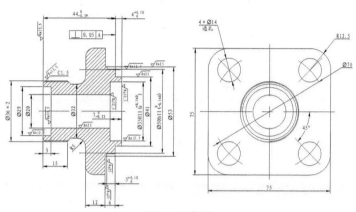

图 9-12 阀盖

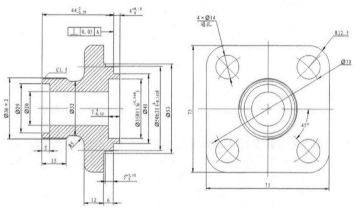

图 9-13 原始文件

图 9-14 绘制粗糙度符号

（3）在命令行中输入"WBLOCK"命令，按 Enter 键，打
开"写块"对话框。单击"拾取点"按钮 🔛，选择图形的下尖
点为基点。然后单击"选择对象"按钮 🔛，选择上面的图形为
对象，输入图块名称"粗糙度符号"，并指定图块保存路径。最
后单击"确定"按钮退出。

（4）单击"默认"选项卡中"块"面板的"插入"下拉菜单
中的"最近使用的块"选项，❶打开"块"选项板，如图 9-15
所示。❷在"最近使用"选项中❸单击"表面粗糙度符号"图
块，❹指定插入点、比例和旋转角度，将该图块插入到如图 9-13
所示的图形中。

（5）单击"默认"选项卡中"注释"面板的"多行文字"
按钮 A，标注文字。标注时注意对文字进行旋转。

（6）采用相同的方法，标注其他粗糙度符号。最终结果如
图 9-12 所示。

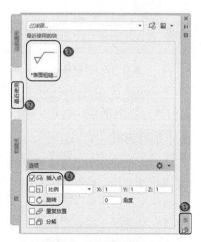

图 9-15 "块"选项板

9.1.6 动手练——标注泵轴表面粗糙度

扫码看视频

动手练——标注
泵轴表面粗糙度

标注如图 9-16 中所示泵轴的表面粗糙度。

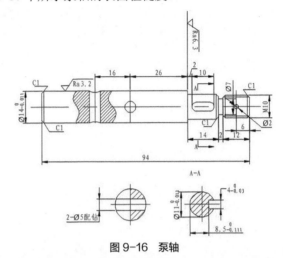

图 9-16 泵轴

💡 **思路点拨**

（1）绘制粗糙度符号并保存为图块。
（2）利用"插入块"命令标注粗糙度。

9.1.7 动态块

动态块具有灵活性和智能化的特点。用户在操作时可以轻松地更改图形中的动态块参照，通过自定义夹点或自定义特性来操作动态块参照中的几何图形，可以实现对块的微调，而无须搜索另一个块以插入或重新定义现有的块。

例如，在图形中插入一个"门"块参照，编辑图形时可能需要更改门的大小。如果该块是动态的，并且定义为可调整大小，那么只需拖动自定义夹点或在"特性"选项板中指定不同的大小就可以修改门的大小，如图 9-17 所示。用户可能还需要修改门的开启角度，如图 9-18 所示。该"门"块还可能包含对齐夹点，使用对齐夹点可以轻松地将"门"块参照与图形中的其他几何图形对齐，如图 9-19 所示。

图 9-17 改变大小　　　　　　　图 9-18 改变角度　　　　　　　图 9-19 对齐角点

可以使用块编辑器创建动态块。块编辑器是一个专门的编辑区域，用于添加使块成为动态块的元素。用户可以创建新的块，也可以向现有块定义中添加动态行为，还可以像在绘图区中一样创建几何图形。

【执行方式】

☑ 命令行：BEDIT（快捷命令：BE）。
☑ 菜单栏：选择菜单栏中的"工具"→"块编辑器"命令。
☑ 工具栏：单击"标准"工具栏中的"块编辑器"按钮 🔲。
☑ 功能区：单击"默认"选项卡"块"面板中的"块编辑器"按钮 🔲 或单击"插入"选项卡"块定义"面板中的"块编辑器"按钮 🔲。

▼ 快捷菜单：选择一个块参照，在绘图区右键单击，在弹出的快捷菜单中选择"块编辑器"命令🖧。

9.1.8　操作实例——动态块功能标注阀盖表面粗糙度

利用动态块功能标注图 9-12 所示阀盖的表面粗糙度符号。操作步骤如下。

（1）单击"快速访问"工具栏中的"打开"按钮▭，打开网盘资源中的"源文件\原始文件\第 9 章\标注阀盖表面粗糙度\标注阀盖.dwg"文件。

（2）单击"默认"选项卡"绘图"面板中的"直线"按钮╱，绘制如图 9-20 所示的图形。

（3）在命令行中输入"WBLOCK"命令，打开"写块"对话框，选择上面图形下方的尖点为基点，以上面的图形为对象，输入图块名称并指定路径，确认退出。

（4）单击"默认"选项卡"块"面板中的"块编辑器"按钮🖧，选择刚才保存的块，打开"块编辑器"选项卡和"块编写选项板-所有选项板"。在"块编写选项板-所有选项板"的"参数"选项卡下选择"旋转"按钮△，命令行提示与操作如下。

```
命令: _BParameter 旋转
指定基点或 [名称(N)/标签(L)/链(C)/说明(D)/选项板(P)/值集(V)]:（指定表面粗糙度图块下角点为基点）
指定参数半径:（指定适当半径）
指定默认旋转角度或 [基准角度(B)] <0>: 0（指定适当角度）
指定标签位置:（指定适当夹点数）
```

在"块编写选项板"的"动作"选项卡中选择"旋转"按钮↻，命令行提示与操作如下。

```
命令: _BActionTool 旋转
选择参数:（选择刚设置的旋转参数）
指定动作的选择集
选择对象:（选择表面粗糙度图块）
```

（5）关闭块编辑器。

（6）在当前图形中选择刚才标注的图块。系统显示图块的动态旋转标记，选中该标记，按住鼠标拖动，如图 9-21 所示。直到将图块旋转到满意的位置为止，如图 9-22 所示。

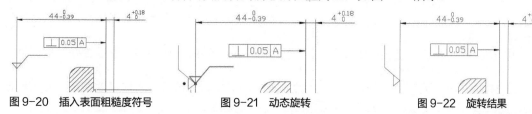

图 9-20　插入表面粗糙度符号　　　图 9-21　动态旋转　　　图 9-22　旋转结果

（7）单击"默认"选项卡中"注释"面板的"多行文字"按钮 A，输入标注文字，标注时注意对文字进行旋转。

（8）同样利用插入图块的方法标注其他表面的粗糙度。

9.1.9　动手练——使用动态块功能标注泵轴表面粗糙度

利用动态块功能标注图 9-16 所示的泵轴表面粗糙度。

 思路点拨

（1）绘制粗糙度符号并保存为图块。
（2）利用动态块功能标注粗糙度。

9.2 图块属性

图块除了包含图形对象以外，还可以包含非图形信息。例如，将一个椅子的图形定义为图块后，还可以将椅子的编号、材料、重量、价格以及说明等文本信息一并加入图块中。图块的这些非图形信息称为图块的属性，它是图块的一个组成部分，与图形对象一起构成一个整体。在插入图块时，AutoCAD 会将图形对象连同属性一起插入到图形中。

9.2.1 定义图块属性

【执行方式】

- ▼ 命令行：ATTDEF（快捷命令：ATT）。
- ▼ 菜单栏：选择菜单栏中的"绘图"→"块"→"定义属性"命令。
- ▼ 功能区：单击"默认"选项卡的"块"面板中的"定义属性"按钮◎或单击"插入"选项卡的"块定义"面板中的"定义属性"按钮◎。

【操作步骤】

执行上述任一操作后，系统会打开如图 9-23 所示的"属性定义"对话框。

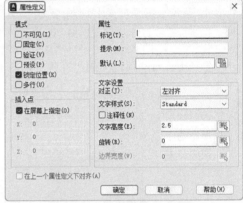

图 9-23 "属性定义"对话框

【选项说明】

1."模式"选项组

"模式"选项组用于确定属性的模式。

（1）"不可见"复选框：选中该复选框，属性将以不可见的方式显示，即插入图块时不会显示。并输入属性值后，属性值在图中并不显示出来。

（2）"固定"复选框：选中该复选框后，属性值为常量，即属性值在属性定义时已经给定，在插入图块时系统不再提示输入属性值。

（3）"验证"复选框：选中该复选框后，当插入图块时，系统会重新显示属性值，提示用户验证该值是否正确。

（4）"预设"复选框：选中该复选框后，当插入图块时，系统会自动将事先设置好的默认值赋予属性，而不再提示输入属性值。

（5）"锁定位置"复选框：用于锁定块参照中属性的位置。解锁后，属性可以相对于使用夹点编辑块的其他部分进行移动，并且可以调整多行文字属性的大小。

（6）"多行"复选框：选中该复选框后，可以指定属性值包含多行文字，并可以指定属性的边界宽度。

2."属性"选项组

"属性"选项组用于设置属性值。在每个文本框中，AutoCAD 允许输入不超过 256 个字符。

（1）"标记"文本框：用于输入属性标签。属性标签可由除空格和感叹号以外的所有字符组成，系统会自动将小写字母改为大写字母。

（2）"提示"文本框：用于输入属性提示。属性提示是在插入图块时系统要求输入属性值的提示。如果不在此文本框中输入文字，则以属性标签作为提示。如果在"模式"选项组中选中"固定"复选框，即将属性设置为常量，则无须设置属性提示。

（3）"默认"文本框：用于设置默认的属性值。可以将使用频率较高的属性值设为默认值，也可以不设默认值。

3. "插入点"选项组

"插入点"选项组用于确定属性文本的位置。用户可以在插入时直接在图形中确定属性文本的位置，也可以在 X、Y、Z 文本框中直接输入属性文本的坐标。

4. "文字设置"选项组

"文字设置"选项组用于设置属性文本的对齐方式、文本样式、字高和倾斜角度。

5. "在上一个属性定义下对齐"复选框

选中"在上一个属性定义下对齐"复选框表示将属性标签直接放在前一个属性的下方，而且，该属性继承了前一个属性的文本样式、字体高度和倾斜角度等特性。

 高手支招

　　在动态块中，由于属性的位置包含在动作的选择集中，因此必须将其锁定。

扫码看视频

操作实例——属性
功能标注阀盖
表面粗糙度

9.2.2　操作实例——属性功能标注阀盖表面粗糙度

　　利用属性功能标注图 9-12 所示的阀盖表面粗糙度符号。操作步骤如下。

　　（1）单击"快速访问"工具栏中的"打开"按钮 📂，打开"源文件\第 9 章\原始文件\标注阀盖表面粗糙度\标注阀体.dwg"文件。

　　（2）单击"默认"选项卡"绘图"面板中的"直线"按钮 ✏，绘制表面粗糙度符号图形。

　　（3）单击"默认"选项卡"块"面板中的"定义属性"按钮 ✍，系统将打开"属性定义"对话框，进行图 9-24 所示的设置，其中插入点为粗糙度符号水平线下方，确认后退出。

　　（4）在命令行中输入"WBLOCK"命令，按 Enter 键，打开"写块"对话框。单击"拾取点"按钮 🔲，选择图形的下尖点为基点，单击"选择对象"按钮 ▦，选择上面的图形为对象，输入图块名称并指定路径保存图块，单击"确定"按钮退出。

　　（5）单击"默认"选项卡"块"面板中的"插入"下拉菜单中的"最近使用的块"选项，打开"块"选项

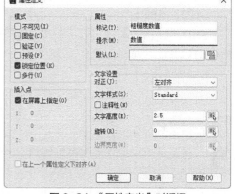

图 9-24　"属性定义"对话框

卡。在"最近使用"选项中找到保存的表面结构的图形符号图块，在绘图区指定插入点、比例和旋转角度，将该图块插入绘图区的任意位置，这时，命令行会提示输入属性，并要求验证属性值，此时输入表面粗糙度数值 Ra12.5，这就完成了一个图形符号的标注。

　　（6）继续插入图形符号图块，输入不同的属性值作为表面粗糙度数值，直至完成所有表面粗糙度标注。

扫码看视频

动手练——属性
功能标注泵轴
表面粗糙度

9.2.3　动手练——属性功能标注泵轴表面粗糙度

　　利用属性功能标注图 9-16 所示泵轴的表面粗糙度。

💡 **思路点拨**

　　（1）绘制粗糙度符号并保存成图块。
　　（2）利用属性功能标注粗糙度。

9.2.4　修改属性的定义

　　在定义图块之前，可以对属性的定义进行修改。不仅可以修改属性标签，还可以修改属性提示

和属性默认值。

【执行方式】

▼ 命令行：DDEDIT（快捷命令：ED）。

▼ 菜单栏：选择菜单栏中的"修改"→"对象"→"文字"→"编辑"命令。

【操作步骤】

执行上述任一操作后，选择定义的图块，打开"编辑属性定义"对话框。该对话框用于修改属性的"标记""提示"及"默认值"，可以在各文本框中对各项进行修改。

9.2.5 图块属性编辑

当属性被定义到图块中，甚至图块被插入图形中之后，用户仍然可以对图块属性进行编辑。利用 ATTEDIT 命令不仅可以修改指定图块的属性值，还可以编辑属性的位置、文本等其他设置。

【执行方式】

▼ 命令行：ATTEDIT（快捷命令：ATE）。

▼ 菜单栏：选择菜单栏中的"修改"→"对象"→"属性"→"单个"命令。

▼ 工具栏：单击"修改 II"工具栏中的"编辑属性"按钮 🐾。

▼ 功能区：单击"默认"选项卡"块"面板中的"编辑属性"按钮 🐾。

【操作步骤】

执行上述任一操作后，光标变为拾取框。选择要修改属性的图块后，系统将打开图 9-25 所示的"编辑属性"对话框。

【选项说明】

对话框中显示所选图块包含的前八个属性的值，用户可以对这些属性值进行修改。如果该图块中还有其他属性，可单击"上一个"按钮和"下一个"按钮进行查看和修改。

当用户通过菜单栏或工具栏执行上述命令时，系统将打开"增强属性编辑器"对话框，如图 9-26 所示。在该对话框中，不仅可以编辑属性值，还可以编辑属性的文字选项以及图层、线型、颜色等特性值。

图 9-25 "编辑属性"对话框

图 9-26 "增强属性编辑器"对话框

另外，还可以通过"块属性管理器"对话框来编辑属性。单击"默认"选项卡中"块"面板的"块属性管理器"按钮 🔳，❶系统会打开"块属性管理器"对话框，如图 9-27 所示。❷单击"编辑"按钮，❸系统会打开"编辑属性"对话框，如图 9-28 所示，通过该对话框可以编辑属性。

图 9-27　"块属性管理器"对话框　　　　　　图 9-28　"编辑属性"对话框

9.2.6　操作实例——标注手压阀阀体

扫码看视频

操作实例——标注
手压阀阀体

1. 设置标注样式

（1）单击"快速访问"工具栏中的"打开"按钮🗁，打开"源文件\原始文件\第 9 章\标注手压阀阀体.dwg"文件。

（2）将"尺寸标注"图层设定为当前图层。单击"默认"选项卡"注释"面板中的"标注样式"按钮，❶系统弹出图 9-29 所示的"标注样式管理器"对话框。❷单击"新建"按钮，在弹出的❸"创建新标注样式"对话框中❹设置"新样式名"为"机械制图"，❺单击"继续"按钮，如图 9-30 所示。

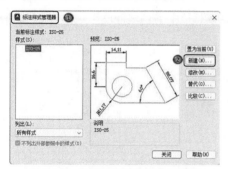

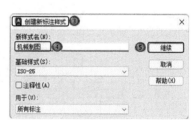

图 9-29　"标注样式管理器"对话框　　　　　图 9-30　"创建新标注样式"对话框

（3）❻系统弹出"新建标注样式：机械制图"对话框。在图 9-31 所示的❼"线"选项卡中，❽设置"基线间距"为 2，❾设置"超出尺寸线"为 1.25，❿设置"起点偏移量"为 0.625，其他设置保持默认。

（4）❶在图 9-32 所示的"符号和箭头"选项卡中，❷设置箭头为"实心闭合"，❸设置"箭头大小"为 2.5，其他设置保持默认。

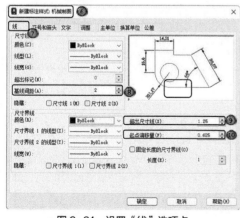

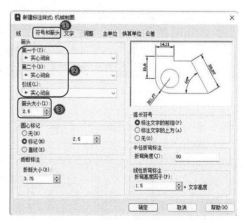

图 9-31　设置"线"选项卡　　　　　　　　图 9-32　设置"符号和箭头"选项卡

（5）❶在图 9-33 所示的"文字"选项卡中，❷设置"文字高度"为 3，❸单击文字样式后面的"…"按钮，弹出"文字样式"对话框，设置字体名为"仿宋"，其他设置保持默认。

（6）❶在图 9-34 所示的"主单位"选项卡中，❷将"精度"设置为 0.0，❸将"小数分隔符"设置为"句点"，其他设置保持默认。完成后，❹单击"确定"按钮退出。在"标注样式管理器"对话框中，将"机械制图"样式设置为当前样式，然后单击"关闭"按钮退出。

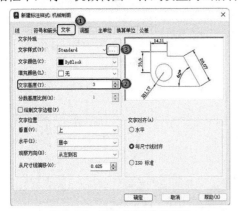
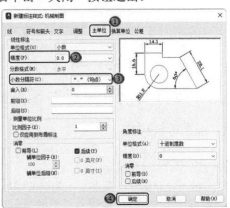

图 9-33 设置"文字"选项卡   图 9-34 设置"主单位"选项卡

2. 标注尺寸

（1）单击"默认"选项卡"注释"面板中的"线性"按钮，标注线性尺寸，随后标注倒角尺寸，结果如图 9-35 所示。

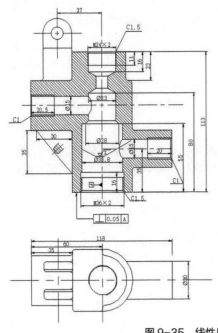

图 9-35 线性尺寸标注

（2）单击"默认"选项卡中"注释"面板的"半径"按钮，标注半径尺寸，结果如图 9-36 所示。

（3）单击"默认"选项卡中"注释"面板的"对齐"按钮，标注对齐尺寸，结果如图 9-37 所示。

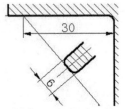

图 9-36 半径尺寸标注   图 9-37 对齐尺寸标注

（4）设置角度标注样式，单击"默认"选项卡的"注释"面板中的"角度"按钮△，标注角度尺寸，结果如图 9-38 所示。

（5）设置公差尺寸替代标注样式，单击"默认"选项卡的"注释"面板中的"线性"按钮┠，标注公差尺寸，结果如图 9-39 所示。

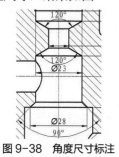
图 9-38　角度尺寸标注

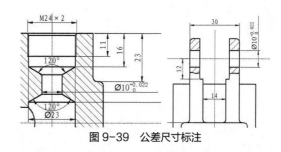
图 9-39　公差尺寸标注

3. 标注倒角尺寸

首先使用 QLEADER 命令设置引线，然后使用 LEADER 命令绘制引线。命令行提示与操作如下。

```
命令: QLEADER↙
指定第一个引线点或 [设置(S)]<设置>: ↙
```

弹出"引线设置"对话框，在"引线和箭头"选项卡中选择箭头为"无"，如图 9-40 所示，然后单击"确定"按钮。命令行提示与操作如下。

```
指定第一个引线点或 [设置(S)]<设置>: 按 Esc 键
命令: LEADER↙
指定引线起点: (选择引线起点)
指定下一点: (指定第二点)
指定下一点或 [注释(A)/格式(F)/放弃(U)]<注释>: (指定第三点)
指定下一点或 [注释(A)/格式(F)/放弃(U)]<注释>: (A↙)
输入注释文字的第一行或 <选项>: (C1.5↙)
输入注释文字的下一行: ↙
```

重复上述操作，标注其他倒角尺寸。

完成倒角标注后，效果如图 9-41 所示。

图 9-40　设置箭头

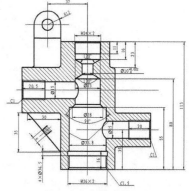
图 9-41　倒角尺寸标注

单击"注释"选项卡中"标注"面板的"公差"按钮⊞1，标注几何公差，并利用"直线""矩形"和"多行文字"等命令绘制基准符号，效果如图 9-42 所示。

4．插入粗糙度符号

（1）单击"默认"选项卡"绘图"面板中的"直线"按钮，绘制图 9-43 中的表面粗糙度符号图形。

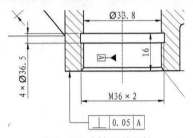

图 9-42　倒角形位公差

图 9-43　绘制表面粗糙度符号

（2）单击"默认"选项卡的"块"面板中的"定义属性"按钮，系统将打开"属性定义"对话框，按照图 9-44 所示进行设置，单击"确定"按钮以关闭对话框。然后，将标记放置在适当的位置，如图 9-45 所示。

图 9-44　"属性定义"对话框

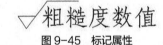

图 9-45　标记属性

（3）在命令行中输入 WBLOCK，打开如图 9-46 所示的"写块"对话框，拾取上面图形的下尖点为基点，以上面图形作为对象，输入图块名称并指定路径，单击"确定"按钮后退出。

图 9-46　"写块"对话框

（4）单击"默认"选项卡中"块"面板的"插入"下拉菜单中的"最近使用的块"选项，打开如图 9-47 所示的"块"选项板。在"最近使用的块"选项中，单击保存的图块，并在屏幕上指定插入点，随后打开如图 9-48 所示的"编辑属性"对话框。输入所需的粗糙度数值，单击"确定"按钮，完成表面粗糙度符号的标注，结果如图 9-49 所示。按照同样的方法完成其他粗糙度的标注，最终效果如图 9-50 所示。

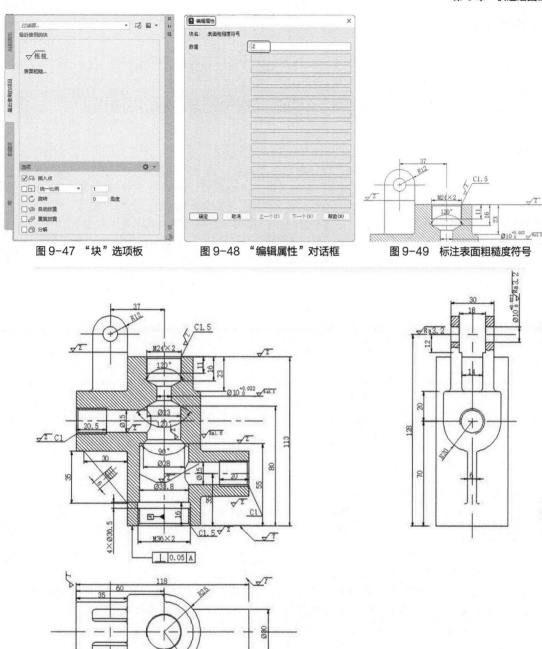

图 9-47　"块"选项板　　　　图 9-48　"编辑属性"对话框　　　图 9-49　标注表面粗糙度符号

图 9-50　标注其他粗糙度

9.3　设计中心

使用 AutoCAD 2024 的设计中心可以轻松组织设计内容，并将其拖动到自己的图形中。可以通过 AutoCAD 2024 设计中心窗口的内容显示框，查看使用 AutoCAD 2024 设计中心资源管理器所浏览资源的详细信息。

【执行方式】

- ▼ 命令行：ADCENTER（快捷命令：ADC）。
- ▼ 菜单栏：选择菜单栏中的"工具"→"选项板"→"设计中心"命令。
- ▼ 工具栏：单击标准工具栏中的"设计中心"按钮▦。
- ▼ 功能区：单击"视图"选项卡的"选项板"面板中的"设计中心"按钮▦。
- ▼ 快捷键：Ctrl+2。

【操作步骤】

执行上述任一操作后，系统将打开"设计中心"选项板。第一次启动设计中心时，系统默认打开的选项卡为"文件夹"选项卡。在该区域中，左侧方框为 AutoCAD 2024 设计中心的资源管理器，右侧方框为 AutoCAD 2024 设计中心的内容显示框。内容显示区采用大图标显示，左侧的资源管理器显示系统的树形结构。在浏览资源时，内容显示区会显示所浏览资源的相关细节或内容，如图 9-51 所示。内容显示框中，上面窗口为文件显示框，中间窗口为图形预览显示框，下面窗口为说明文本显示框。

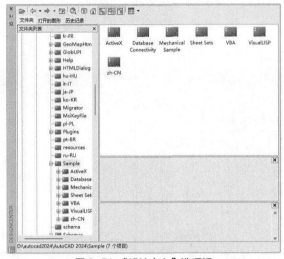

图 9-51 "设计中心"选项板

【选项说明】

可以通过鼠标拖动边框来调整 AutoCAD 2024 设计中心资源管理器、内容显示区以及绘图区的大小，但内容显示区的最小尺寸应能显示两列大图标。

如果要改变 AutoCAD 2024 设计中心的位置，可以按住鼠标左键拖动，松开鼠标左键后，AutoCAD 2024 设计中心将处于新的位置。在新位置上，仍可用鼠标调整各窗口的大小。也可以通过设计中心边框左上方的"自动隐藏"按钮来自动隐藏设计中心。

 注 意

在利用 AutoCAD 2024 绘制图形时，可以将图块插入图形中。将一个图块插入图形时，块定义同时被复制到图形数据库中。在一个图块被插入图形后，如果原来的图块被修改，则插入图形中的图块也随之改变。

当其他命令正在执行时，不能插入图块。例如，如果在插入图块时，提示行正在执行一个命令，此时光标会变成一个带斜线的圆，提示操作无效。另外，一次只能插入一个图块。

AutoCAD 2024 设计中心提供了两种插入图块的方法："利用鼠标指定比例和旋转方式"与"精确指定坐标、比例和旋转角度方式"。

（1）利用鼠标指定比例和旋转方式插入图块时。系统根据光标拉出的线段长度和角度确定比例与旋转角度，插入图块的步骤如下。

① 从文件夹列表或查找结果列表中选择要插入的图块，按住鼠标左键，将其拖动到打开的图形中。松开鼠标左键，此时选择的对象被插入到当前打开的图形中。利用当前设置的捕捉方式，可以将对象插入到现有的任何图形中。

② 在绘图区单击，指定一个点作为插入点，移动鼠标，光标位置点与插入点之间的距离即为缩放比例，单击确定比例。采用同样的方法移动鼠标，光标指定位置和插入点的连线与水平线的夹角即为旋转角度。被选择的对象将根据光标指定的比例和角度插入到图形中。

（2）通过精确指定坐标、比例和旋转角度的方式插入图块。利用该方法可以设置插入图块的参数，插入图块的步骤如下。

从文件夹列表或查找结果列表框中选择要插入的对象，右键单击鼠标，在打开的快捷菜单中选择"插入块"，然后打开"插入"对话框。在对话框中可以设置比例、旋转角度等参数，如图 9-52 所示。被选择的对象将根据指定的参数插入到图形中。

图 9-52　"插入"对话框

9.4　工具选项板

工具选项板中的选项卡提供了一种有效的方法来组织、共享和放置块及填充图案。工具选项板还可以包含由第三方开发人员提供的自定义工具。

9.4.1　打开工具选项板

可在工具选项板中整理块、图案填充和自定义工具。

【执行方式】

▼ 命令行：TOOLPALETTES（快捷命令：TP）。

▼ 菜单栏：选择菜单栏中的"工具"→"选项板"→"工具选项板"命令。

▼ 工具栏：单击标准工具栏中的"工具选项板窗口"按钮。

▼ 功能区：单击"视图"选项卡中"选项板"面板的"工具选项板"按钮。

▼ 快捷键：Ctrl+3。

【操作步骤】

执行上述任一操作后，系统会自动打开工具选项板，如图 9-53 所示。

在工具选项板中，系统设置了一些常用图形选项卡，这些常用图形可以方便用户进行绘图。

9.4.2　新建工具选项板

用户可以创建新的工具选项板，这不仅有助于个性化绘制图形，还能够

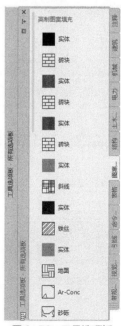

图 9-53　工具选项板

满足绘制特殊图形的需求。

【执行方式】

- ▼ 命令行：CUSTOMIZE。
- ▼ 菜单栏：选择菜单栏中的"工具"→"自定义"→"工具选项板"命令。
- ▼ 快捷菜单：在快捷菜单中选择"自定义"命令。

【操作步骤】

（1）选择菜单栏中的"工具"→"自定义"→"工具选项板"命令，系统将打开"自定义"对话框，如图 9-54 所示。在"选项板"列表框中右键单击，在弹出的快捷菜单中选择"新建选项板"命令。

（2）在"选项板"列表框中会出现一个"新建选项板"，可以为其命名，确认后，工具选项板中就增加了一个新的选项卡，如图 9-55 所示。

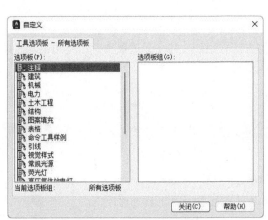

图 9-54 "自定义"对话框

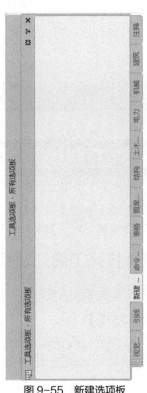

图 9-55 新建选项板

9.4.3 操作实例——从设计中心创建选项板

扫码看视频

操作实例——从设计中心创建选项板

将图形、块和图案填充从设计中心拖动到工具选项板中。操作步骤如下。

（1）单击"视图"选项卡的"选项板"面板中的"设计中心"按钮▦，①打开"设计中心"选项板。

（2）在 DesignCenter 文件夹上右键单击，②在弹出的快捷菜单中选择"创建块的工具选项板"命令，如图 9-56 所示。设计中心中存储的图元会出现在③"工具选项板"中新建的④"DesignCenter"选项卡中，如图 9-57 所示。

这样，就可以将设计中心与工具选项板结合起来，建立一个快捷、方便的工具选项板。当将工具选项板中的图形拖动到另一个图形中时，图形将作为块插入。

图 9-56　"设计中心"选项板　　　　　　　　　　　　图 9-57　新创建的工具选项板

9.5　综合演练——绘制手压阀装配平面图

手压阀装配图由阀体、阀杆、手把、底座、弹簧、胶垫、压紧螺母、销轴、胶木球、密封垫等零件组成，如图 9-58 所示。装配图是零部件加工和装配过程中重要的技术文件。在设计过程中，需要使用剖视、放大等表达方式，还要标注装配尺寸，绘制和填写明细表等。因此，通过手压阀装配平面图的绘制，可以提高综合设计能力。

本实例的制作思路是：将零件图的视图进行修改，制作成块，然后将这些块插入装配图中。操作步骤如下。

扫码看视频

综合演练——绘制
手压阀装配平面图

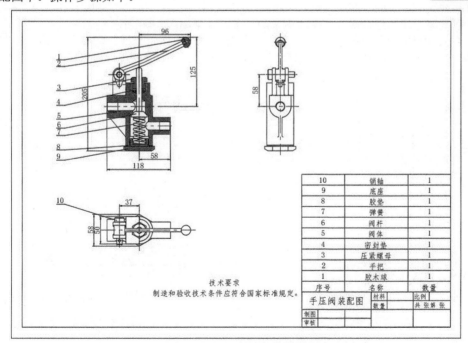

图 9-58　手压阀装配平面图

9.5.1 配置绘图环境

1. 建立新文件

启动 AutoCAD 2024 应用程序，打开随书网盘资源中的"源文件\原始文件\第 9 章 \ A3.dwg"文件，将其命名为"手压阀装配平面图.dwg"并另存。

2. 创建新图层

打开"图层特性管理器"，设置结果如图 9-59 所示。

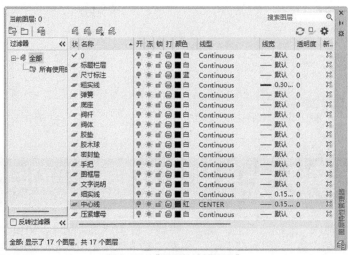

图 9-59 "图层特性管理器"

9.5.2 创建图块

（1）打开"源文件\原始文件\第 9 章\装配体"文件夹中的"阀体.dwg"文件，将阀体平面图中的"尺寸标注和文字说明"图层关闭。

（2）对阀体平面图进行修改，删除多余的线条，效果如图 9-60 所示。

（3）在命令行中输入"WBLOCK"命令，①弹出"写块"对话框，②单击"拾取点"按钮，在主视图中选择基点，③单击"选择对象"按钮，选择主视图，④选择保存路径并输入名称，⑤单击"确定"按钮，保存图块，如图 9-61 所示。

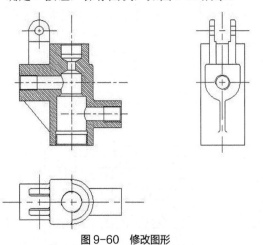

图 9-60 修改图形

图 9-61 "写块"对话框

（4）用同样的方法将其他的平面图保存为图块。

9.5.3 装配零件图

1. 插入阀体平面图

（1）将"阀体"图层设置为当前图层。单击"默认"选项卡"块"面板中的"插入"下拉列表中的"最近使用的块"命令，❶打开"块"选项板，❷选择"阀体主视图"图块，如图 9-62 所示，将图形插入到手压阀装配平面图中，效果如图 9-63 所示。

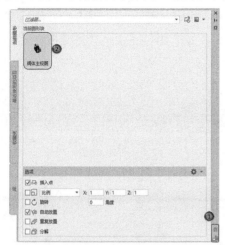

图 9-62 "块"选项板

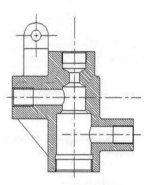

图 9-63 阀体主视图图块

（2）用同样的方法将左视图图块和俯视图图块插入图形中，并对齐中心线，效果如图 9-64 所示。

2. 插入胶垫平面图

（1）将"胶垫"图层设置为当前图层。单击"默认"选项卡中"块"面板的"插入"下拉列表中的"最近使用的块"命令，打开"块"选项板，将胶垫图块插入手压阀装配平面图中，效果如图 9-65 所示。

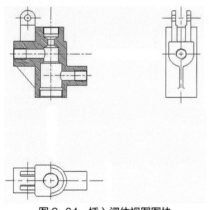

图 9-64 插入阀体视图图块

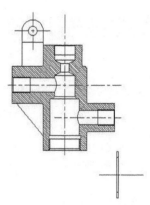

图 9-65 插入胶垫图块

（2）单击"默认"选项卡的"修改"面板中的"旋转"按钮 ↻ 和"移动"按钮 ✥，将胶垫图块调整到适当位置，效果如图 9-66 所示。

（3）单击"默认"选项卡的"绘图"面板中的"图案填充"按钮 ▨，设置填充图案为 NET，角度为 45，比例为 0.5，选取填充范围，为胶垫图块添加剖面线，效果如图 9-67 所示。

（4）单击"默认"选项卡的"块"面板中的"插入"下拉列表中的"最近使用的块"命令，打开"块"选项板，将胶垫图块插入手压阀装配平面图中，效果如图 9-68 所示。

（5）单击"默认"选项卡的"修改"面板中的"旋转"按钮 ↻ 和"移动"按钮 ✥，将胶垫图块调整到适当位置，效果如图 9-69 所示。

图 9-66　调整图块

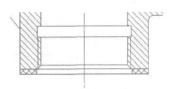
图 9-67　胶垫图块图案填充

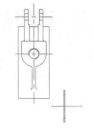
图 9-68　插入胶垫图块

（6）单击"默认"选项卡中"修改"面板的"分解"按钮▣，将插入的胶垫图块分解，删除多余的线条，效果如图 9-70 所示。

3.　插入阀杆平面图

（1）将"阀杆"图层设置为当前图层。单击"默认"选项卡中"块"面板的"插入"下拉列表中的"最近使用的块"命令，打开"块"选项板，将阀杆图块插入手压阀装配平面图中，效果如图 9-71 所示。

图 9-69　调整图块

图 9-70　修改图块

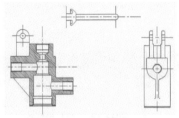
图 9-71　插入阀杆图块

（2）单击"默认"选项卡的"修改"面板中的"分解"按钮▣，将插入的阀杆图块进行分解，并利用"直线"和"偏移"等命令修改图形，效果如图 9-72 所示。

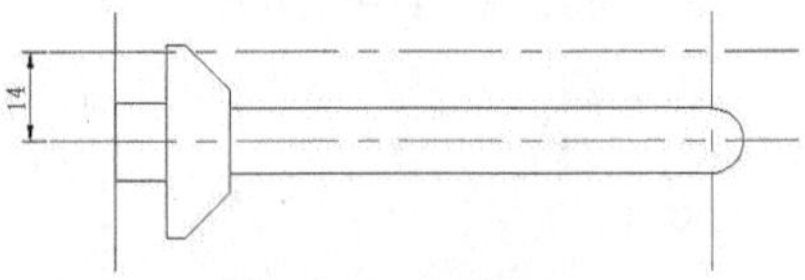

（3）单击"默认"选项卡中"修改"面板的"旋转"按钮 C 和"移动"按钮✛，将阀杆图块调整到适当位置，效果如图 9-73 所示。

（4）单击"默认"选项卡中"修改"面板的"分解"按钮▣，将插入的阀体主视图图块进行分解，并利用"直线"和"修剪"等命令修改图形，效果如图 9-74 所示。

图 9-72　修改图块

（5）单击"默认"选项卡中"修改"面板的"复制"按钮 ❁，将主视图中的阀杆复制到左视图中，效果如图 9-75 所示。

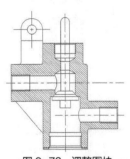
图 9-73　调整图块

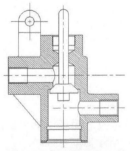
图 9-74　修改阀体主视图

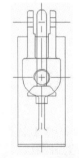
图 9-75　复制阀杆

（6）利用"默认"选项卡中"修改"面板的"修剪"按钮▼和"删除"按钮✐，修改图形，效果如图 9-76 所示。

（7）单击"默认"选项卡中"绘图"面板的"圆"按钮 ⊘，在阀体俯视图中以中心线交点为圆心，半径为 5 绘制圆，作为阀杆俯视图，效果如图 9-77 所示。

4. 插入弹簧平面图

（1）将"弹簧"图层设置为当前图层。单击"默认"选项卡中"块"面板的"插入"下拉列表，选择"最近使用的块"命令，打开"块"选项板，将弹簧图块插入手压阀装配平面图中，效果如图9-78所示。

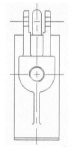

图 9-76　修改阀杆

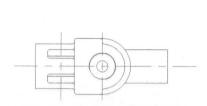

图 9-77　在俯视图中创建阀杆视图

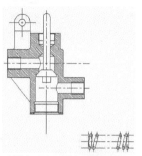

图 9-78　插入弹簧图块

（2）单击"默认"选项卡中"修改"面板的"分解"按钮 ⬚，将插入的弹簧图块分解，并利用"修剪"和"复制"等命令修改图形，效果如图9-79所示。

（3）单击"默认"选项卡中"修改"面板的"旋转"按钮 ↻ 和"移动"按钮 ✣，将弹簧图块调整到适当位置，效果如图9-80所示。

（4）利用"移动""修剪""复制"和"删除"等命令修改图形，效果如图9-81所示。

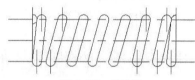

图 9-79　修改图

（5）单击"默认"选项卡中"绘图"面板的"直线"按钮 ╱，将弹簧图形补充完整，效果如图9-82所示。

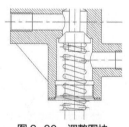

图 9-80　调整图块

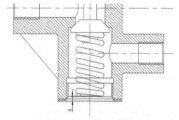

图 9-81　修改弹簧

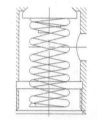

图 9-82　补充图形

（6）单击"默认"选项卡中"修改"面板的"修剪"按钮 ✂，剪切图形，效果如图9-83所示。

5. 插入底座平面图

（1）将"底座"图层设置为当前图层。单击"默认"选项卡中"块"面板的"插入"下拉列表中的"最近使用的块"命令，打开"块"选项板，将底座右视图图块插入手压阀装配平面图中，效果如图9-84所示。

（2）单击"默认"选项卡中"修改"面板的"旋转"按钮 ↻ 和"移动"按钮 ✣，将底座图块调整到适当位置，效果如图9-85所示。

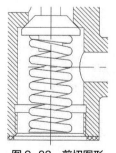

图 9-83　剪切图形

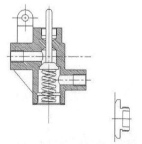

图 9-84　插入底座右视图图块

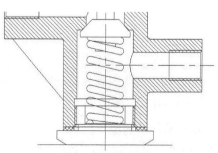

图 9-85　调整图块

（3）使用"分解"和"修剪"等命令修改图形，效果如图 9-86 所示。

（4）单击"默认"选项卡中"绘图"面板的"图案填充"按钮▨，将填充图案设置为 ANSI31，角度为 0，比例为 0.5，选取填充范围，为底座图块添加剖面线，效果如图 9-87 所示。

（5）单击"默认"选项卡中"块"面板的"插入"下拉列表，选择"最近使用的块"命令，打开"块"选项板，将底座右视图图块插入手压阀装配平面图中，效果如图 9-88 所示。

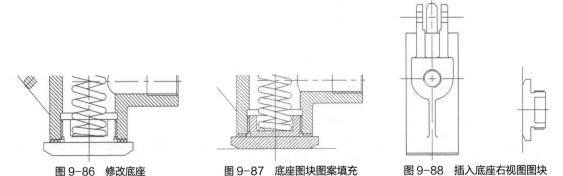

图 9-86　修改底座　　　　图 9-87　底座图块图案填充　　　　图 9-88　插入底座右视图图块

（6）单击"默认"选项卡中"修改"面板的"旋转"按钮↻和"移动"按钮✛，将底座图块调整到适当位置，效果如图 9-89 所示。

（7）单击"默认"选项卡中"块"面板的"插入"下拉列表中的"最近使用的块"命令，打开"块"选项板，将底座主视图图块插入手压阀装配平面图中。然后单击"默认"选项卡中"修改"面板的"旋转"按钮↻和"移动"按钮✛，将底座图块调整到适当位置，效果如图 9-90 所示。

（8）单击"默认"选项卡中"绘图"面板的"直线"按钮╱，从底座主视图向手压阀左视图绘制辅助线，效果如图 9-91 所示。

（9）单击"默认"选项卡中"修改"面板的"修剪"按钮✂，修改图形并删除多余部分，效果如图 9-92 所示。

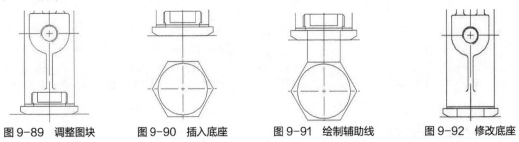

图 9-89　调整图块　　　图 9-90　插入底座　　　图 9-91　绘制辅助线　　　图 9-92　修改底座

（10）单击"默认"选项卡"块"面板中的"插入"下拉列表中的"最近使用的块"命令，打开"块"选项板，将底座主视图图块插入到手压阀装配平面图中，效果如图 9-93 所示。

（11）单击"默认"选项卡"修改"面板中的"移动"按钮✛，将底座图块调整到适当位置，效果如图 9-94 所示。

图 9-93　插入底座主视图图块　　　　　　图 9-94　调整图块

（12）利用"分解"和"修剪"等命令修改图形，效果如图 9-95 所示。

6. 插入密封垫平面图

（1）将"密封垫"图层设置为当前图层。单击"默认"选项卡中"块"面板的"插入"下拉列表中的"最近使用的块"命令，打开"块"选项

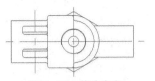

图 9-95　修改底座

卡，将密封垫图块插入手压阀装配平面图中，效果如图 9-96 所示。

（2）单击"默认"选项卡中"修改"面板的"移动"按钮✛，将密封垫图块调整到适当位置，效果如图 9-97 所示。

（3）利用"分解"和"修剪"等命令修改图形，效果如图 9-98 所示。

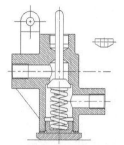

图 9-96　插入密封垫图块

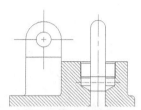

图 9-97　调整图块

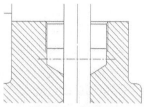

图 9-98　修改图形

（4）单击"默认"选项卡"绘图"面板中的"图案填充"按钮▨，设置填充图案为 NET，角度为 45，比例为 0.5，选取填充范围，为密封垫图块添加剖面线，效果如图 9-99 所示。

7. 插入压紧螺母平面图

（1）将"压紧螺母"图层设置为当前图层。单击"默认"选项卡"块"面板中的"插入"下拉列表中的"最近使用的块"命令，打开"块"选项板，将压紧螺母右视图图块插入手压阀装配平面图中，效果如图 9-100 所示。

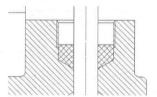

图 9-99　密封垫图块图案填充

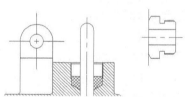

图 9-100　插入压紧螺母右视图图块

（2）单击"默认"选项卡中"修改"面板的"旋转"按钮↺和"移动"按钮✛，将压紧螺母图块调整到适当位置，效果如图 9-101 所示。

（3）利用"分解"和"修剪"等命令修改图形，效果如图 9-102 所示。

（4）单击"默认"选项卡中"绘图"面板的"图案填充"按钮▨，设置填充图案为 ANSI31，角度为 0，比例为 0.5，选取填充范围，为压紧螺母右视图图块添加剖面线，效果如图 9-103 所示。

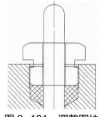

图 9-101　调整图块

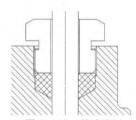

图 9-102　修改图形

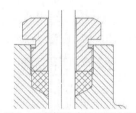

图 9-103　压紧螺母右视图图块图案填充

（5）单击"默认"选项卡中"块"面板的"插入"下拉列表中的"最近使用的块"命令，打开"块"选项板，将压紧螺母右视图图块插入手压阀装配平面图中，效果如图 9-104 所示。

（6）单击"默认"选项卡中"修改"面板的"旋转"按钮↺和"移动"按钮✛，将压紧螺母图块调整到适当位置，效果如图 9-105 所示。

（7）利用"分解""修剪"和"直线"等命令修改图形，效果如图 9-106 所示。

（8）单击"默认"选项卡中"块"面板的"插入"下拉列表中的"最近使用的块"命令，打开"块"选项板，将压紧螺母的主视图图块插入到手压阀装配平面图中，然后单击"默认"选项卡的"修改"面板中的"旋转"按钮↺和"移动"按钮✛，将底座图块调整到适当位置，效果如图 9-107 所示。

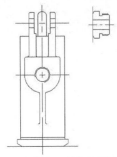

图 9-104　插入压紧螺母右视图图块

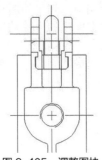

图 9-105　调整图块

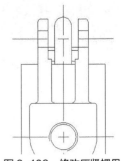

图 9-106　修改压紧螺母

（9）单击"默认"选项卡中"绘图"面板的"直线"按钮，从压紧螺母的主视图向手压阀的左视图绘制辅助线，效果如图 9-108 所示。

（10）单击"默认"选项卡中"修改"面板的"修剪"按钮，修改图形并删除多余部分，效果如图 9-109 所示。

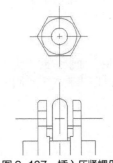

图 9-107　插入压紧螺母

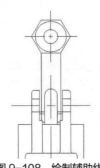

图 9-108　绘制辅助线

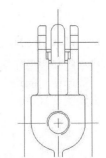

图 9-109　修改压紧螺母

（11）单击"默认"选项卡中"块"面板的"插入"下拉列表中的"最近使用的块"命令，打开"块"选项板，将压紧螺母主视图图块插入手压阀装配平面图中，效果如图 9-110 所示。

（12）单击"默认"选项卡中"修改"面板的"移动"按钮，将压紧螺母图块调整到适当位置，效果如图 9-111 所示。

（13）利用"分解"和"修剪"等命令修改图形，效果如图 9-112 所示。

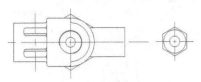

图 9-110　插入压紧螺母主视图图块

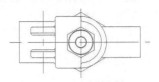

图 9-111　调整图块

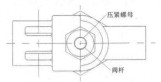

图 9-112　修改压紧螺母

8．插入手把平面图

（1）将"手把"图层设置为当前图层。单击"默认"选项卡中"块"面板的"插入"下拉列表中的"最近使用的块"命令，打开"块"选项板，将手把主视图图块插入手压阀装配平面图中，效果如图 9-113 所示。

（2）单击"默认"选项卡中"修改"面板的"修剪"按钮，修改图形，效果如图 9-114 所示。

（3）将"中心线"图层设置为当前图层。单击"默认"选项卡"绘图"面板中的"直线"按钮，绘制辅助线，效果如图 9-115 所示。

（4）将"手把"图层设置为当前图层。单击"默认"选项卡中"块"面板的"插入"下拉列表中的"最近使用的块"命令，打开"块"选项板，将手把左视图图块插入手压阀装配平面图中，效果如图 9-116 所示。

（5）单击"默认"选项卡中"修改"面板的"移动"按钮，将手把图块调整到适当位置，效果如图 9-117 所示。

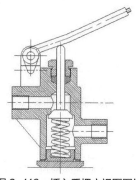

图 9-113　插入手把主视图图块

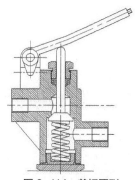

图 9-114　剪切图形

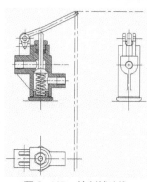

图 9-115　绘制辅助线

（6）利用"分解""修剪"和"直线"等命令修改图形，效果如图 9-118 所示。

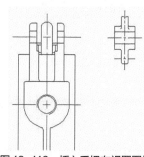

图 19-116　插入手把左视图图块

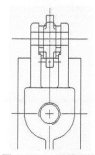

图 9-117　调整图块

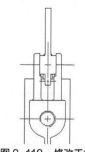

图 9-118　修改手把

（7）单击"默认"选项卡中"绘图"面板的"直线"按钮 ，从主视图向俯视图绘制辅助线，效果如图 9-119 所示。

（8）单击"默认"选项卡中"修改"面板的"偏移"按钮 ，将俯视图中的水平中心线向两侧偏移，偏移距离分别为 3、2.5 和 2，效果如图 9-120 所示。

（9）使用"修剪""椭圆""偏移"和"直线"等命令，修改图形，并将修改后的图形图层更改为"粗实线"，效果如图 9-121 所示。

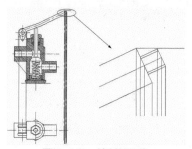

图 9-119　绘制辅助线

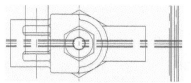

图 9-120　偏移中心线

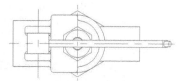

图 9-121　修改手把

9．插入销轴平面图

（1）将"销轴"图层设置为当前图层。单击"默认"选项卡中"块"面板的"插入"下拉列表中的"最近使用的块"命令，打开"块"选项板，将销轴图块插入手压阀装配平面图中，效果如图 9-122 所示。

（2）单击"默认"选项卡中"修改"面板的"旋转"按钮 和"移动"按钮 ，将销轴图块调整到适当位置，效果如图 9-123 所示。

（3）利用"分解"和"修剪"等命令修改图形，效果如图 9-124 所示。

（4）单击"默认"选项卡中"绘图"面板的"圆"按钮 ，绘制半径为 2 的圆，效果如图 9-125 所示。

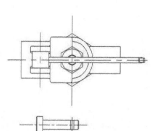

图 9-122　插入销轴图块

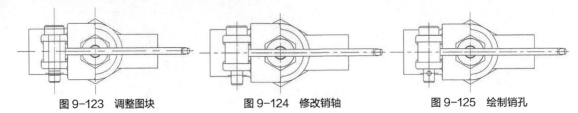

图 9-123　调整图块　　　　　图 9-124　修改销轴　　　　　图 9-125　绘制销孔

（5）单击"默认"选项卡中"绘图"面板的"圆"按钮⊙，在阀体主视图中以中心线交点为圆心，分别以 4.2 和 5 为半径绘制圆，效果如图 9-126 所示。

（6）单击"默认"选项卡中"块"面板的"插入"下拉列表中的"最近使用的块"命令，打开"块"选项板，将销轴图块插入到手压阀装配平面图中，效果如图 9-127 所示。

（7）单击"默认"选项卡中"修改"面板的"移动"按钮✛，将销轴图块调整到适当位置，效果如图 9-128 所示。

（8）利用"分解"和"修剪"等命令修改图形，效果如图 9-129 所示。

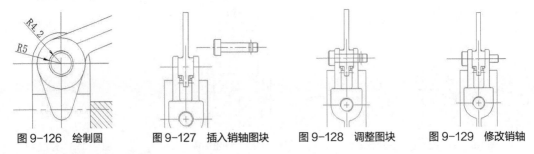

图 9-126　绘制圆　　　　图 9-127　插入销轴图块　　　图 9-128　调整图块　　　图 9-129　修改销轴

10. 插入胶木球平面图

（1）将"胶木球"图层设置为当前图层。单击"默认"选项卡中"块"面板的"插入"下拉列表中的"最近使用的块"命令，打开"块"选项板，将胶木球图块插入手压阀装配平面图中，效果如图 9-130 所示。

（2）单击"默认"选项卡中"修改"面板的"旋转"按钮↻和"移动"按钮✛，将胶木球图块调整到适当位置，效果如图 9-131 所示。

（3）单击"默认"选项卡中"绘图"面板的"图案填充"按钮▨，设置填充图案为 ANSI31，角度为 0，比例为 0.5，选取填充范围，为胶木球图块添加剖面线，效果如图 9-132 所示。

图 9-130　插入胶木球图块　　　　图 9-131　调整图块　　　图 9-132　胶木球图块图案填充

（4）将"中心线"图层设置为当前图层。单击"默认"选项卡中"绘图"面板的"直线"按钮╱，从胶木球的主视图向俯视图绘制辅助线，效果如图 9-133 所示。

（5）单击"默认"选项卡中"修改"面板的"偏移"按钮⊑，将俯视图中的水平中心线向两侧偏移，偏移距离为 9，效果如图 9-134 所示。

（6）将"胶木球"图层设置为当前图层。单击"默认"选项卡中"绘图"面板的"椭圆"按钮⬭，绘制胶木球的俯视图，效果如图 9-135 所示。

（7）单击"默认"选项卡中"修改"面板的"修剪"按钮✂，修改图形并删除多余的辅助线，效果如图 9-136 所示。

（8）将"中心线"图层设置为当前图层。单击"默认"选项卡中"绘图"面板的"直线"按钮╱，从胶木球的主视图向左视图绘制辅助线，并在左视图中同样绘制辅助线，效果如图 9-137 所示。

（9）单击"默认"选项卡中"修改"面板的"偏移"按钮⊑，将左视图中的竖直中心线向两侧偏移，偏移距离为 9，效果如图 9-138 所示。

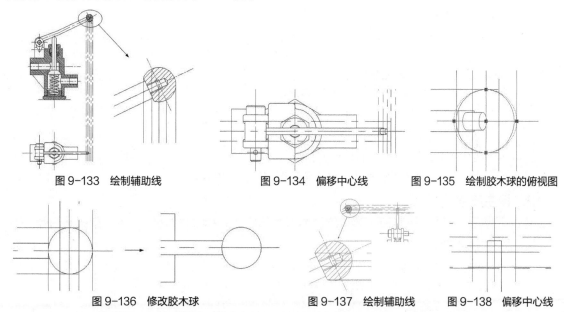

图 9-133 绘制辅助线　　　图 9-134 偏移中心线　　　图 9-135 绘制胶木球的俯视图

图 9-136 修改胶木球　　　图 9-137 绘制辅助线　　　图 9-138 偏移中心线

（10）将"胶木球"图层设置为当前图层。单击"默认"选项卡中"块"面板的"插入"下拉列表中的"最近使用的块"命令，打开"块"选项板，将胶木球图块插入到手压阀装配平面图中，效果如图 9-139 所示。

（11）单击"默认"选项卡中"修改"面板的"移动"按钮 ✥，将胶木球图块调整到适当位置，效果如图 9-140 所示。

图 9-139 插入胶木球图块　　　　　　图 9-140 调整图块

（12）将"中心线"图层设置为当前图层。单击"默认"选项卡"绘图"面板中的"直线"按钮 ╱，在左视图中绘制辅助线，效果如图 9-141 所示。

（13）将"胶木球"图层设置为当前图层。单击"默认"选项卡"绘图"面板中的"椭圆"按钮 ⬭，绘制胶木球的左视图，效果如图 9-142 所示。

（14）单击"默认"选项卡"修改"面板中的"修剪"按钮 ✂，修改图形并删除多余的辅助线，效果如图 9-143 所示。

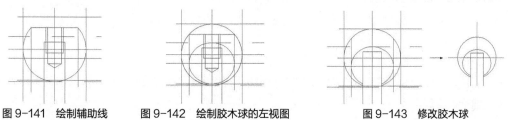

图 9-141 绘制辅助线　　　图 9-142 绘制胶木球的左视图　　　图 9-143 修改胶木球

9.5.4 标注手压阀装配平面图

在装配图中，不需要将每个零件的所有尺寸都标注出来。需要标注的尺寸包括装配尺寸、外形尺寸、安装尺寸以及其他重要尺寸。在本例中，只需要标注一些装配尺寸，而且这些尺寸都是线性标注。

1．设置标注样式

（1）将"尺寸标注"图层设置为当前图层。单击"注释"面板下拉菜单中的"标注样式"按钮，系统会弹出"标注样式管理器"对话框。单击"新建"按钮，在弹出的"创建新标注样式"对话框中将"新样式名"设置为"装配图"。

（2）单击"继续"按钮，系统会弹出"新建标注样式:装配图"对话框。在"线"选项卡中，设置基线间距为 2，"超出尺寸线"为 1.25，"起点偏移量"为 0.625，其他设置保持默认。

（3）在"符号和箭头"选项卡中，设置箭头为"实心闭合"，"箭头大小"为 2.5，其他设置保持默认。

（4）在"文字"选项卡中，设置"文字高度"为 5，其他设置保持默认。在"主单位"选项卡中，设置"精度"为 0.0，"小数分隔符"为句点，其他设置保持默认。完成后，单击"确定"按钮退出。在"标注样式管理器"对话框中，将"装配图"样式设置为当前样式，单击"关闭"按钮退出。

2．标注尺寸

单击"默认"选项卡中"注释"面板的"线性"按钮，标注线性尺寸，效果如图 9-144 所示。

3．标注零件序号

将"文字说明"图层设置为当前图层。单击"默认"选项卡中"绘图"面板的"直线"按钮和"注释"面板的"多行文字"按钮 A，标注零件序号，效果如图 9-145 所示。

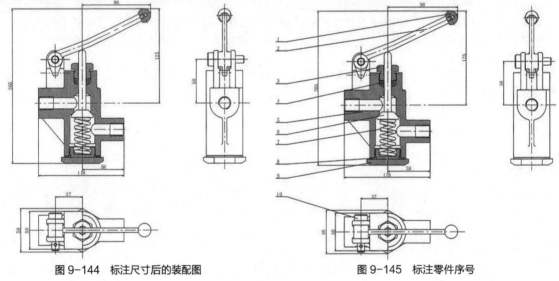

图 9-144　标注尺寸后的装配图　　　图 9-145　标注零件序号

4．制作明细表

（1）单击"默认"选项卡中"注释"面板的"表格"按钮，系统会弹出"插入表格"对话框，创建如图 9-146 所示的表格。

（2）单击"默认"选项卡"注释"面板中的"多行文字"按钮 A，添加明细表文字内容并调整表格宽度，效果如图 9-147 所示。

5．填写技术要求

单击"默认"选项卡"注释"面板中的"多行文字"按钮 A，添加技术要求，效果如图 9-148 所示。

6．填写标题栏

单击"默认"选项卡"注释"面板中的"多行文字"按钮 A，填写标题栏，效果如图 9-149 所示。

7．完善手压阀装配平面图

单击"默认"选项卡"修改"面板中的"缩放"按钮和"移动"按钮，将已创建的图形、明细表及技术要求移动到图框中的适当位置，完成手压阀装配平面图的绘制，效果如图 9-58 所示。

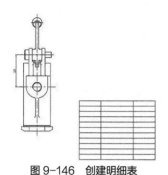

图 9-146　创建明细表

10	销轴	1
9	底座	1
8	胶垫	1
7	弹簧	1
6	阀杆	1
5	阀体	1
4	密封垫	1
3	压紧螺母	1
2	手把	1
1	胶木球	1
序号	名称	数量

图 9-147　装配图明细表

技术要求
制造和验收技术条件应符合国家标准规定。

图 9-148　添加技术要求

手压阀装配图	材料		比例	
	数量		共　张第　张	
制图				
审核				

图 9-149　填写好的标题栏

9.6　技巧点拨——绘图细节

1. 文件占用空间大，计算机运行速度慢怎么办

当图形文件经过多次修改，尤其是插入多个图块后，文件占用的空间会越来越大，此时计算机的运行速度会变慢，图形处理的速度也会减缓。可以通过选择"文件"菜单中的"绘图实用程序"→"清除"命令，来清除无用的图块、字型、图层、标注样式、多线样式等。这样，图形文件占用的空间会随之减小。

2. 内部图块与外部图块的区别

内部图块是在一个文件内定义的图块，可以在该文件内部自由使用。一旦定义，内部图块就会与文件一起存储和打开。外部图块则是将"块"以主文件的形式写入磁盘，其他图形文件也可以使用它。这是外部图块与内部图块的一个重要区别。

9.7　上机实验

【练习 1】标注图 9-150 所示齿轮花键轴图形的粗糙度符号。

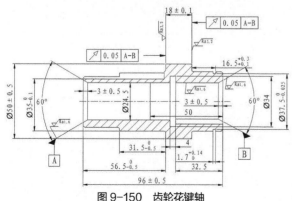

图 9-150　齿轮花键轴

扫码看视频

练习 1 演示

【练习 2】将图 9-151（a）所示的轴、轴承、盖板和螺钉图形作为图块插入图 9-151（b）中，

完成箱体组装图，如图 9-152 所示。

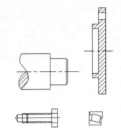

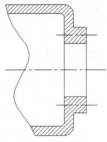

（a）轴、轴承、盖板和螺钉图形　　　（b）箱体零件图

图 9-151　箱体组装零件图

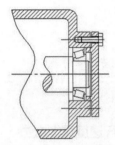

图 9-152　箱体组装图

第**10**章

零件图的绘制

零件图是生产中指导制造和检验零件的主要依据，是具有实际意义的工程图形。本章将通过一些零件图绘制实例，结合前面学习过的平面图形绘制、编辑命令及尺寸标注命令，详细介绍机械工程零件图的绘制。

本章教学要求

基本能力： 了解零件图绘制的一般过程，练习各种零件图的绘制方法。

重 难 点： 遵守零件图绘制相关的国家标准规定。

案例效果

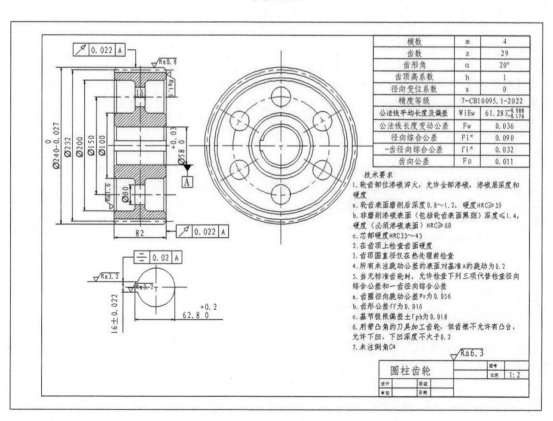

10.1　零件图简介

零件图是反映设计者意图以及生产部门组织生产的重要技术文件。因此，它不仅应将零件的材料内、外结构形状及大小表达清楚，而且还要为零件的加工、检验、测量提供必要的技术要求。一张完整的零件图应包含以下内容。

（1）一组视图：包括视图、剖视图、剖面图、局部放大图等，用以表达零件的内、外形状和结构。

（2）完整的尺寸：标出零件上结构的大小和结构间的位置关系。

（3）技术要求：说明零件在制造和检验时应达到的标准，如表面粗糙度、尺寸公差、形状和位置公差以及表面处理和材料热处理等。

（4）标题栏：位于零件图的右下角，用以填写零件的名称、材料、比例、数量、图号以及设计、制图、校核人员的签名等。

10.2　零件图绘制的一般过程

在绘制零件图时，应根据零件的结构特点、用途及主要加工方法，确定零件图的表达方案；还应对零件的结构形状进行分析，以确定零件的视图表达方案。以下是零件图的一般绘制过程及绘图过程中需要注意的问题。

（1）在绘制零件图之前，应根据图纸幅面大小和版式的不同，分别建立符合机械制图国家标准的若干机械图样模板。模板中包括图纸幅面、图层、使用文字的一般样式、尺寸标注的一般样式等，这样就可以直接调用建立好的模板进行绘图，有利于提高工作效率。

（2）使用绘图命令和编辑命令完成图形的绘制。在绘制过程中，应根据结构的对称性、重复性等特征，灵活运用镜像、阵列、多重复制等编辑操作，避免不必要的重复劳动，提高绘图效率。

（3）标注尺寸、表面粗糙度、尺寸公差等。可以将标注内容分类，先标注线性尺寸、角度尺寸、直径及半径尺寸等操作比较简单、直观的尺寸，然后标注带有尺寸公差的尺寸，最后再标注几何公差及表面粗糙度。

由于在 AutoCAD 中没有提供表面粗糙度符号，而且关于几何公差的标注也存在一些不足，如符号不全和代号不一致等，因此，可以通过建立外部块、外部参照的方式积累用户自定义和使用的图形库，或者开发进行表面粗糙度和几何公差标注的应用程序，以满足这些技术要求的标注需求。

（4）填写标题栏并保存图形文件。

10.3　传动轴设计

轴类零件是机械零件中的一种典型部件，由一系列同轴回转体构成，上面分布有各种键槽。在机械零件图中，轴的主视图是主要部分，局部细节通过局部剖视图、局部放大视图等表现。轴的主视图具有对称性，作图时可以以轴的中心线为参考位置，在绘制完轴的上半部后，使用镜像命令完成整个轴轮廓图的绘制。绘制的传动轴如图 10-1 所示。操作步骤如下。

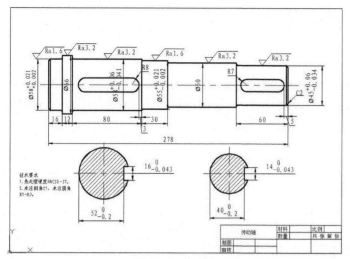

扫码看视频

绘制传动轴

图 10-1　传动轴

10.3.1　配置绘图环境

1．建立新文件

打开 AutoCAD 2024 应用程序，以"A3.dwt"样板文件为模板，建立新文件；将新文件命名为"传动轴.dwg"并保存。

2．新建图层

打开"图层特性管理器"，新建图层，如图 10-2 所示。

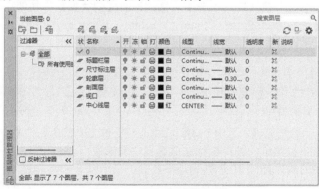

图 10-2　"图层特性管理器"

3．设置尺寸标注风格

（1）单击"默认"选项卡的"注释"面板中的"标注样式"按钮，系统将弹出"标注样式管理器"对话框。单击"新建"按钮，系统将弹出"创建新标注样式"对话框。将样式名称设置为"机械制图标注"，基础样式选择为"Standard"，在下拉列表中选择"所有标注"。

（2）单击"继续"按钮，打开"新建标注样式"对话框。其中有 7 个选项卡，可对新建的"机械制图标注"样式的风格进行设置。

① 在"线"选项卡中进行相关设置。将"基线间距"设置为 13，将"超出尺寸线"设置为 2.5。

② 在"符号和箭头"选项卡中，将"箭头大小"设置为 5。

③ 在"文字"选项卡设置中，将"文字高度"设置为 7，将"从尺寸线偏移"设置为 2，"文字对齐"采用 ISO 标准。

④ "调整"选项卡设置采用默认设置。在"文字位置"选项组中，选择"尺寸线上方，带引线"。

⑤ "主单位"选项卡设置：将"舍入"设置为 0，将"小数分隔符"设置为"句点"。

⑥"换算单位"选项卡不进行设置。"公差"选项卡暂不设置，待后续需要时再进行设置。

（3）设置完毕后，返回"标注样式管理器"对话框，点击"置为当前"按钮，将新建的"机械制图标注"样式设置为当前使用的标注样式。

 注 意

> 普通尺寸标注中不需要标注公差，因此不需要设置公差。只有在需要标注尺寸公差时，才进行设置。如果一开始就设置了公差，则所有尺寸标注都会带有公差。在后面需要使用公差标注时，再设置公差选项即可。

10.3.2 绘制传动轴

1. 绘制中心线

（1）切换图层。将"中心线层"设定为当前图层。

（2）绘制主视图中心线。单击"默认"选项卡中"绘图"面板的"直线"按钮 ╱，绘制直线{(60,200)，(360,200)}，如图 10-3 所示。

———————————————————

图 10-3 绘制中心线

2. 绘制传动轴主视图

（1）切换图层。将"轮廓层"设置为当前图层。

（2）绘制边界线。单击"默认"选项卡中"绘图"面板的"直线"按钮 ╱，绘制直线{(70,200)，(70,240)}，如图 10-4 所示的直线 1。

（3）偏移边界线。单击"默认"选项卡中"修改"面板的"偏移"按钮 ⊆，以直线 1 为起始线，并以每次偏移的线为基准，依次向右绘制直线 2 至直线 7，偏移量依次为 16mm、12mm、80mm、30mm、80mm 和 60mm，如图 10-4 所示。

（4）偏移中心线。单击"默认"选项卡中"修改"面板的"偏移"按钮 ⊆，以中心线为基准，依次向上偏移，偏移量分别为 22.5mm、25mm、27.5mm、29mm 和 33mm，如图 10-5 所示。

图 10-4 偏移边界线

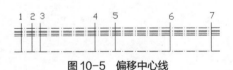

图 10-5 偏移中心线

（5）更改图形对象的图层属性。选中 5 条偏移中心线，单击"默认"选项卡中"图层"面板的 下拉按钮，系统会弹出下拉菜单，使用鼠标左键选择"轮廓层"，将其图层属性设置为"轮廓层"，然后单击结束。更改后的效果如图 10-6 所示。

 注 意

> 在 AutoCAD 2024 中，还有另一种方法更改图层属性。在图形对象上单击鼠标右键，系统会弹出快捷菜单，选择"特性"命令，然后在弹出的"特性"对话框中更改其图层属性。

（6）修剪纵向直线。单击"默认"选项卡中"修改"面板的"修剪"按钮，以 5 条横向直线作为剪切边，对 7 条纵向直线进行修剪，结果如图 10-7 所示。

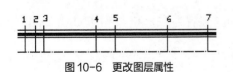

图 10-6 更改图层属性

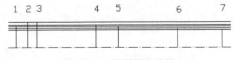

图 10-7 修剪纵向直线

（7）修剪横向直线。使用相同的方法，单击"默认"选项卡"修改"面板中的"修剪"按钮，以 7 条纵向直线作为剪切边，对 5 条横向直线进行修剪，结果如图 10-8 所示。

（8）端面倒直角。单击"默认"选项卡"修改"面板中的"倒角"按钮，选择修剪、角度、距离模式，设置倒角大小为 C2，对左右端面的两条直线进行倒直角处理。

（9）补全端面线。单击"默认"选项卡中"绘图"面板的"直线"按钮，利用"对象捕捉"，补全左右的端面线。如图 10-9 所示。

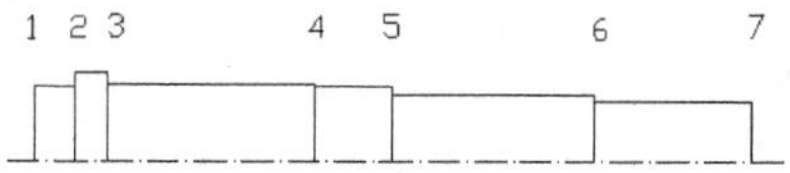

图 10-8　修剪横向直线

（10）台阶面倒圆角。单击"默认"选项卡"修改"面板中的"圆角"按钮，采用不修剪、半径模式，圆角半径为 1.5，依次选择传动轴中的 5 个台阶面进行倒圆角，如图 10-10 所示。

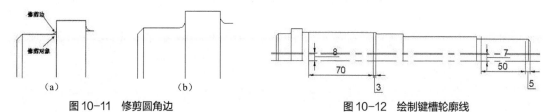

图 10-9　端面倒直角　　　　　　　　　　　　　　图 10-10　台阶面倒圆角

（11）修剪圆角边。由于采用了不修剪模式下的倒圆角操作，在每处圆角边都存在多余的边，如图 10-11（a）所示。单击"默认"选项卡中"修改"面板的"修剪"按钮，将其删除，结果如图 10-11（b）所示。

（12）绘制键槽轮廓线。单击"默认"选项卡中"修改"面板的"偏移"按钮，结果如图 10-12 所示。

图 10-11　修剪圆角边　　　　　　　　　　　　　图 10-12　绘制键槽轮廓线

（13）更改偏移中心线的图层属性。将 2 条中心线从"中心线层"更改为"轮廓层"。

（14）键槽倒圆角。单击"默认"选项卡中的"修改"面板里的"圆角"按钮，采用修剪、半径模式，左侧键槽的圆角半径为 8mm，右侧键槽的圆角半径为 7mm，如图 10-13 所示。

（15）镜像成形。单击"默认"选项卡中的"修改"面板里的"镜像"按钮，完成传动轴下半部分的绘制。至此，传动轴的主视图绘制完毕，如图 10-14 所示。

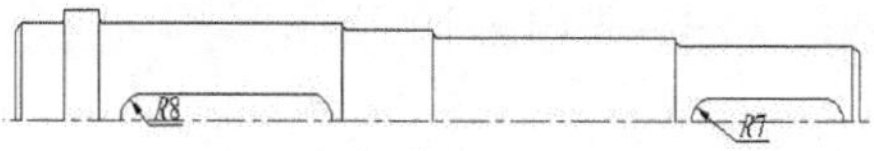

图 10-13　倒圆角后的键槽 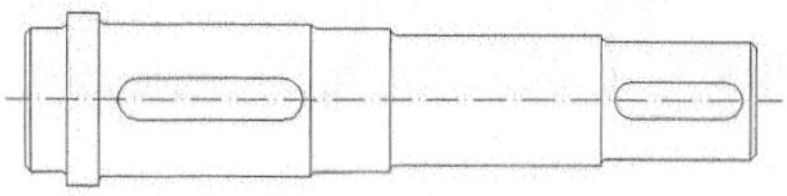　　　　　　　　　　　图 10-14　传动轴主视图

3. 绘制键槽剖面图

（1）切换图层。将"中心线层"设置为当前图层。

（2）绘制剖面图中心线。单击"默认"选项卡中"绘图"面板的"直线"按钮，绘制两组十字交叉直线：直线 {(100,100),(170,100)} 和直线 {(135,65),(135,135)}，以及直线 {(250,100),(310,100)} 和直线 {(280,70),(280,130)}，如图 10-15 所示。

（3）绘制剖面圆。首先切换图层，将当前图层设置为"轮廓层"，单击"默认"选项卡中"绘图"面板的"圆"按钮，绘制两个圆：一个圆心为 (135,100)，半径为 29mm，另一个圆心为 (280,100)，半径为 22.5mm。结果如图 10-16 所示。

图 10-15　绘制剖面图中心线　　　　　　　　　　图 10-16　绘制剖面圆

（4）绘制键槽轮廓线。单击"默认"选项卡"修改"面板中的"偏移"按钮 ⊆，在左右两个圆上分别绘制 3 条直线。左侧圆的上下偏移量为 8mm，水平偏移量为 6mm；右侧圆的上下偏移量为 7mm，水平偏移量为 7.5mm。如图 10-17 所示，注意中心线的偏移线也需要更改其图层属性。

（5）绘制键槽。单击"默认"选项卡"修改"面板中的"修剪"按钮 ，通过剪切 3 条偏移直线，形成键槽，如图 10-18 所示。

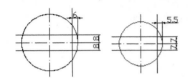

图 10-17　绘制键槽轮廓线　　　　　　　　　图 10-18　剪切形成键槽

（6）绘制剖面线。将当前图层设置为"剖面层"。单击"默认"选项卡中的"绘图"面板里的"图案填充"按钮 ，系统会弹出"图案填充创建"选项卡。在"图案填充图案"下拉列表中，选择 ANSI31 图案，将"图案填充角度"设置为 0，"填充图案比例"设置为 1，其他选项保持默认值。单击"选择边界对象"按钮 ，选择如图 10-19 所示的键槽剖面轮廓线，然后单击"关闭图案填充创建"按钮，完成剖面线的绘制，如图 10-20 所示。至此，键槽的剖面图绘制工作已完成。

图 10-19　选择填充轮廓线　　　　　　　　　图 10-20　绘制剖面线

10.3.3　标注传动轴

1. 无公差尺寸标注

（1）切换图层。将"尺寸标注层"设定为当前图层。

（2）快速标注。单击"默认"选项卡"注释"面板中的"标注"按钮 ，光标由"十字"变为"小方块"，如图 10-21 所示。选择传动轴左侧的五条直线，标注结果如图 10-22 所示。

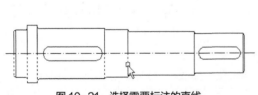 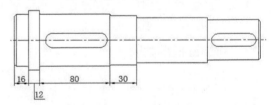

图 10-21　选择需要标注的直线　　　　　　　图 10-22　快速标注

（3）线性标注。单击"默认"选项卡"注释"面板中的"线性"按钮 ，标注出传动轴主视图的其他无公差尺寸 3、5、60、278、Ø50、Ø66。然后，单击"默认"选项卡"注释"面板中的"半径"按钮 ，标注半径 R7、R8。在命令行中输入 QLEADER 命令标注倒角尺寸 C2，如图 10-23 所示。

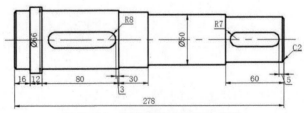

图 10-23　绘制主视图的其他尺寸标注

注　意

　　"快速标注"是一种常用的标注命令，可以连续选择一组直线，从而进行连续标注。相比于一般的线性标注，它更加方便，适用于类似传动轴零件的标注。在标注轴径时，使用特殊符号表示法，即用"%%C"表示"Ø"，例如，"%%C50"表示"Ø50"。

2. 带公差尺寸标注

　　（1）设置带公差标注样式。单击"默认"选项卡"注释"面板中的"标注样式"按钮，打开"标注样式管理器"对话框。接着，单击"新建"按钮。❶建立一个名为"机械制图样式（带公差）"的样式。❷将"基础样式"设为"机械制图样式"，如图 10-24 所示。❸单击"继续"按钮。❹在弹出的"新建标注样式"对话框中。❺选择"公差"选项卡，并进行设置，如图 10-25 所示。最后，将"机械制图样式（带公差）"设置为当前使用的标注样式。

 注　意

　　由于需要标注公差，因此必须建立公差标注样式。在 AutoCAD 2024 中，可以定义多种不同的标注样式，每一种形式的标注都有与其相关联的标注样式。当标注样式被修改并存储后，所有使用此样式标注的尺寸都会发生变化。
　　在填写下偏差数值时，系统默认为负值。如果下偏差的值为正，则必须在数值前加负号。

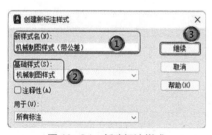
图 10-24　新建标注样式

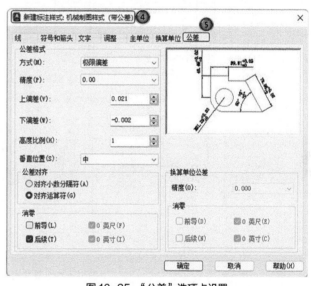
图 10-25　"公差"选项卡设置

　　（2）线性标注。单击"默认"选项卡中"注释"面板的"线性"按钮，标注轴径带公差的尺寸，如图 10-26 所示。
　　（3）替代标注样式。单击"默认"选项卡中"注释"面板的"标注样式"按钮，打开"标注样式管理器"对话框，然后单击"替代"按钮。❶打开"替代当前样式"对话框，如图 10-27 所示。❷在"公差"选项卡中重新设置公差值。❸单击"确定"按钮退出，再单击"标注样式管理器"对话框"关闭"按钮。
　　（4）继续标注尺寸公差。与上述方法相同，设置不同的替代公差值以标注尺寸公差，结果如图 10-28 所示。
　　（5）标注粗糙度。单击"默认"选项卡中"块"面板的"插入"下拉菜单，插入"源文件/图块"中的粗糙度块。然后单击"默认"选项卡中"注释"面板的"多行文字"按钮，标注粗糙度，结果如图 10-29 所示。
　　（6）标注剖面图的公差尺寸。使用相同的方法标注剖面图公差尺寸。

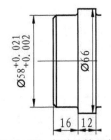

图 10-26 标注公差尺寸

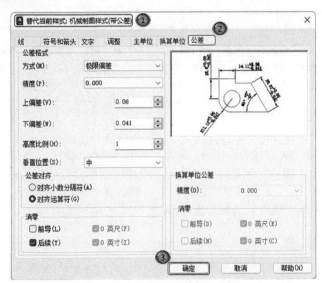

图 10-27 "替代当前样式"对话框

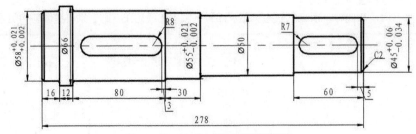

图 10-28 完成主视图极限偏差标注

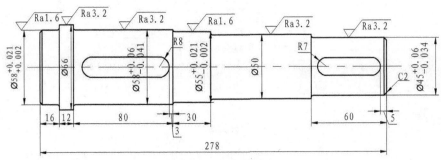

图 10-29 标注粗糙度

（7）填写技术要求。使用多行文字命令，创建技术要求。结果如图 10-1 所示。

10.3.4 动手练——绘制轴零件图

扫码看视频

动手练——绘制
轴零件图

绘制如图 10-30 所示的轴零件图。

💡 **思路点拨**

（1）绘制三视图。
（2）标注尺寸和技术要求。
（3）标注粗糙度。
（4）绘制并插入模板图。

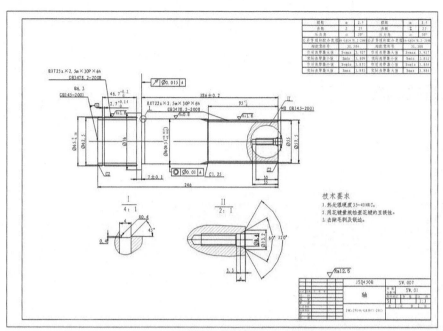

图 10-30　轴

10.4　圆柱齿轮设计

　　圆柱齿轮零件是机械产品中常用的一种典型零件。其主视剖面图呈对称形状，侧视图则由一组同心圆构成，如图 10-31 所示。本实例的制作思路如下。由于圆柱齿轮的 1∶1 全尺寸平面图大于 A3 图幅，为了绘制方便，需要先隐藏"标题栏层"和"图框层"，以在绘图窗口中隐去标题栏和图框。按照 1∶1 全尺寸绘制圆柱齿轮的主视图和侧视图。与前面章节类似，绘制过程中需充分利用多视图的互相投影对应关系。操作步骤如下。

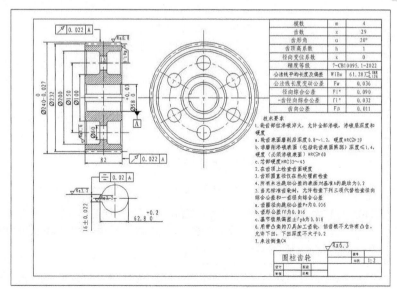

图 10-31　圆柱齿轮

10.4.1 配置绘图环境

建立新文件。启动 AutoCAD 应用程序，以"A3 样板图"文件为模板，建立新文件。

10.4.2 绘制圆柱齿轮

1. 新建图层

打开"图层特性管理器"，新建图层，如图 10-32 所示。

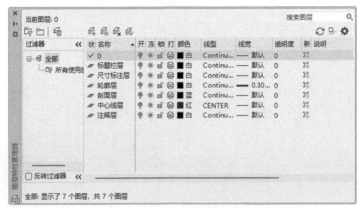

图 10-32 "图层特性管理器"

2. 绘制中心线与隐藏图层

（1）切换图层。将"中心线层"设为当前图层。

（2）绘制中心线。单击"默认"选项卡中"绘图"面板中的"直线"按钮 ，绘制直线{(25,170), (410,170)}、直线{(75,47),(75,292)}和直线{(270,47),(270,292)}，如图 10-33 所示。

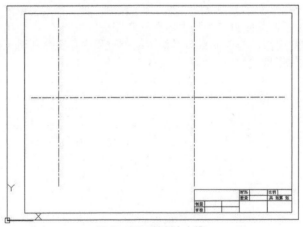

图 10-33 绘制中心线

> **注 意**
>
> 由于圆柱齿轮尺寸较大，因此先按照 1:1 比例绘制圆柱齿轮，绘制完成后，再利用"图形缩放"命令将其缩小，以放入 A3 图纸中。为了绘制方便，可以隐藏"0"层，并隐藏标题栏和图框，使版面更加简洁，便于绘图，如图 10-34 所示。

（3）隐藏图层。选择菜单栏中的"格式"→"图层"命令，或单击"默认"选项卡"图层"面板中的"图层特性"按钮 ，打开"图层特性管理器"，关闭"标题栏层"和"图框层"，效果如图 10-35 所示。

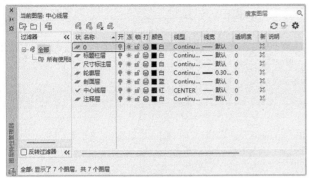

图 10-34 关闭"0 层"

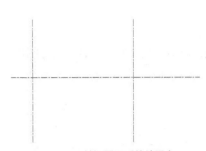

图 10-35 关闭图层后的绘图窗口

3. 绘制圆柱齿轮主视图

（1）绘制边界线。将当前图层从"中心线层"切换到"轮廓层"。单击"默认"选项卡的"绘图"面板中的"直线"按钮 ，利用临时捕捉命令绘制两条直线，结果如图 10-36 所示。

（2）偏移直线。单击"默认"选项卡的"修改"面板中的"偏移"按钮 ，将最左侧的直线向右偏移量为 33mm，再将最上部的直线向下依次偏移为 8mm、20mm、30mm、60mm、70mm 和 91mm。以同样的方法偏移中心线，向上依次偏移为 75mm 和 116mm，结果如图 10-37 所示。

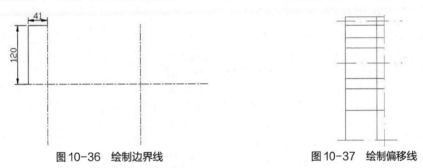

图 10-36 绘制边界线   图 10-37 绘制偏移线

（3）图形倒角。单击"默认"选项卡"修改"面板中的"倒角"按钮 ，采用角度、距离模式，对齿轮的左上角处倒直角 C4；在凹槽端口和孔口处倒直角 C4。单击"默认"选项卡"修改"面板中的"圆角"按钮 ，对中间凹槽底部进行倒圆角处理，半径为 5mm。然后进行修剪，绘制倒圆角轮廓线，结果如图 10-38 所示。

> **注 意**
>
> 在执行"倒圆角"命令时，需要根据不同情况交替使用修剪模式和不修剪模式。如果使用不修剪模式，还需要调用"修剪"命令进行修剪编辑。

（4）绘制键槽。单击"默认"选项卡"修改"面板中的"偏移"按钮 ，将中心线向上偏移 8mm，将偏移后的直线放置在"轮廓层"，然后进行修剪，结果如图 10-39 所示。

图 10-38 图形倒角   图 10-39 绘制键槽

　　（5）图形镜像。单击"默认"选项卡的"修改"面板中的"镜像"按钮 ◭，以两条中心线分别作为镜像轴进行镜像操作，结果如图 10-40 所示。

　　（6）绘制剖面线。切换到"剖面线"选项卡，单击"默认"选项卡的"绘图"面板中的"图案填充"按钮 ▨，将填充图案设置为 ANSI31，图案填充角度设置为 0，图案填充比例设置为 0.5。完成圆柱齿轮主视图的绘制，结果如图 10-41 所示。

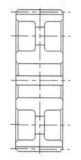

图 10-40　镜像成型

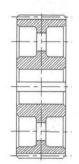

图 10-41　圆柱齿轮主视图

4．绘制圆柱齿轮侧视图

 注 意

　　圆柱齿轮的侧视图由一组同心圆和环形分布的圆孔组成。左视图是在主视图的基础上生成的，因此需要借助主视图的位置信息来确定同心圆的半径或直径数值。在此过程中，需要从主视图引出相应的辅助定位线，并使用"对象捕捉"功能确定同心圆的位置。6 个减重圆孔则通过"环形阵列"功能进行绘制。

　　（1）绘制辅助定位线。将当前图层切换到"轮廓层"。单击"默认"选项卡中"绘图"面板的"直线"按钮 ╱，利用"对象捕捉"在主视图中确定直线的起点，再利用"正交"功能确保引出线水平，终点位置任意，绘制结果如图 10-42 所示。

　　（2）绘制同心圆。单击"默认"选项卡中"绘图"面板的"圆"按钮 ⊘，以右侧中心线交点为圆心，依次捕捉辅助定位线与中心线的交点为半径，绘制九个圆；删除辅助直线。再单击"默认"选项卡中"绘图"面板的"圆"按钮 ⊘，绘制减重圆孔。结果如图 10-43 所示。注意，减重圆孔的圆环属于"中心线层"。单击"修改"工具栏中的"打断"按钮 ⬚，修剪阵列减重孔过长的中心线。

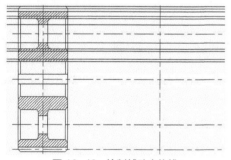

图 10-42　绘制辅助定位线

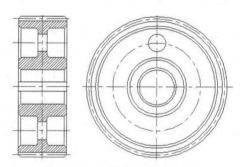

图 10-43　绘制同心圆和减重圆孔

　　（3）绘制环形阵列圆孔。单击"默认"选项卡的"修改"面板中的"环形阵列"按钮 ⬡，以同心圆的圆心为阵列中心点，选择图 10-43 中绘制的减重圆孔作为阵列对象，设置阵列数目为 6，填充角度为 360°，得到环形分布的减重圆孔，如图 10-44 所示。

　　（4）绘制键槽边界线。单击"默认"选项卡的"修改"面板中的"偏移"按钮 ⊑，将同心圆的竖直中心线向左偏移，偏移量为 33.3mm；在水平中心线上下偏移，偏移量分别为 8mm。并更改其图层属性为"轮廓层"，如图 10-45 所示。

　　（5）修剪图形。对键槽进行修剪编辑，得到圆柱齿轮的左视图，如图 10-46 所示。

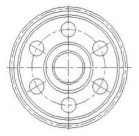
图 10-44　环形分布的减重圆孔

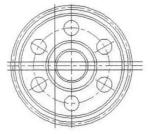
图 10-45　绘制键槽边界线

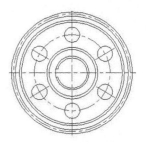
图 10-46　圆柱齿轮左视图

 注 意

　　为了便于对键槽进行标注，需要将圆柱齿轮左视图中的键槽图形单独复制出来，并单独标注尺寸和几何公差。

　　（6）复制键槽。单击"默认"选项卡中"修改"面板的"复制"按钮 🗗，选择键槽的轮廓线和中心线，如图 10-47 所示。

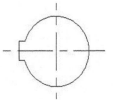
图 10-47　键槽轮廓线

 注 意

　　如果视图缩放比例不当，提取复制对象可能会比较困难。由于"缩放"和"平移"命令都属于透明命令，即可以在运行其他命令的过程中被调用，所以在提取复制对象前，可以先调整视图，而无须取消"复制"命令。

　　（7）图形缩放。在"默认"选项卡的"修改"面板中，单击"缩放"按钮 🗗，将所有图形对象进行缩放，缩放比例为 0.5。

10.4.3　标注圆柱齿轮

1. 无公差尺寸标注

　　（1）切换图层。将当前图层切换到"尺寸标注层"。选择菜单栏中的"格式"→"标注样式"命令，新建"机械制图标注"样式，将"主单位"选项卡中的比例因子设置为 2，并将"机械制图标注"样式设置为当前使用的标注样式。

　　（2）线性标注。单击"默认"选项卡"注释"面板中的"线性"按钮 ⊢，标注同心圆时使用特殊符号表示法，以"%%C"表示"∅"，例如"%%C100"表示"∅100"；完成其他无公差尺寸标注，如图 10-48 所示。

2. 带公差尺寸标注

　　（1）设置带公差标注样式。选择菜单栏中的"格式"→"标注样式"命令，系统将打开"标注样式管理器"对话框。单击"新建"按钮，建立一个名为"副本机械制图（带公差）"的样式，其"基础样式"为"机械制图"。❶在"新建标注样式"对话框中，❷设置"公差"选项卡，如图 10-49 所示。并将"副本机械制图（带公差）"的样式设置为当前使用的标注样式。

　　（2）线性标注。单击"默认"选项卡"注释"面板中的"线性"按钮 ⊢，标注带公差的尺寸。

　　（3）同理，可以按照上述步骤标注其他公差尺寸。使用线型尺寸标注时，也可以在命令行中输入 M，系统将打开"文字格式"对话框，利用"堆叠"功能进行编辑。

　　（4）选择需要编辑的尺寸，标注极限偏差，结果如图 10-50 所示。

3. 几何公差标注

　　（1）插入基准符号，如图 10-51 所示。
　　（2）利用 QLEADER 命令标注几何公差，结果如图 10-52 所示。

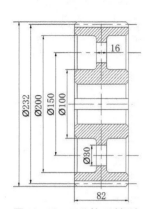

图 10-48 无公差尺寸标注

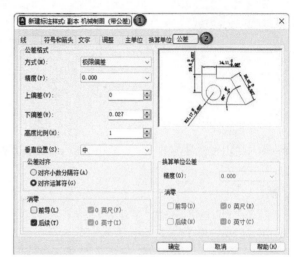

图 10-49 "公差"选项卡设置

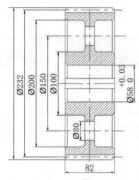

图 10-50 标注公差尺寸

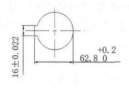

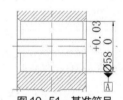

图 10-51 基准符号

（3）标注其他几何公差。用同样的方法，完成对圆柱齿轮其他几何公差的标注。结果如图 10-53 所示。

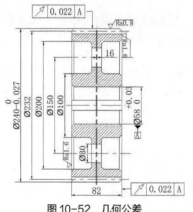

图 10-52 几何公差

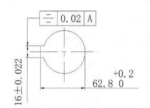

图 10-53 标注键槽几何公差

注 意

如果发现几何公差符号选择有误，可以再次单击"符号"选项重新选择；也可以单击"符号"选择对话框右下角的"空白"选项，取消当前选择。

（4）打开"图层特性管理器"对话框，单击"标题栏层"和"图框层"属性中灰暗的"打开/关闭图层" 💡图标，使其变为亮色 💡，以便在绘图窗口中显示图幅边框和标题栏。

10.4.4 标注粗糙度、参数表与技术要求

1. 粗糙度标注

（1）将"尺寸标注层"设置为当前图层。

（2）标注粗糙度。打开"源文件/图块"中的粗糙度块，将其复制到图中合适的位置，结合"多行文字"命令标注粗糙度，得到的效果如图 10-54 所示。

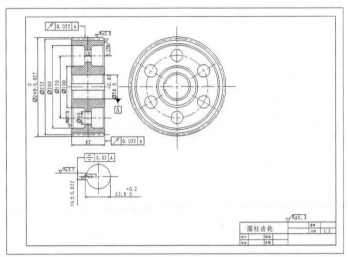

图 10-54　粗糙度标注

2. 参数表标注

（1）将"注释层"设置为当前图层。

（2）选择菜单栏中的"格式"→"表格样式"命令，打开"表格样式"对话框。

（3）单击"修改"按钮，打开"修改表格样式"对话框。在该对话框中进行如下设置。在"常规"选项卡中，填充颜色设为"无"，"对齐方式"选择"正中"，"水平单元边距"和"垂直单元边距"均为 1.5；在"文字"选项卡中，将"文字样式"设置为"Standard"，"文字高度"为 4.5，"文字颜色"为"ByBlock"；"表格方向"设为"向下"。

（4）设置好文字样式后，点击"确定"退出。

（5）创建表格。单击"默认"选项中卡"注释"面板的"表格"按钮▦，打开"插入表格"对话框。将插入方式设为"指定插入点"，行数和列数分别设为 11 行 3 列，列宽为 8，行高为 1。"第一行单元样式""第二行单元样式"以及"所有其他行单元样式"均设置为"数据"。确定后，在绘图平面上指定插入点，插入如图 10-55 所示的空表格，并显示多行文字编辑器，不输入文字，直接在多行文字编辑器中单击"确定"按钮退出。

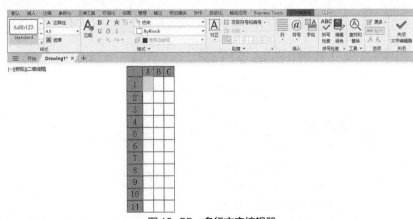

图 10-55　多行文字编辑器

（6）单击第 1 列的某个单元格，右键单击，使用"属性"命令调整列宽，将列宽设置为 65。同样的方法，将第 2 列和第 3 列的列宽分别调整为 20 和 40。结果如图 10-56 所示。

（7）双击单元格，重新打开多行文字编辑器，在各单元格中输入相应的文字或数据，结果如图 10-57 所示。

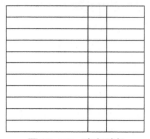

图 10-56　改变列宽

模数	m	4
齿数	z	29
齿形角	α	20°
齿顶高系数	h	1
径向变位系数	x	0
精度等级		7-CB10095.1-2022
公法线平均长度及偏差	WiEw	$61.283^{-0.088}_{-0.176}$
公法线长度变动公差	Fw	0.036
径向综合公差	Fi"	0.090
-齿径向综合公差	fi"	0.032
齿向公差	Fβ	0.011

图 10-57　参数表

3. 技术要求标注

（1）将"注释层"设置为当前图层。

（2）单击"默认"选项卡"注释"面板中的"多行文字"按钮 **A**，标注技术要求，如图 10-58 所示。

技术要求
1. 齿轮部位渗碳淬火，允许全部渗碳，渗碳层深度和硬度
a. 齿轮表面磨削后深度0.8~1.2，硬度HRC≥59
b. 非磨削渗碳表面（包括轮齿表面黑斑）深度≤1.4，硬度（必须渗碳表面）HRC≥60
c. 芯部硬度HRC35-45
2. 在齿顶上检查齿面硬度
3. 齿顶圆直径仅在热处理前检查
4. 所有未注跳动公差的表面对基准A的跳动为0.2
5. 当无标准齿轮时，允许检查下列三项代替检查径向综合公差和一尺径向综合
a. 齿圈径向跳动公差Fr为0.056
b. 齿形公差ff为0.016
c. 基节极限偏差±f_{pb}为0.018
6. 用带凸角的刀具加工齿轮，但齿根不允许有凹台，允许下凹，下凹深度不大于0.2
7. 未注倒角C2

图 10-58　技术要求

10.4.5　填写标题栏

（1）将"标题栏层"设置为当前图层。

（2）在标题栏中输入相应文本。圆柱齿轮设计的最终效果如图 10-31 所示。

10.4.6　动手练——绘制蜗轮零件图

扫码看视频

动手练——绘制涡轮零件图

绘制如图 10-59 所示的蜗轮零件图。

💡 **思路点拨**

（1）绘制三视图。

（2）标注尺寸及技术要求。

（3）标注表面粗糙度。

（4）绘制并插入样板图。

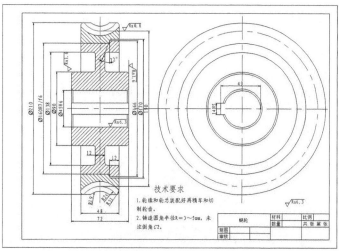

图 10-59　蜗轮设计

10.5　减速器箱盖设计

本节介绍如何绘制图 10-60 所示的减速器箱盖零件图。操作步骤如下。

高手支招

在绘制箱盖之前，首先需要对箱盖进行系统分析。根据机械制图的国家标准，需确定零件图的图幅、图中要表达的内容、零件各部分的线型、线宽、公差及公差标注样式以及粗糙度等。此外，还需要确定使用几个视图才能清楚地表达该零件。根据国家标准和工程分析，为了完整清晰地表达减速器箱盖，需要一个主视局部剖视图、一个俯视图和一个左视半剖视图。为了使图形表达得更加清楚，选择绘图的比例为 1:1，图幅为 A1。

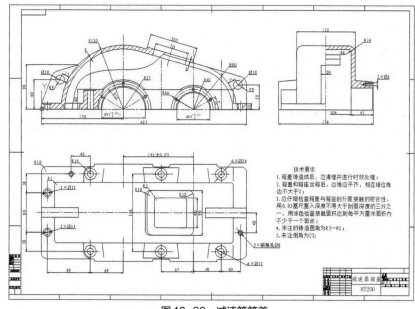

图 10-60　减速箱箱盖

10.5.1 配置绘图环境

1．设置图层

打开"图层特性管理器"对话框，创建并设置每个图层，如图 10-61 所示。

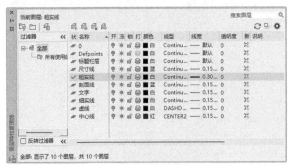

图 10-61 "图层特性管理器"

2．设置文字和尺寸标注样式

（1）设置文字标注样式。选择菜单栏中的"格式"→"文字样式"命令，打开"文字样式"对话框。创建"技术要求"文字样式，在"字体名"下拉列表中选择"仿宋"，"字体样式"设置为"常规"，在"高度"文本框中输入"5.0000"。设置完成后，单击"应用（A）"按钮，完成"技术要求"文字标注格式的设置。

（2）创建新标注样式。选择菜单栏中的"格式"→"标注样式"命令，打开"标注样式管理器"对话框，创建"机械制图标注"样式，各属性与前面章节设置相同，并将其设置为当前使用的标注样式。

10.5.2 绘制箱盖主视图

1．绘制中心线

（1）切换图层。将"中心线层"设置为当前图层。

（2）绘制中心线。单击"默认"选项卡"绘图"面板中的"直线"按钮 ，绘制一条水平直线 {(0,0)，(425,0)}，以及五条竖直直线：{(170,0)，(170,150)}、{(315, 0)，(315,120)}、{(101,0)，(101,100)}、{(248,0)，(248,100)}和 {(373,0)，(373,100)}，如图 10-62 所示。

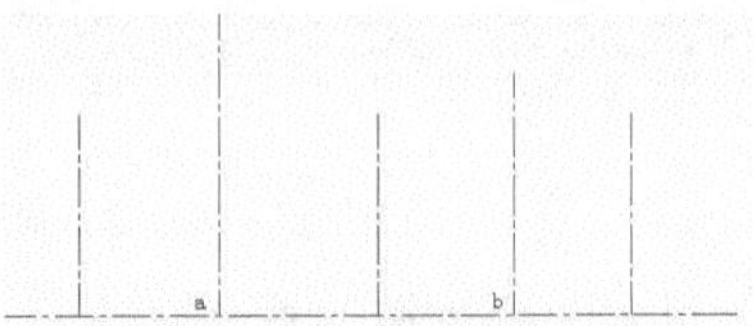

2．绘制主视图外轮廓

（1）切换图层。将"粗实线"设置为当前图层。

图 10-62 绘制中心线

（2）绘制圆。单击"默认"选项卡"绘图"面板中的"圆"按钮 ，以 a 点为圆心，分别绘制半径为 130、60、57、47、45 的圆；然后重复单击"默认"选项卡"绘图"面板中的"圆"按钮 ，以 b 点为圆心，分别绘制半径为 90、49、46、36、34 的圆，结果如图 10-63 所示。

（3）绘制直线。单击"默认"选项卡"绘图"面板中的"直线"按钮 ，绘制两个大圆的切线，如图 10-64 所示。

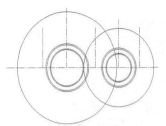

图 10-63 绘制圆

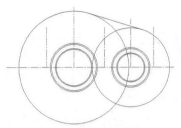

图 10-64 绘制切线

（4）修剪图形。单击"默认"选项卡"修改"面板中的"修剪"按钮，修剪视图中多余的线段，结果如图 10-65 所示。

（5）偏移直线。单击"默认"选项卡"修改"面板中的"偏移"按钮，将水平中心线向上偏移 12、38 和 40，将最左边的竖直中心线向左偏移 14，然后分别向两边偏移 6.5 和 12。将最右边的竖直中心线向右偏移 25，并将偏移后的线段切换到"粗实线"层，结果如图 10-66 所示。

图 10-65　修剪后的图形

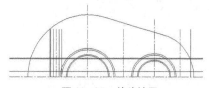

图 10-66　偏移结果

（6）修剪图形。单击"默认"选项卡"修改"面板中的"修剪"按钮，修剪视图中多余的线段，结果如图 10-67 所示。

（7）绘制直线。单击"默认"选项卡"绘图"面板中的"直线"按钮，连接两端，结果如图 10-68 所示。

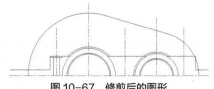

图 10-67　修剪后的图形

图 10-68　绘制直线

（8）偏移直线。单击"默认"选项卡中"修改"面板的"偏移"按钮，将最左端的直线向右偏移，偏移距离为 12。重复"偏移"命令，将偏移后的直线向两边偏移，偏移距离分别为 5.5 和 9.5。再次重复"偏移"命令，将直线 1 向下偏移，偏移距离为 2。

同样，单击"默认"选项卡中"修改"面板的"偏移"按钮，将最右端直线向左偏移，偏移距离为 12。重复"偏移"命令，将偏移后的直线向两边偏移，偏移距离分别为 4 和 5，结果如图 10-69 所示。

（9）绘制直线。单击"默认"选项卡中"绘图"面板的"直线"按钮，连接右端偏移后的直线端点。

（10）修剪处理。单击"默认"选项卡中"修改"面板的"修剪"按钮，然后单击"默认"选项卡中"修改"面板的"删除"按钮，修剪并删除多余的线段，将中心线切换到"中心线"层，结果如图 10-70 所示。

图 10-69　偏移直线

图 10-70　修剪处理

3．绘制透视盖

（1）绘制中心线。将"中心线"层设置为当前层，单击"默认"选项卡"绘图"面板中的"直线"按钮，绘制坐标为{(260,87)，(@40<74)}的中心线。

（2）偏移直线。单击"默认"选项卡"修改"面板中的"偏移"按钮，将上一步绘制的中心线向两边偏移，偏移距离为 50 和 35。重复"偏移"命令，将箱盖轮廓线向内偏移，偏移距离为 8，再将轮廓线向外偏移，偏移距离为 5。

（3）绘制样条曲线。将"细实线"层设置为当前层。单击"默认"选项卡"绘图"面板中的"样条曲线拟合"按钮，绘制样条曲线。

（4）修剪处理。单击"默认"选项卡"修改"面板中的"修剪"按钮，修剪多余的线段，将不可见部分线段切换到"虚线"层，结果如图 10-71 所示。

4．绘制左吊耳

（1）偏移处理。将"粗实线"层设置为当前层，单击"默认"选项卡"修改"面板中的"偏移"按钮 ⊆，将水平中心线分别向上偏移 60 和 90。重复"偏移"命令，将外轮廓线向外偏移 15。

（2）绘制圆。单击"默认"选项卡"绘图"面板中的"圆"按钮 ⊙，以偏移后的外轮廓线与偏移 60 的水平直线交点为圆心，绘制半径为 9 和 18 的两个圆。

（3）绘制直线。单击"默认"选项卡"绘图"面板中的"直线"按钮 ∕，以左上端点为起点，绘制与半径为 18 的圆相切的直线。重复"直线"命令，以半径为 18 的圆的切点为起点，以偏移 90 的直线与外轮廓线的交点为端点，绘制直线。

（4）修剪图形。单击"默认"选项卡"修改"面板中的"修剪"按钮 ⊁ 和单击"默认"选项卡"修改"面板中的"删除"按钮 ⊿，修剪并删除多余的线段。结果如图 10-72 所示。

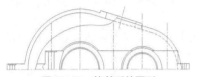

图 10-71　修剪后的图形

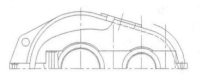

图 10-72　绘制左吊耳

5．绘制右吊耳

（1）偏移处理。单击"默认"选项卡"修改"面板中的"偏移"按钮 ⊆，将水平中心线向上偏移 50。

（2）绘制圆。单击"默认"选项卡"绘图"面板中的"圆"按钮 ⊙，以偏移后的外轮廓线和偏移 50 的水平直线交点为圆心，绘制半径分别为 9 和 18 的两个圆。

（3）绘制直线。单击"默认"选项卡"绘图"面板中的"直线"按钮 ∕，以右上端点为起点绘制与 R18 圆相切的直线。重复"直线"命令，以 R18 圆的切点为起点，绘制与外轮廓线相切的直线。

（4）修剪图形。单击"默认"选项卡"修改"面板中的"修剪"按钮 ⊁ 和"删除"按钮 ⊿，修剪和删除多余的线段，结果如图 10-73 所示。

6．绘制端盖安装孔

（1）绘制直线。将"中心线"层设置为当前层。单击"默认"选项卡的"绘图"面板中的"直线"按钮 ∕，以左端圆心为起点，端点坐标为((@60<30)绘制中心线。重复"直线"命令，以右端圆心为起点，端点坐标为((@50<30)绘制中心线。

（2）绘制中心圆。单击"默认"选项卡的"绘图"面板中的"圆"按钮 ⊙，分别以左端圆心为圆心，绘制半径为 52 的圆；以右端圆心为圆心，绘制半径为 41 的圆。

（3）绘制圆。将"粗实线"层设置为当前层，单击"默认"选项卡的"绘图"面板中的"圆"按钮 ⊙，分别以上一步绘制的中心圆和直线交点为圆心，绘制半径为 2.5 和 3 的圆。

（4）阵列圆。单击"默认"选项卡的"修改"面板中的"环形阵列"按钮 ⁘，将上一步绘制的圆和中心线绕圆心进行阵列，阵列个数为 3，指定填充角度为 120°。

（5）修剪处理。单击"默认"选项卡的"修改"面板中的"修剪"按钮 ⊁，修剪多余的线段，结果如图 10-74 所示。

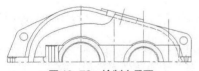

图 10-73　绘制右吊耳

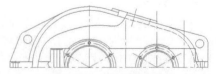

图 10-74　绘制端盖安装孔

7．细节处理

（1）圆角处理。单击"默认"选项卡中"修改"面板的"圆角"按钮 ⌒，对图形进行圆角处理，圆角半径设为 3。

（2）图案填充。将"细实线"层设置为当前层，单击"默认"选项卡的"绘图"面板中的"图案填充"按钮▨，打开"图案填充和渐变色"对话框。在对话框中选择"ANSI31"图案，并将比例设置为 2。结果如图 10-75 所示。

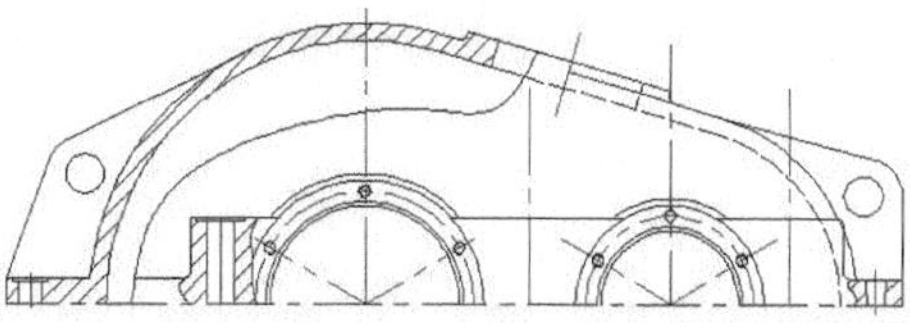

图 10-75　细节处理

10.5.3　绘制箱盖俯视图

1. 绘制中心线

（1）在状态栏中单击"对象捕捉追踪"按钮，打开"对象捕捉追踪"，并将"中心线"层设置为当前层。

（2）绘制中心线。单击"默认"选项卡"绘图"面板中的"直线"按钮╱，绘制水平中心线和竖直中心线，如图 10-76 所示。

（3）偏移处理。单击"默认"选项卡"修改"面板中的"偏移"按钮⊑，将水平中心线向上偏移，偏移距离为 78、40。重复"偏移"命令，将第一条竖直中心线向右偏移，偏移距离为 49，结果如图 10-77 所示。

图 10-76　绘制中心线

图 10-77　偏移中心线

2. 绘制俯视图外轮廓

（1）偏移处理。单击"默认"选项卡"修改"面板中的"偏移"按钮⊑，将水平中心线向上偏移，偏移距离分别为 61、93、98。将偏移后的直线切换到"粗实线"层。

（2）绘制直线。将"粗实线"层设置为当前层，单击"默认"选项卡"绘图"面板中的"直线"按钮╱，分别连接两端直线的端点，结果如图 10-78 所示。

（3）偏移处理。单击"默认"选项卡"修改"面板中的"偏移"按钮⊑，将上一步绘制的直线分别向内偏移，偏移距离为 27，修剪图形，结果如图 10-79 所示。

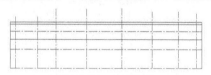

图 10-78　绘制直线

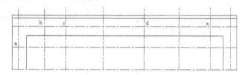

图 10-79　偏移处理

（4）绘制圆。单击"默认"选项卡的"绘图"面板中的"圆"按钮⊙，以 a 点为圆心，绘制半径为 9.5 和 5.5 的圆。重复使用"圆"命令，以 b 点为圆心，绘制半径为 4 和 5 的圆。再次使用"圆"命令，以 c 点为圆心，绘制半径为 14、12 和 6.5 的圆。

（5）复制圆。单击"默认"选项卡的"修改"面板中的"复制"按钮⊗，将 c 点处半径为 12 和 6.5 的两个同心圆复制到 d 和 e 点。然后，单击"默认"选项卡的"绘图"面板中的"圆"按钮⊙，以 e 点为圆心绘制半径为 25 的圆，结果如图 10-80 所示。

（6）绘制直线。使用对象追踪功能，单击"默认"选项卡的"绘图"面板中的"直线"按钮╱，在主视图的适当位置绘制直线。

（7）修剪图形。单击"默认"选项卡的"修改"面板中的"修剪"按钮✂和"删除"按钮◢，修剪并删除多余的线段。

（8）圆角处理。单击"默认"选项卡的"修改"面板中的"圆角"按钮⌒，对俯视图进行圆角处理，圆角半径为 10、5 和 3，结果如图 10-81 所示。

3. 绘制透视图

（1）修剪图形。单击"默认"选项卡中"修改"面板的"打断"按钮凸，对中心线进行打断。

单击"删除"按钮 ，以删除多余的线段。

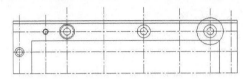

图 10-80　绘制圆

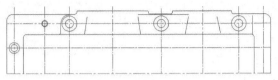

图 10-81　修剪图形

（2）偏移处理。单击"默认"选项卡中"修改"面板的"偏移"按钮 ，将第一条水平中心线向上偏移，偏移距离分别为 30 和 45。并将偏移后的直线切换到"粗实线"层。

（3）绘制直线。利用对象捕捉追踪功能，单击"默认"选项卡中"绘图"面板的"直线"按钮 ，按照主视图中的透视盖图形绘制直线。

（4）修剪图形。单击"默认"选项卡中"修改"面板的"修剪"按钮 和"删除"按钮 ，修剪和删除多余的线段。

（5）圆角处理。单击"默认"选项卡中"修改"面板的"圆角"按钮 ，对透视孔进行倒圆角处理，圆角半径分别为 5 和 10，结果如图 10-82 所示。

4．绘制吊耳

（1）偏移处理。单击"默认"选项卡的"修改"面板中的"偏移"按钮 ，将第一条水平中心线向上偏移 10，并将偏移后的直线切换到"粗实线"层。

（2）绘制直线。使用对象捕捉追踪功能，根据主视图中的吊耳图形绘制直线。

（3）圆角处理。单击"默认"选项卡的"修改"面板中的"圆角"按钮 ，对吊耳进行圆角处理，圆角半径为 3。

（4）修剪图形。单击"默认"选项卡的"修改"面板中的"修剪"按钮 和"删除"按钮 ，修剪并删除多余的线段，结果如图 10-83 所示。

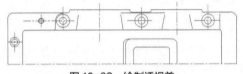

图 10-82　绘制透视盖

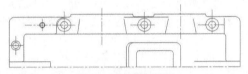

图 10-83　绘制吊耳

5．完成俯视图

（1）镜像处理。单击"默认"选项卡的"修改"面板中的"镜像"按钮 ，将俯视图沿第一条水平中心线进行镜像，结果如图 10-84 所示。

（2）移动圆。单击"默认"选项卡的"修改"面板中的"移动"按钮 ，将图 10-84 中 f 点处的两个同心圆，移动到图 10-85 中的 g 点处，结果如图 10-85 所示。

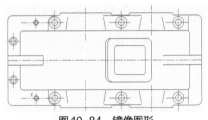

图 10-84　镜像图形

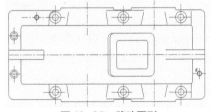

图 10-85　移动图形

10.5.4　绘制箱盖左视图

1．绘制左视图外轮廓

（1）绘制中心线。将"中心线"图层设置为当前图层，单击"默认"选项卡中"绘图"面板的"直线"按钮 ，绘制一条垂直的中心线。

（2）绘制直线。将"粗实线"层设置为当前层。使用对象追踪功能，单击"默认"选项卡中"绘图"面板的"直线"按钮 ∕，绘制一条水平直线。

（3）偏移处理。单击"默认"选项卡中"修改"面板的"偏移"按钮 ⊆，将水平直线向上偏移，偏移距离为 12、40、57、60、90、130。重复"偏移"命令，将竖直中心线向左偏移，偏移距离为 10、61、93、98。将偏移后的直线切换到"粗实线"层，结果如图 10-86 所示。

（4）绘制直线。单击"默认"选项卡中"绘图"面板的"直线"按钮 ∕，连接图 10-86 中的 1、2 两点。

（5）修剪图形。单击"默认"选项卡中"修改"面板的"修剪"按钮 ⅀，修剪图形中多余的线段，结果如图 10-87 所示。

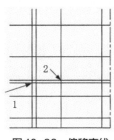

图 10-86　偏移直线

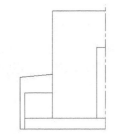

图 10-87　修剪后的图形

2. 绘制剖视图

（1）镜像处理。单击"默认"选项卡"修改"面板中的"镜像"按钮 ⚟，将左视图中的左半部分沿竖直中心线进行镜像，结果如图 10-88 所示。

（2）偏移处理。单击"默认"选项卡"修改"面板中的"偏移"按钮 ⊆，将直线 3 和直线 4 向内偏移，偏移距离为 8；重复"偏移"命令，将最下边的水平直线向上偏移，偏移距离为 45。

（3）修剪图形。单击"默认"选项卡"修改"面板中的"修剪"按钮 ⅀和"删除"按钮 ✐，删除和修剪多余的线段，结果如图 10-89 所示。

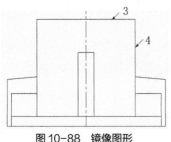

图 10-88　镜像图形

图 10-89　修剪图形

（4）绘制端盖安装孔。单击"默认"选项卡的"修改"面板中的"偏移"按钮 ⊆，将最下边的水平线向上偏移，偏移距离为 52，将偏移后的直线切换到"中心线"层。重复"偏移"命令，将偏移后的中心线分别向两边偏移，偏移距离为 2.5 和 3。再次重复"偏移"命令，将最右端的竖直直线向左偏移，偏移距离为 16 和 20。单击"默认"选项卡的"修改"面板中的"修剪"按钮 ⅀，修剪多余的线段，结果如图 10-90 所示。

（5）绘制透视孔。单击"默认"选项卡的"修改"面板中的"偏移"按钮 ⊆，将竖直中心线向右偏移，偏移距离为 30。接着，单击"默认"选项卡的"绘图"面板中的"直线"按钮 ∕，使用对象捕捉追踪功能，捕捉主视图中透视孔上的点，绘制水平直线。然后，单击"默认"选项卡的"修改"面板中的"修剪"按钮 ⅀，修剪多余的线段，结果如图 10-91 所示。

3. 细节处理

（1）圆角处理。单击"默认"选项卡中的"修改"面板里的"圆角"按钮 ◠，对左视图进行圆角处理，半径分别为 14、6、3。

（2）倒角处理。单击"默认"选项卡中的"修改"面板里的"倒角"按钮 ◿，对右轴孔进行倒角处理后，倒角距离为 2。接着，调用"直线"命令，将倒角后的孔连接起来，结果如图 10-92 所示。对图形进行整理。

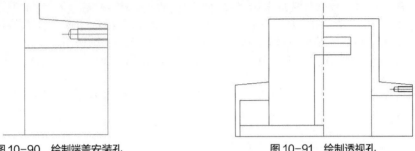

图 10-90　绘制端盖安装孔　　　　　　　图 10-91　绘制透视孔

（3）填充图案。单击"默认"选项卡的"绘图"面板中的"图案填充"按钮，打开"图案填充和渐变色"对话框，选择"ANSI31"图案，设置比例为 2，填充图形，结果如图 10-93 所示。

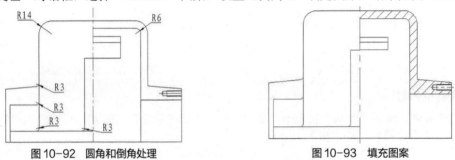

图 10-92　圆角和倒角处理　　　　　　　图 10-93　填充图案

（4）箱盖绘制完成，如图 10-94 所示。

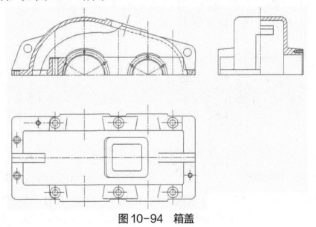

图 10-94　箱盖

10.5.5　标注箱盖

1. 俯视图尺寸标注

（1）切换图层。将"尺寸线"层设置为当前图层。单击"默认"选项卡的"注释"面板中的"标注样式"按钮，将"机械制图标注"样式设置为当前使用的标注样式。

（2）俯视图无公差尺寸标注。使用"默认"选项卡的"注释"面板中的"线性"按钮、"半径"按钮和"直径"按钮，对俯视图进行尺寸标注，结果如图 10-95 所示。

（3）俯视图公差尺寸标注。单击"默认"选项卡"注释"面板中的"标注样式"按钮，打开"标注样式管理器"对话框，建立一个名为"副本机械制图样式（带公差）"的样式，其"基础样式"为"机械制图样式"。在"新建标注样式"对话框中设置"公差"选项卡，并将"副本机械制图样式（带公差）"设置为当前使用的标注样式。

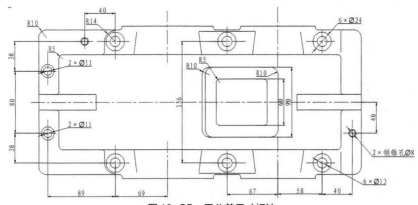

图 10-95　无公差尺寸标注

（4）俯视图带公差尺寸标注。单击"默认"选项卡中"注释"面板的"线性"按钮┣┓，为俯视图添加公差尺寸标注，结果如图 10-96 所示。

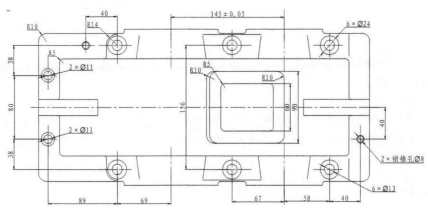

图 10-96　带公差尺寸标注

2. 主视图尺寸标注

（1）主视图无公差尺寸标注。使用"默认"选项卡中"注释"面板的"线性"按钮┣┓、"半径"按钮⟋和"直径"按钮◯，对主视图进行无公差尺寸标注，结果如图 10-97 所示。

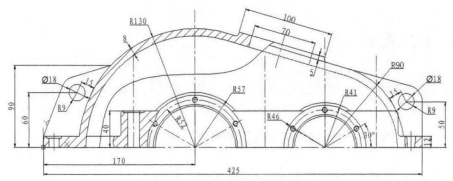

图 10-97　主视图无公差尺寸标注

（2）新建带公差标注样式。单击"默认"选项卡中"注释"面板的"标注样式"按钮┗┙，打开"标注样式管理器"对话框，建立一个名为"副本机械制图样式（带公差）"的样式，其"基础样式"为"机械制图样式"。在"新建标注样式"对话框中设置"公差"选项卡，并将"副本机械制图样式（带公差）"设置为当前使用的标注样式。

（3）主视图带公差尺寸标注。单击"默认"选项卡中"注释"面板的"线性"按钮┣┓，对主视图进行带公差的尺寸标注。使用前面章节所述的带公差尺寸标注方法，进行公差编辑修改，结果如

图 10-98 所示。

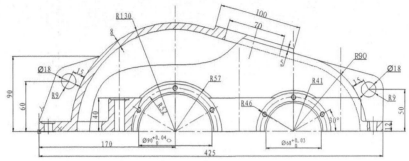

图 10-98　主视图带公差尺寸标注

3．侧视图尺寸标注

（1）切换当前标注样式。将"机械制图样式"设置为当前使用的标注样式。

（2）侧视图无公差尺寸标注。单击"默认"选项卡"注释"面板中的"线性"按钮├┤和"直径"按钮◎，对侧视图进行无公差尺寸标注，结果如图 10-99 所示。

4．标注技术要求

（1）设置文字标注格式。选择菜单栏中的"格式"→"文字样式"命令，打开"文字样式"对话框，在"样式名"下拉列表中选择"技术要求"，单击"应用"按钮，将其设置为当前使用的文字样式。

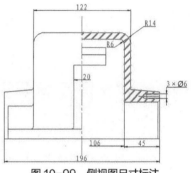

图 10-99　侧视图尺寸标注

（2）文字标注。单击"默认"选项卡"注释"面板的"多行文字"按钮 A，打开"文字编辑器"选项卡，在其中填写技术要求，如图 10-100 所示。

技术要求
1.箱盖铸造成后，应清理并进行时效处理；
2.箱盖和箱座合箱后，边缘应平齐，相互错位每边不大于2；
3.应仔细检查箱盖与箱座剖分面接触的密合性，用0.05塞尺塞入深度不得大于剖面深度的三分之一，用涂色检查接触面积达到每平方厘米面积内不少于一个斑点；
4.未注的铸造圆角为R3～R5；
5.未注倒角为C2；

图 10-100　标注技术要求

10.5.6　插入图框

将已经绘制好的 A1 横向样板图图框复制并粘贴到当前图形中，适当移动并调整位置。

将"标题栏层"设置为当前图层，在标题栏中填写"减速器箱盖"。减速器箱盖设计的最终效果如图 10-60 所示。

10.5.7　动手练——绘制减速器箱体零件图

扫码看视频

动手练——绘制减速器箱体零件图

绘制图 10-101 所示的减速器箱体零件图。

💡 **思路点拨**

（1）绘制三视图。
（2）标注尺寸和技术要求。
（3）标注表面粗糙度。
（4）绘制并插入样板图。

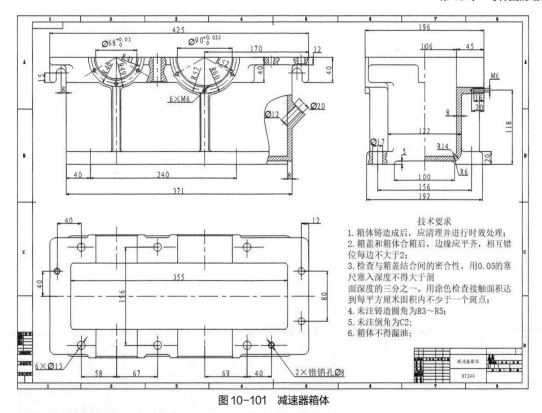

图 10-101　减速器箱体

10.6　技巧点拨——制图技巧

1. 制图比例的操作技巧

为了获得合适比例的制图图纸，通常在绘图前先插入按 1:1 绘制的标准图框，然后单击"SCALE"按钮，利用图样与图框的数值关系，将图框按照"制图比例的倒数"进行缩放，从而绘制出 1:1 的图形，而无须通过缩放图形的方法来实现。在实际工程制图中，这种方法被广泛采用，因为通过缩放图形来实现比例，往往会对"标注"尺寸产生影响。每个公司都有不同规格的图框，在制作图框时，大多按照 1:1 的比例绘制 A0、A1、A2、A3、A4 图框。其中，A1 和 A2 图幅经常使用立式图框。此外，如果需要使用加长图框，可以在图框的长边方向，按照图框长边 1/4 的进行倍数增加。将不同大小的图框根据出图的比例放大，使图框"套"住图样即可。

2. "!"的使用

假设屏幕上有一条已知长度的线（包括单线和多段线，未知长度也适用），且与水平方向有一定的角度。现要求在保持方向不变的情况下，将其缩短一定长度，操作步骤如下：直接选取该线，待其夹点出现后，将光标移动到需要缩短的一端并激活该夹点，使这条线变为可拉伸的状态。然后，沿着该线的方向移动光标，使其与原线段重合，移动的距离没有限制。如果有人认为移动的方向不能与原方向一致，可以使用辅助点捕捉命令。输入"捕捉到最近点（即 Near 命令）"，在"Near 到（即 near to）"的提示后，输入"!XX"（XX 为具体数值）然后按回车键。这样，线的长度就会被改变。

10.7　上机实验

【练习 1】绘制如图 10-102 所示的止动垫圈零件图。

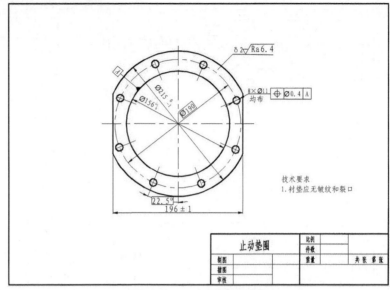

图 10-102　止动垫圈零件图

【练习 2】绘制如图 10-103 所示的花键套零件图。

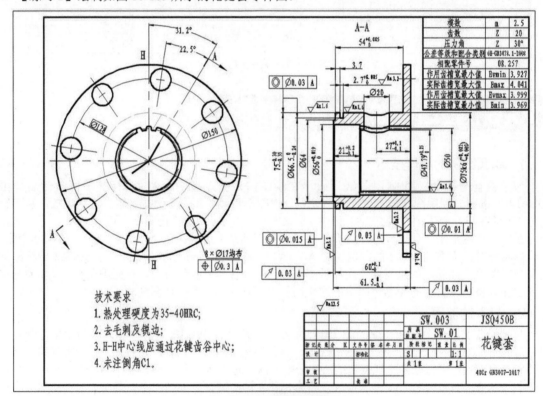

图 10-103　花键套零件图

第 11 章

装配图的绘制

装配图是用于表达机器、部件或组件的图样。在产品设计中，通常先绘制装配图，然后根据装配图绘制零件图。在产品制造过程中，机器、部件和组件的工作必须依据装配图进行。在使用和维修机器时，也常常需要通过装配图来了解机器的构造。因此，装配图在生产中起着极为重要的作用。本章将通过实例详细讲解装配图的具体绘制方法。

本章教学要求

基本能力： 了解装配图绘制的一般过程，练习减速器装配图的绘制方法。

重 难 点： 遵守装配图绘制相关国家的标准规定。

案例效果

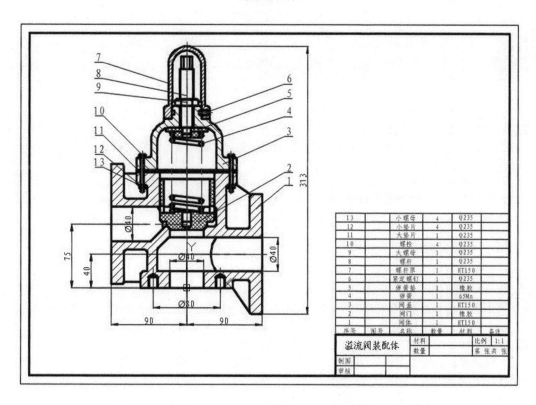

13		小螺母	4	Q235	
12		小垫片	4	Q235	
11		大垫片	1	Q235	
10		螺栓	4	Q235	
9		大螺母	1	Q235	
8		螺杆	1	Q235	
7		螺母罩	1	HT150	
6		紧定螺钉	1	Q235	
5		弹簧垫	1	橡胶	
4		弹簧	1	65Mn	
3		阀盖	1	HT150	
2		阀门	1	橡胶	
1		阀体	1	HT150	
序号	图号	名称	数量	材料	备注

溢流阀装配体	材料		比例	1:1
	数量		第 张共 张	
制图				
审核				

11.1 装配图简介

下面简要介绍装配图的一些基本理论知识。

11.1.1 装配图的内容

如图 11-1 所示，一幅完整的装配图应包括以下内容。

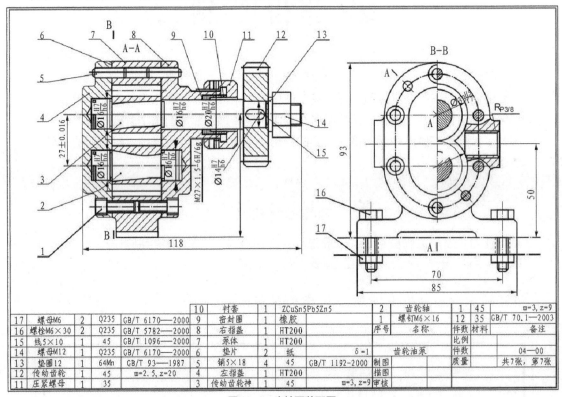

10	衬套	1	ZCuSn5Pb5Zn5		2	齿轮轴	1	45		ω=3, z=9
17	螺母M6	2	Q235	GB/T 6170——2000	9	密封圈	1	橡胶		1	螺钉M6×16			GB/T 70.1—2003
16	螺栓M6×30	2	Q235	GB/T 5782——2000	8	右指盖	1	HT200		序号	名称	件数	材料	备注
15	线5×10	1	45	GB/T 1096—2001	7	泵体	1	HT200			齿轮油泵	比例		04—00
14	螺母M12	1	Q235	GB/T 6170——2000	6	垫片	2	纸	δ=1			件数		
13	垫圈12	1	64Mn	GB/T 93—1987	5	销5×18	4	45	GB/T 1192-2000	制图		质量		共7张，第7张
12	传动齿轮	1	45	ω=2.5, z=20	4	左指盖	1	HT200		描图				
11	压紧螺母	1	35		3	传动齿轮神	1		ω=3, z=9	审核				

图 11-1 齿轮泵装配图

（1）一组视图。装配图由一组视图组成，用以表达各组成零件的相互位置和装配关系，以及部件或机器的工作原理和结构特点。

（2）必要的尺寸。必要的尺寸包括部件或机器的性能规格尺寸、零件之间的配合尺寸、外形尺寸、部件或机器的安装尺寸和其他重要尺寸等。

（3）技术要求。说明部件或机器的装配、安装、检验和运转的技术要求，通常用文字表述。

（4）零部件序号、明细栏和标题栏。在装配图中，应对每个不同的零部件编写序号，并在明细栏中依次填写序号、名称、件数、材料和备注等内容。标题栏与零件图中的标题栏相同。

11.1.2 装配图的特殊表达方法

（1）沿结合面剖切或拆卸画法。在装配图中，为了表达部件或机器的内部结构，可以采用沿结合面剖切画法，即假想沿某些零件的结合面剖切。在这种情况下，零件的结合面上不画剖面线，而被剖切的零件一般都应画出剖面线。在装配图中，为了表达被遮挡部分的装配关系或其他零件，可以采用拆卸画法，即假想拆去一个或多个零件，只画出所要表达部分的视图。如图 11-1 所示，左视图的右半部分就是沿左端盖和泵体的结合面剖切得到的。

（2）假想画法。为了表示运动零件的极限位置，或与该部件有装配关系但又不属于该部件的其他相邻零件（或部件），可以用双点画线画出其轮廓。如图 11-1 所示，左视图下部与齿轮油泵安装底板相连的部件轮廓就采用了假想画法。

（3）夸大画法。对于薄片零件、细丝、弹簧、微小间隙等，如果按它们的实际尺寸在装配图中很难画出或难以明显表示时，可以不按比例而采用夸大画法绘制。例如，图11-1 中的垫片6 就采用了夸大画法。

（4）简化画法。在装配图中，零件的工艺结构，如圆角、倒角、退刀槽等，可以不画出。对于若干相同的零件组，如螺栓连接等，可详细地画出一组或若干组，其余只须用点画线表示其装配位置即可。

11.1.3　装配图中零部件序号的编写

为了便于读图和管理图样，以及做好生产准备工作，装配图中所有零部件都必须标注序号。同一装配图中，相同的零部件只需标注一个序号，并将其填写在标题栏上方的明细栏中。

1. 装配图中序号编写的常见形式

装配图中序号的编写方法有三种，如图11-2 所示。在所指零部件的可见轮廓内画一个圆点，然后从圆点开始画指引线（细实线），在指引线的末端画一条水平线或一个圆（均为细实线），在水平线或圆内

(a) 序号在指引　(b) 序号在　(c) 箭头代替圆点
线上或圆内　指引线附近

图 11-2　序号的编写形式

标注序号。序号的字高应比尺寸数字大两号，如图 11-2（a）所示。在指引线的末端也可以不画水平线或圆，直接注写序号，序号的字高应比尺寸数字大两号，如图 11-2（b）所示。对于很薄的零件或涂黑的剖面，可以用箭头代替圆点，箭头指向该部分的轮廓，如图11-2（c）所示。

2. 编写序号的注意事项

指引线不能相互交叉，也不能与剖面线平行。必要时可以将指引线画成折线，但只允许折一次，如图 11-3 所示。

序号应按照水平或垂直方向顺时针（或逆时针）依次排列整齐，并尽可能均匀分布。一组紧固件以及装配关系清楚的零件组，可使用公共指引线，如图11-4 所示。

图 11-3　指引线为折线　　　　　图 11-4　零件组的编号形式

装配图中的标准化组件，如滚动轴承、电动机等，可以作为一个整体，只编写一个序号；部件中的标准件可以与非标准件同样地编写序号，也可以不编写序号，而将标准件的数量与规格直接用引线标注在图中。

11.2　装配图的一般绘制过程与方法

11.2.1　装配图的一般绘制过程

装配图的绘制过程与零件图相似，但也有其自身的特点。装配图的一般绘制过程如下。

（1）在绘制装配图之前，需要根据图纸幅面大小和版式的不同，分别建立符合机械制图国家标准的机械图样模板。模板中应包括图纸幅面、图层、文字样式、尺寸标注样式等内容。这样，在绘制装配图时，可以直接调用已建立好的模板进行绘图，提高工作效率。

（2）根据装配图的绘制方法进行图形绘制。这些方法将在 11.2.2 节中详细介绍。

（3）对装配图进行尺寸标注。

（4）编写零部件序号。使用快速引线标注命令 QLEADER 绘制序号的指引线，并标注序号。

（5）绘制明细栏（也可以将明细栏的单元格创建为图块，使用时插入即可），填写标题栏及明细栏，并标注详细的技术要求。

（6）保存图形文件。

11.2.2　装配图的绘制方法

（1）零件图块插入法。这种方法是先将组成部件或机器的各个零件的图形创建为图块，然后根据零件间的相对位置关系，将这些图块逐个插入到当前图形中，从而绘制出装配图。

（2）图形文件插入法。在 AutoCAD 2024 中，可以使用插入块命令（INSERT）在不同的图形中直接插入图形文件，因此可以通过直接插入零件图形文件的方法来绘制装配图。该方法与零件图块插入法非常相似，不同之处在于此时插入基点是零件图形的左下角坐标（0,0）。这样在绘制装配图时，就无法准确确定零件图形在装配图中的位置。为了确保图形插入时能够准确定位，在绘制完零件图形后，首先使用定义基点命令（BASE）设置插入基点，然后保存文件。这样，在使用插入块命令（INSERT）将图形文件插入时，就会以定义的基点作为插入点，从而完成装配图的绘制。

（3）直接绘制法。对于一些较为简单的装配图，可以直接利用 AutoCAD 的二维绘图及编辑命令，按照装配图的绘制步骤进行绘图。在绘制过程中，还需使用对象捕捉和正交等绘图辅助工具以确保精确绘图，并使用对象追踪来保证视图之间的投影关系。

（4）利用设计中心拼画装配图法。在 AutoCAD 设计中心，可以直接插入其他图形中定义的图块，但一次只能插入一个图块。图块插入图形后，如果原图块被修改，则插入图形中的图块也会随之改变。利用 AutoCAD 2024 设计中心，用户不仅可以方便地插入其他图形中的图块，还可以插入其他图形中的标注样式、图层、线型、文字样式及外部引用等图形元素。具体步骤为：用鼠标左键单击选取要插入的图形元素，并将其拖放到绘图区内。如果用户希望一次插入多个对象，可以按住 Shift 键或 Ctrl 键选取多个对象。

扫码看视频

11.3　减速器装配图设计

扫码查看清晰图纸

本节减速器装配图如图 11-5 所示。操作步骤如下。

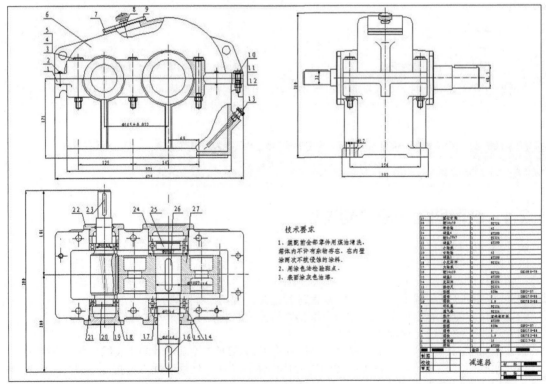

图 11-5　减速器装配图

👁 **手把手教你学** --

　　本实例的制作思路如下：首先，将减速器箱体图块插入预先设置好的装配图纸中，以便为后续零件的装配定位；然后，分别插入上一节中保存的各个零件图块，使用"移动"命令将它们安装到减速器箱体中合适的位置；接下来，修剪装配图，删除多余的作图线，并补绘遗漏的轮廓线；最后，标注装配图的配合尺寸，为各个零件编号，并填写标题栏和明细表。

11.3.1　配置绘图环境

扫码看视频

1．设置图层

打开"图层特性管理器"对话框，创建并配置每一个图层，如图 11-6 所示。

减速器装配图设计

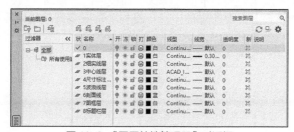

图 11-6　"图层特性管理器"对话框

2．绘制图幅和标题栏

（1）绘制图幅边框。将"7 图框层"设置为当前图层，单击"默认"选项卡的"绘图"面板中的"矩形"按钮 □，指定矩形的长度为 1189，宽度为 841。

（2）导入"明细表标题栏图块"。单击"默认"选项卡的"块"面板中的"插入"下拉菜单，选择"库中的块"选项，打开"块"选项卡。单击"浏览"控件 🖫，系统将弹出"为块库选择文件夹或文件"对话框。选择"明细表标题栏图块.dwg"，然后单击"打开"按钮。

（3）放置标题栏。指定插入点为矩形的右下角，缩放比例和旋转角度使用默认设置。单击"确定"按钮，完成标题栏的绘制工作。至此，配置绘图环境的工作完成，结果如图 11-7 所示。

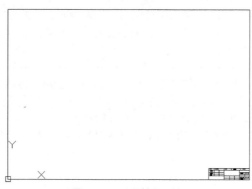

图 11-7　配置绘图环境

11.3.2　装配俯视图

1．装配俯视图

（1）插入"箱体俯视图"图块。单击"默认"选项卡中"块"面板的"插入"下拉菜单中的"库中的块"选项，打开"块"选项卡。接着，单击"浏览"控件 🖫，系统会弹出"为块库选择文件夹或文件"对话框。选择"箱体俯视图.dwg"。单击"打开"按钮，返回"块"选项板。在屏幕上指定插入点，缩放比例和旋转使用默认设置。右击图块，在打开的快捷菜单中选择"插入"选项，将图块插入，结果如图 11-8 所示。为方便查看图形，后续将省略图中的图框，并关闭状态栏上的"线宽"按钮。

（2）插入"齿轮轴"图块。单击"默认"选项卡"块"面板中的"插入"下拉菜单，选择"库中的块"选项，打开"块"选项卡。单击"浏览"控件，系统弹出"为块库选择文件夹或文件"对话框，选择"齿轮轴.dwg"。设定插入属性，勾选"插入点"复选框，将"旋转"设置为"90"，缩放比例使用默认设置。右击图块，选择"插入"选项将图块插入。

（3）移动图块。单击"默认"选项卡"修改"面板中的"移动"按钮，选择"齿轮轴"图块。将齿轮轴安装到减速器箱体中，使齿轮轴最下面的台阶面与箱体的内壁重合，如图 11-9 所示。

（4）插入"传动轴"图块。单击"默认"选项卡"块"面板中的"插入"下拉菜单中的"库中的块"选项，打开"块"选项卡，单击"浏览"控件，系统弹出"为块库选择文件夹或文件"对话框，选择"传动轴.dwg"。设定插入属性，勾选"插入点"复选框，将"旋转"设置为"-90"，缩放比例使用默认设置。右击图块，选择"插入"选项，将图块插入。

（5）移动图块。单击"默认"选项卡的"修改"面板中的"移动"按钮，选择"传动轴"图块。选择移动基点为传动轴最上面台阶面的中点，将传动轴安装到减速器箱体中，使传动轴最上面的台阶面与减速器箱体的内壁重合，结果如图 11-10 所示。

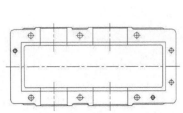 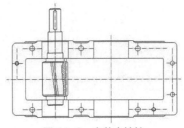 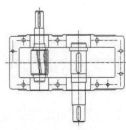

图 11-8 插入"箱体俯视图"图块　　图 11-9 安装齿轮轴　　图 11-10 安装传动轴

（6）插入"圆柱齿轮"图块。单击"默认"选项卡中"块"面板的"插入"下拉菜单中的"库中的块"选项，打开"块"选项卡。然后，单击"浏览"控件，系统将弹出"为块库选择文件夹或文件"对话框，选择"圆柱齿轮.dwg"。设定插入属性，勾选"插入点"复选框，将"旋转"设置为"90"，将缩放比例设置为"2"。右击图块，选择"插入"选项将图块插入。

 注 意

在第 10 章绘制圆柱齿轮时使用的绘图比例是 1∶0.5，因此在装配图中安装时需要将其还原为实际尺寸，即将图形放大 2 倍。图块的旋转角度设置规则为：以水平向右为 0 度角，逆时针旋转为正角度值，顺时针旋转为负角度值。

（7）移动图块。单击"默认"选项卡中的"修改"面板，选择"移动"按钮。接着，选择"圆柱齿轮"并将移动基点设为圆柱齿轮上端面的中点。然后将圆柱齿轮安装到减速器箱体中，使圆柱齿轮的上端面与传动轴的台阶面重合。结果如图 11-11 所示。

（8）安装其他减速器零件。仿照上面的方法，安装大轴承，以及 4 个箱体端盖，结果如图 11-12 所示。

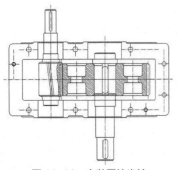 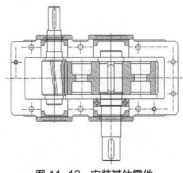

图 11-11 安装圆柱齿轮　　图 11-12 安装其他零件

2. 补全装配图

（1）插入大、小轴承。按照上述方法插入其余两个小轴承和一个大轴承，绘制结果如图 11-13 所示。

（2）插入定距环。在轴承与端盖、轴承与齿轮之间插入定距环，结果如图 11-14 所示。

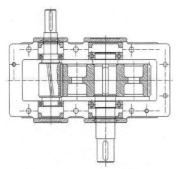

图 11-13 插入大、小轴承

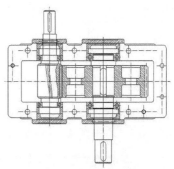

图 11-14 插入定距环

11.3.3 修整俯视图

（1）分解所有图块。单击"默认"选项卡的"修改"面板中的"分解"按钮，选择所有图块进行分解。

（2）修剪俯视图。利用"默认"选项卡的"修改"面板中的"修剪"按钮、"删除"按钮 和"打断于点"按钮，对装配图进行细节修剪。由于该过程涉及的知识不多，主要是一项烦琐且需要细心的工作，因此这里直接给出修剪后的结果，如图 11-15 所示。

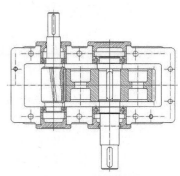

图 11-15 修剪俯视图

11.3.4 装配主视图

（1）插入"箱体主视图"图块。单击"默认"选项卡"块"面板中的"插入"下拉菜单中的"库中的块"选项，打开"块"选项卡。单击"浏览"控件，系统弹出"为块库选择文件夹或文件"对话框，选择"箱体主视图.dwg"。单击"打开"按钮，返回"块"选项板。缩放比例和旋转使用默认设置。右键单击图块，选择"插入"选项，将图块插入，结果如图 11-16 所示。

（2）移动图块。移动箱体主视图图块，使其与俯视图保持投影关系。

（3）插入"箱盖主视图"图块。单击"默认"选项卡"块"面板中的"插入"下拉菜单中的"库中的块"

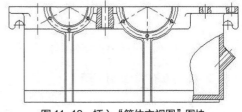

图 11-16 插入"箱体主视图"图块

选项，打开"块"选项板。单击"浏览"控件，系统弹出"为块库选择文件夹或文件"对话框，选择"箱盖主视图.dwg"。设定插入属性，勾选"插入点"复选框，缩放比例使用默认设置，右击图块选择"插入"选项将图块插入。如图 11-17 所示。

（4）插入"圆锥销"图块。单击"默认"选项卡中"块"面板的"插入"下拉菜单中的"库中的块"选项，打开"块"选项卡。单击"浏览"控件，系统将弹出"为块库选择文件夹或文件"对话框，选择"圆锥销.dwg"。设置插入属性，勾选"插入点"复选框，将"旋转"设置为"0"，缩放比例使用默认设置。右击图块，选择"插入"选项将图块插入。结果如图 11-18 所示。

（5）插入"游标尺"图块。单击"默认"选项卡中"块"面板的"插入"下拉菜单中的"库中的块"选项，打开"块"选项卡。单击"浏览"控件，系统将弹出"为块库选择文件夹或文件"对话框，选择"游标尺.dwg"。设置插入属性，勾选"插入点"复选框，缩放比例使用默认设置。右击图块，选择"插入"选项以将图块插入。结果如图 11-19 所示。

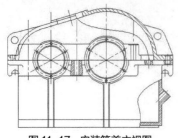

图 11-17 安装箱盖主视图

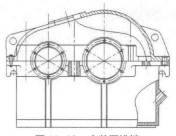

图 11-18 安装圆锥销

（6）插入"通气器"图块。单击"默认"选项卡"块"面板中的"插入"下拉菜单，选择"库中的块"选项，打开"块"选项卡。单击"浏览"控件，系统会弹出"为块库选择文件夹或文件"对话框，选择"通气器.dwg"。设定插入属性，勾选"插入点"复选框，将"旋转"设置为"16°"，缩放比例设置为 0.5。右击图块，选择"插入"选项将图块插入。结果如图 11-20 所示。

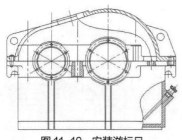

图 11-19 安装游标尺

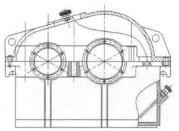

图 11-20 安装通气器

（7）安装其他减速器零件。仿照上面的方法，安装 M10 螺栓、螺母、垫圈、轴承端盖 1、轴承端盖 2，以及三个 M12 螺栓、螺母、垫圈。结果如图 11-21 所示。

（8）在通气器位置插入视孔盖和垫片，安装结果如图 11-22 所示。

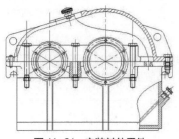

图 11-21 安装其他零件

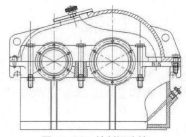

图 11-22 绘制视孔盖

11.3.5 修剪主视图

（1）分解所有图块。单击"默认"选项卡中"修改"面板的"分解"按钮，选择所有图块进行分解。

（2）修剪主视图。利用"默认"选项卡"修改"面板中的"修剪"按钮、"删除"按钮和"打断于点"按钮，对装配图进行细节修剪。由于所涉及的知识不多，这只是一项烦琐且需要细心的工作，因此直接给出修剪后的结果，如图 11-23 所示。

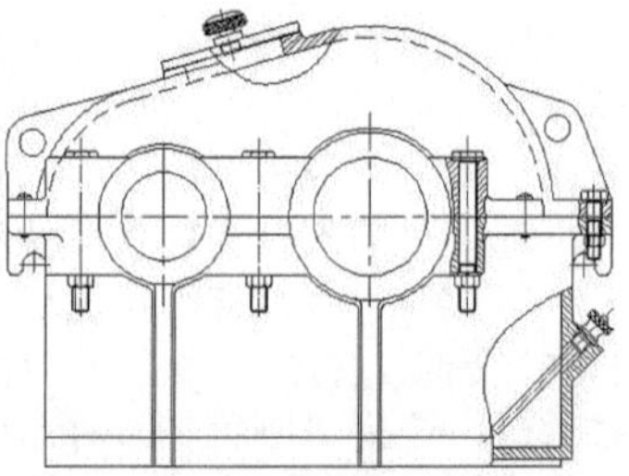

11.3.6 装配左视图

（1）插入"箱体左视图"图块。单击"默认"选项卡"块"面板中的"插入"下拉菜单中的"库中的块"选项，打开"块"选项卡。单击"浏览"控件，系统会弹出"为块库选择文件夹或文件"对话框，选择"箱体左视图.dwg"。单击"打开"按钮，返回"块"选项板。缩放比例和旋转使用

图 11-23 修整主视图

默认设置。右击图块选择"插入"选项将图块插入，结果如图 11-24 所示。

（2）移动图块。移动箱体左视图使之与主视图保持投影关系。

（3）插入"箱盖左视图"图块。点击"默认"选项卡的"块"面板中的"插入"下拉菜单中的"库中的块"选项，打开"块"选项卡。点击"浏览"控件，系统会弹出"为块库选择文件夹或文件"对话框，选择"箱盖左视图.dwg"。设置插入属性，勾选"插入点"复选框，缩放比例使用默认设置，右击图块选择"插入"选项将图块插入，如图 11-25 所示。

（4）插入"传动轴"图块。点击"默认"选项卡的"块"面板中的"插入"下拉菜单中的"库中的块"选项，打开"块"选项卡。点击"浏览"控件，系统会弹出"为块库选择文件夹或文件"对话框，选择"传动轴.dwg"。设置插入属性，勾选"插入点"复选框，缩放比例使用默认设置，右击图块选择"插入"选项将图块插入。

（5）移动图块。点击"默认"选项卡的"修改"面板中的"移动"按钮 ✛，移动"传动轴"，使其左端距离中心线 69mm，位置如图 11-26 所示。

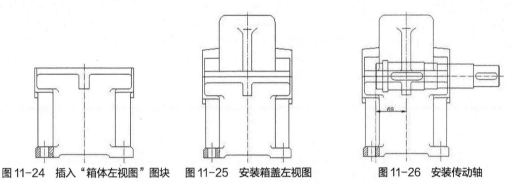

图 11-24　插入"箱体左视图"图块　　图 11-25　安装箱盖左视图　　图 11-26　安装传动轴

（6）插入"齿轮轴"图块。单击"默认"选项卡"块"面板中的"插入"下拉菜单中的"库中的块"选项，打开"块"选项卡。单击"浏览"控件，系统弹出"为块库选择文件夹或文件"对话框，选择"齿轮轴.dwg"。设定插入属性，勾选"插入点"复选框，将"旋转"设置为"180"，缩放比例使用默认设置，右击图块，选择"插入"选项将图块插入。移动齿轮轴，使其右端距离中心线 67mm，结果如图 11-27 所示。

（7）插入"端盖 1 左视图"图块。单击"默认"选项卡"块"面板中的"插入"下拉菜单中的"库中的块"选项，打开"块"选项卡。单击"浏览"控件，系统弹出"为块库选择文件夹或文件"对话框，选择"端盖 1 左视图.dwg"。设定插入属性，勾选"插入点"复选框，将"旋转"设置为"90"，缩放比例使用默认设置，右击图块，选择"插入"选项将图块插入。移动图块，使端盖与箱体右端面贴合。同理，插入"端盖 2 左视图"，结果如图 11-28 所示。

（8）镜像端盖。单击"默认"选项卡"修改"面板中的"镜像"按钮 ⚠，选择插入的端盖，将其关于中心线进行镜像，结果如图 11-29 所示。

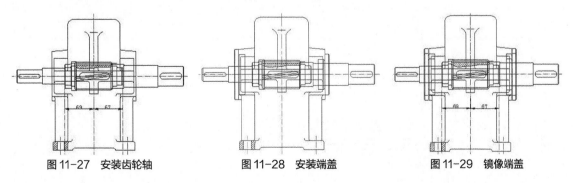

图 11-27　安装齿轮轴　　　　图 11-28　安装端盖　　　　图 11-29　镜像端盖

（9）插入其他减速器零件。按照上述方法，插入两个 M12 螺栓和螺母。结果如图 11-30 所示。

（10）插入圆头平键。按照前面的方法插入传动轴平键和齿轮轴平键，结果如图 11-31 所示。

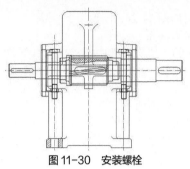

图 11-30　安装螺栓

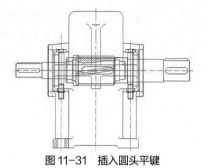

图 11-31　插入圆头平键

11.3.7　修剪左视图

（1）分解所有图块。点击"默认"选项卡的"修改"面板中的"分解"按钮 ，选择所有图块进行分解。

（2）修剪左视图。使用"默认"选项卡的"修改"面板中的"修剪"按钮 、"删除"按钮 和"打断于点"按钮 ，对装配图进行细节修剪。由于涉及的知识不多，这只是一项烦琐且需要细心的工作，因此这里直接给出修剪后的结果，如图 11-32 所示。

（3）插入顶部通气器和视孔盖，结果如图 11-33 所示。

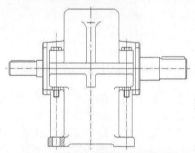

图 11-32　修剪减速器主视图装配图

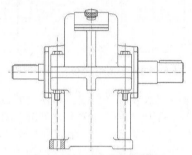

图 11-33　插入通气器组件

11.3.8　修整总装图

将总装图按照三视图投影关系进行修整。结果如图 11-34 所示。

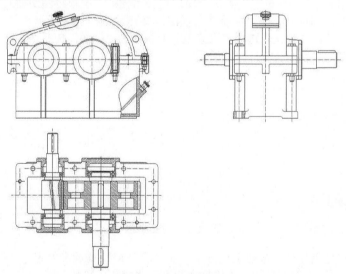

图 11-34　修整总装图

11.3.9 标注总装图

（1）设置尺寸标注样式。选择菜单栏中的"标注"→"标注样式"命令，打开"标注样式管理器"对话框，选择"副本机械制图标注（带公差）"样式，修改其设置，将其设置为当前使用的标注样式，并将"4尺寸标注层"设置为当前图层。

（2）标注带公差的配合尺寸。单击"默认"选项卡的"注释"面板中的"线性"按钮┡┤，标注小齿轮轴与小轴承的配合尺寸、小轴承与箱体轴孔的配合尺寸、大齿轮轴与大齿轮的配合尺寸、大齿轮轴与大轴承的配合尺寸，以及大轴承与箱体轴孔的配合尺寸。

（3）标注零件号。在命令行中输入 QLEADER 命令，绘制引线；利用"多行文字"命令，从装配图左上角开始，沿装配图外表面按顺时针顺序依次为各个减速器零件编号，结果如图 11-35 所示。

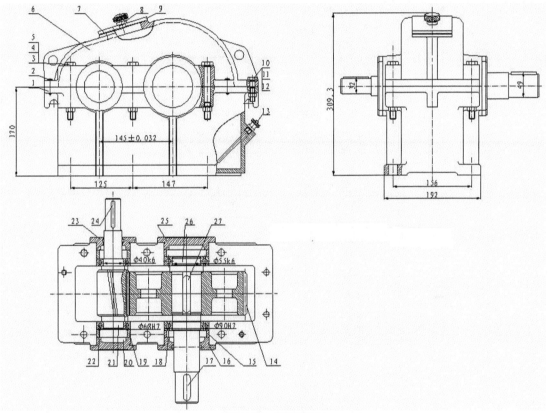

图 11-35 标注装配图

 注 意

根据装配图的作用，不需要标出每个零件的全部尺寸。在装配图中需要标注的尺寸通常包括规格（性能）尺寸、装配尺寸、外形尺寸、安装尺寸以及其他重要尺寸（如齿轮分度圆直径）等。这五种尺寸不一定在每张装配图上都出现。有时同一尺寸可能具有多种含义，因此在标注装配图尺寸之前，首先要对所表示的机器或部件进行具体分析，然后再进行尺寸标注。

装配图中的零部件序号有其特定的编排方法和规则。通常情况下，装配图中的所有零部件都必须标注序号，且每个零部件仅需标注一个序号。同一装配图中相同的零部件应标注相同的序号，装配图中的零部件序号应与明细表中的序号一致。

11.3.10 填写标题栏和明细表

（1）填写标题栏。将"标题栏层"设置为当前图层，在标题栏中填写名称"减速器"。

（2）插入"明细表"图块。单击"默认"选项卡中"块"面板的"插入"下拉菜单，然后选择"库中的块"选项，打开"块"选项卡。点击"浏览"控件，系统会弹出"为块库选择文件夹或文件"对话框，选择"明细表.dwg"。设定插入属性，勾选"插入点"复选框，捕捉明细表标题栏图块的左上角为插入点，"缩放比例"和"旋转"均使用默认设置，右击图块选择"插入"选项将图块插入。对于插入图块，可以在命令行提示下输入各个属性值；也可以按回车键后，双击插入的图块，在系统打开的"增强属性编辑器"对话框中填写明细表内容，如图 11-36 所示。

图 11-36　"编辑属性"对话框

（3）填写明细表的内容栏。重复上述步骤，填写明细表。完成明细表的绘制，如图 11-37 所示。

27	平键16×70	1	Q275A	
26	传动轴	1	45	
25	大端盖	1	HT200	
24	平键8×50×7	1	Q275A	
23	小通盖	1	HT200	
22	小轴承	1	GCr40	
21	齿轮轴	1	45	
20	小端盖	1	HT200	
19	小定距环	1	Q235A	
18	大轴承	2	GCr40	
17	平键14×50	1	Q275A	
16	大通盖	1	HT200	
15	定距环	1	Q235A	
14	圆柱齿轮	1	45	
13	油标尺	1	Q235A	
12	垫圈	2	65Mn	GB/T 93——1987
11	螺母	2	5	GB/T 6170——2015
10	螺栓	2	5.9	GB 5782——86
9	视口盖	1	Q215A	
8	通气器	1	Q235A	
7	垫片	1	石棉橡胶纸	
6	箱盖	1	HT200	
5	垫圈	6	65Mn	GB/T 93——1987
4	螺母	6	5	GB/T 6170——2015
3	螺栓	6	5.9	GB/T 5782——2016
2	圆锥销	2	35	GB/T 117——2000
1	箱体	1	HT200	
序号	名　称	数　量	材　料	备　注

图 11-37　明细表

（4）填写技术要求。使用"多行文字"命令填写技术要求。至此，装配图绘制完毕，如图 11-5 所示。

11.3.11　动手练——绘制球阀装配图

扫码看视频

动手练——绘制
球阀装配图

打开"源文件\原始文件\第 11 章\球阀零件"图形文件，绘制图 11-38 所示的球阀装配图。

思路点拨

（1）绘制三视图。
（2）标注尺寸并编制技术要求。
（3）标注序号和明细表。
（4）绘制并插入样板图。

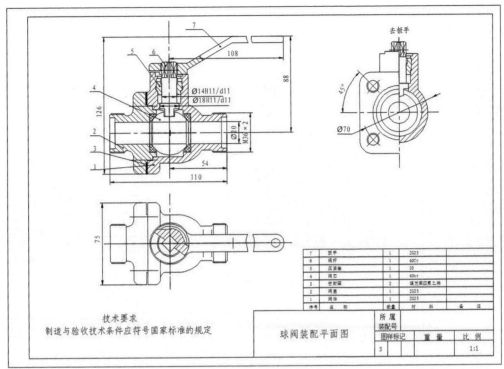

图 11-38　球阀装配图

11.4　技巧点拨——制图小技巧

1. 怎样扩大绘图空间

（1）提高系统显示分辨率。

（2）设置显示器属性中的"外观"，改变图标、滚动条、标题按钮、文字等的大小。

（3）去掉多余部件，如屏幕菜单、滚动条和不常用的工具条。去掉屏幕菜单和滚动条可以在"Preferences"对话框的"Display"页的"Drawing Window Parameters"选项中进行选择。

（4）设定系统任务栏自动隐藏，并尽量缩小命令行。

（5）在显示器属性的"设置"页中，将桌面大小设定为大于屏幕大小的 1~2 个级别，这样便可以在超大的活动空间里绘图了。

2. 如何减少文件大小

在图形完成后，执行"清理"（Purge）命令，清除多余的数据，如无用的块、没有实体的图层及未使用的线型、字体、尺寸样式等，这可以有效减少文件大小。通常彻底清理需要执行 PURGE 命令两到三次。

另外，在默认情况下，R14 版本中的保存是以追加方式进行的，这样速度会更快一些。如果需要释放磁盘空间，则必须将 Isavepercent 系统变量设置为 0，以关闭这种增量保存特性。这样在第二次保存时，文件大小就会减少了。

11.5　上机实验

【练习 1】打开"源文件\原始文件\第 11 章\溢流阀零件"图形文件，绘制如图 11-39 所示的溢流阀装配图。

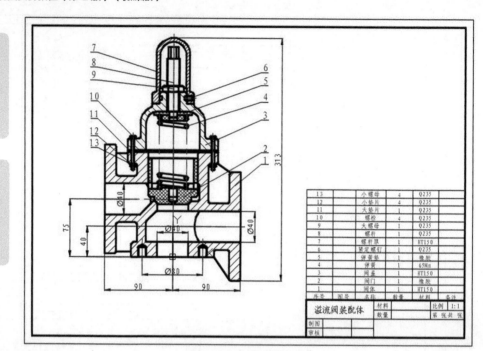

13		小螺母	4	Q235	
12		小垫片	4	Q235	
11		大垫片	1	Q235	
10		螺栓	4	Q235	
9		大螺母	1	Q235	
8		螺柱	1	Q235	
7		螺打顶	1	HT150	
6		紧定螺钉	1	Q235	
5		弹簧垫	1	橡胶	
4		弹簧	1	65Mn	
3		阀盖	1	HT150	
2		阀门	1	橡胶	
1		阀体	1	HT150	
序号	图号	名称	数量	材料	备注

溢流阀装配体	材料		比例	1:1
	数量		第 张共 张	
制图				
审核				

图 11-39　溢流阀装配图

【练习 2】打开"源文件\原始文件\第 11 章\齿轮泵零件"图形文件，绘制如图 11-40 所示的齿轮泵装配图。

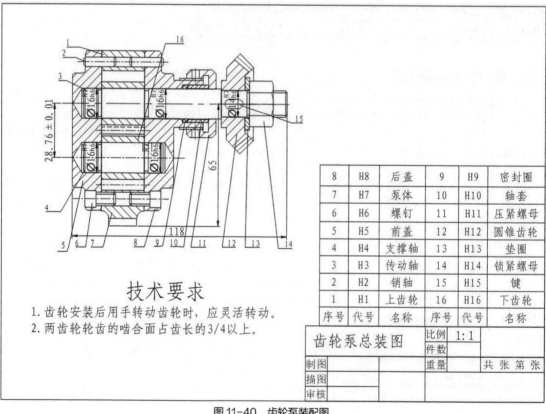

8	H8	后盖	9	H9	密封圈
7	H7	泵体	10	H10	轴套
6	H6	螺钉	11	H11	压紧螺母
5	H5	前盖	12	H12	圆锥齿轮
4	H4	支撑轴	13	H13	垫圈
3	H3	传动轴	14	H14	锁紧螺母
2	H2	销轴	15	H15	键
1	H1	上齿轮	16	H16	下齿轮
序号	代号	名称	序号	代号	名称

齿轮泵总装图	比例	1:1		
	件数			
制图		重量		共 张 第 张
描图				
审核				

技术要求

1. 齿轮安装后用手转动齿轮时，应灵活转动。
2. 两齿轮轮齿的啮合面占齿长的 3/4 以上。

图 11-40　齿轮泵装配图